U0334433

同济博士论丛
TONGJI Dissertation Series

总主编 伍江 副总主编 雷星晖

谢振宇 吴长福 著

高层建筑形态的生态效益评价与设计优化策略研究

Study on Ecological Benefit Assessment System and
Design Optimization of Highrise Buildings

同济大学 出版社
TONGJI UNIVERSITY PRESS

内 容 提 要

高层建筑仍是我国城市化进程中的重要建筑类型,在节能减排成为人类共识和我国基本国策的背景下,本书以高层建筑形态与其生态价值的关系为研究对象,从生态角度构建高层建筑形态的全面而独特认知体系。

本书适合高校建筑专业师生及相关研究人员阅读。

图书在版编目(CIP)数据

高层建筑形态的生态效益评价与设计优化策略研究 /
谢振宇,吴长福著. — 上海:同济大学出版社,
2019. 10
(同济博士论丛 / 伍江总主编)
ISBN 978-7-5608-7001-4

Ⅰ. ①高… Ⅱ. ①谢… ②吴… Ⅲ. ①高层建筑-环境生态评价-研究 ②高层建筑-建筑设计-研究 Ⅳ.
①TU972

中国版本图书馆CIP数据核字(2019)第245237号

高层建筑形态的生态效益评价与设计优化策略研究
谢振宇 吴长福 著
出 品 人 华春荣 责任编辑 熊磊丽 责任校对 谢卫奋 封面设计 陈益平

出版发行 同济大学出版社 www.tongjipress.com.cn
(地址:上海市四平路1239号 邮编:200092 电话:021-65985622)
经 销 全国各地新华书店
排版制作 南京展望文化发展有限公司
印 刷 浙江广育爱多印务有限公司
开 本 787mm×1092mm 1/16
印 张 17.5
字 数 350 000
版 次 2019年10月第1版 2019年10月第1次印刷
书 号 ISBN 978-7-5608-7001-4

定 价 80.00元

"同济博士论丛"编辑委员会

袁万城　莫天伟　夏四清　顾　明　顾祥林　钱梦騄

徐　政　徐　鉴　徐立鸿　徐亚伟　凌建明　高乃云

郭忠印　唐子来　阎耀保　黄一如　黄宏伟　黄茂松

戚正武　彭正龙　葛耀君　董德存　蒋昌俊　韩传峰

童小华　曾国苏　楼梦麟　路秉杰　蔡永洁　蔡克峰

薛　雷　霍佳震

秘书组成员：谢永生　赵泽毓　熊磊丽　胡晗欣　卢元姗　蒋卓文

总　序

在同济大学110周年华诞之际，喜闻"同济博士论丛"将正式出版发行，倍感欣慰。记得在100周年校庆时，我曾以《百年同济，大学对社会的承诺》为题作了演讲，如今看到付梓的"同济博士论丛"，我想这就是大学对社会承诺的一种体现。这110部学术著作不仅包含了同济大学近10年100多位优秀博士研究生的学术科研成果，也展现了同济大学围绕国家战略开展学科建设、发展自我特色，向建设世界一流大学的目标迈出的坚实步伐。

坐落于东海之滨的同济大学，历经110年历史风云，承古续今、汇聚东西，秉持"与祖国同行、以科教济世"的理念，发扬自强不息、追求卓越的精神，在复兴中华的征程中同舟共济、砥砺前行，谱写了一幅幅辉煌壮美的篇章。创校至今，同济大学培养了数十万工作在祖国各条战线上的人才，包括人们常提到的贝时璋、李国豪、裘法祖、吴孟超等一批著名教授。正是这些专家学者培养了一代又一代的博士研究生，薪火相传，将同济大学的科学研究和学科建设一步步推向高峰。

大学有其社会责任，她的社会责任就是融入国家的创新体系之中，成为国家创新战略的实践者。党的十八大以来，以习近平同志为核心的党中央高度重视科技创新，对实施创新驱动发展战略作出一系列重大决策部署。党的十八届五中全会把创新发展作为五大发展理念之首，强调创新是引领发展的第一动力，要求充分发挥科技创新在全面创新中的引领作用。要把创新驱动发展作为国家的优先战略，以科技创新为核心带动全面创新，以体制机制改革激发创新活力,以高效率的创新体系支撑高水平的创新型国家建设。作为人才培养和科技创新的重要平台,大学是国家创新体系的重要组成部分。同济大学理当围绕国家战略目标的实现,作出更大的贡献。

　　大学的根本任务是培养人才,同济大学走出了一条特色鲜明的道路。无论是本科教育、研究生教育,还是这些年摸索总结出的导师制、人才培养特区,"卓越人才培养"的做法取得了很好的成绩。聚焦创新驱动转型发展战略,同济大学推进科研管理体系改革和重大科研基地平台建设。以贯穿人才培养全过程的一流创新创业教育助力创新驱动发展战略,实现创新创业教育的全覆盖,培养具有一流创新力、组织力和行动力的卓越人才。"同济博士论丛"的出版不仅是对同济大学人才培养成果的集中展示,更将进一步推动同济大学围绕国家战略开展学科建设、发展自我特色、明确大学定位、培养创新人才。

　　面对新形势、新任务、新挑战,我们必须增强忧患意识,扎根中国大地,朝着建设世界一流大学的目标,深化改革,勠力前行!

万　钢

2017 年 5 月

论丛前言

承古续今，汇聚东西，百年同济秉持"与祖国同行、以科教济世"的理念，注重人才培养、科学研究、社会服务、文化传承创新和国际合作交流，自强不息，追求卓越。特别是近20年来，同济大学坚持把论文写在祖国的大地上，各学科都培养了一大批博士优秀人才，发表了数以千计的学术研究论文。这些论文不但反映了同济大学培养人才能力和学术研究的水平，而且也促进了学科的发展和国家的建设。多年来，我一直希望能有机会将我们同济大学的优秀博士论文集中整理，分类出版，让更多的读者获得分享。值此同济大学110周年校庆之际，在学校的支持下，"同济博士论丛"得以顺利出版。

"同济博士论丛"的出版组织工作启动于2016年9月，计划在同济大学110周年校庆之际出版110部同济大学的优秀博士论文。我们在数千篇博士论文中，聚焦于2005—2016年十多年间的优秀博士学位论文430余篇，经各院系征询，导师和博士积极响应并同意，遴选出近170篇，涵盖了同济的大部分学科：土木工程、城乡规划学（含建筑、风景园林）、海洋科学、交通运输工程、车辆工程、环境科学与工程、数学、材料工程、测绘科学与工程、机械工程、计算机科学与技术、医学、工程管理、哲学等。作为"同济博士论丛"出版工程的开端，在校庆之际首批集中出版110余部，其余也将陆续出版。

博士学位论文是反映博士研究生培养质量的重要方面。同济大学一直将立德树人作为根本任务，把培养高素质人才摆在首位，认真探索全面提高博士研究生质量的有效途径和机制。因此，"同济博士论丛"的出版集中展示同济大学博士研究生培养与科研成果,体现对同济大学学术文化的传承。

"同济博士论丛"作为重要的科研文献资源,系统、全面、具体地反映了同济大学各学科专业前沿领域的科研成果和发展状况。它的出版是扩大传播同济科研成果和学术影响力的重要途径。博士论文的研究对象中不少是"国家自然科学基金"等科研基金资助的项目,具有明确的创新性和学术性,具有极高的学术价值,对我国的经济、文化、社会发展具有一定的理论和实践指导意义。

"同济博士论丛"的出版,将会调动同济广大科研人员的积极性,促进多学科学术交流、加速人才的发掘和人才的成长,有助于提高同济在国内外的竞争力,为实现同济大学扎根中国大地,建设世界一流大学的目标愿景做好基础性工作。

虽然同济已经发展成为一所特色鲜明、具有国际影响力的综合性、研究型大学,但与世界一流大学之间仍然存在着一定差距。"同济博士论丛"所反映的学术水平需要不断提高,同时在很短的时间内编辑出版110余部著作,必然存在一些不足之处,恳请广大学者,特别是有关专家提出批评,为提高同济人才培养质量和同济的学科建设提供宝贵意见。

最后感谢研究生院、出版社以及各院系的协作与支持。希望"同济博士论丛"能持续出版,并借助新媒体以电子书、知识库等多种方式呈现,以期成为展现同济学术成果、服务社会的一个可持续的出版品牌。为继续扎根中国大地,培育卓越英才,建设世界一流大学服务。

伍 江

2017 年 5 月

前　言

　　本书以高层建筑仍是我国城市化进程中的重要建筑类型的现实为前提,在节能减排成为人类共识与我国基本国策的背景下,以高层建筑形态与其生态价值的关系为研究对象,从生态角度构建高层建筑形态的全面而独特的认知体系。

　　本书针对高层建筑形态与自身建筑能耗的关系、高层建筑形态与场地生态环境的关系和高层建筑形态对自身建筑能耗及场地生态环境的适应性这三个主要研究内容,进行具体的分析和研究,分别从高层建筑形态与保温隔热、自然采光、自然通风等因素探究形态与自身建筑能耗的关联;从高层建筑形态与周边风环境和周边日照环境等因素研究形态对场地生态环境的影响;从高层建筑表皮界面和空中庭院等形态措施寻求形态对自身建筑能耗及场地生态环境的适应性。以此形成高层建筑形态生态效益的一般评价原则,并研究提出了以一般评价原则为基础、结合计算机模拟评价与数学模型评价的集成运用思路,初步建立了基于生态效益考量的高层建筑形态设计综合评价体系框架。

　　以综合评价体系框架为依托,本书着重选取四个具典型价值的高层建筑形态与生态设计专题,深化研究形态在其生态性目标下的设计优化策略。通过对高层建筑形态与遮阳、能耗的基本关系和能效模拟分析,探讨高层建筑形态自遮阳的优化设计;以高层建筑中积极利用自然通风为目标,结合通风原理、形态和气流的模拟分析与比较,梳理高层建筑自然通风的形态优化设计;以改善高层建筑对室外风环境为目标,归纳其各种不利影响下的形态优化设计;对形体扭转这类特殊高层形态,进行环境影响的模拟分析,提出形态的优化设计。

本书力图在为国内高层建筑的建设实践提供有益的专业评价手段与优化策略的同时,也从生态节能层面丰富高层建筑创作理论与方法。

目　录

第 1 章

绪　　论

在可持续发展成为社会共识的今天，建筑能耗和建筑对环境的影响已日益成为全社会共同关注的问题。高层建筑作为我国不断发展的城市化进程中一种极为重要的建筑类型，在其实现城市功能的高度整合、社会资源的优化配置、土地价值的充分发挥的过程中，巨大的自身能耗和对周边环境的不利影响也客观存在，并直接与高层建筑的形态相关联。从生态角度构建高层建筑形态的认知体系、评价依据和评价方法，将为高层建筑的设计实践提供形态比选、优化的生态性设计的理论和实践引导。

1.1　研究背景

我国经济发展的速度在一定时间内将维持在较高水平，快速的城市化进程和土地的集约化利用，将会继续推进高层建筑的建设速度与规模。高层建筑对化解人口的高度聚集和城市用地相对紧张之间的矛盾起了积极的作用，同时高层建筑正以其高度和体量不断突破和丰富城市天际线，形成重要的城市景观，深刻地塑造和改变了整个城市的面貌。

高层建筑作为人类自然环境中的人工介入物，巨大的体量不仅在抵御气候环境，如太阳辐射、通风、采光及保温隔热等过程中产生了大量的自身能耗需求，并给外部场地生态环境带来了许多不利的影响，如热岛效应、恶性气流及阴影区等。与低层和多层建筑相比，高层建筑对外部气候环境的影响更为显著。当然，这样的认识存在着一定的局限性，随着建筑技术的进步和认识范围的扩大，人们对高层建筑在生态节能方面的正面潜力又有了新的认识和关注：就单体建筑而言，高层相对于低层、多层建筑显然是不节能的，但若将认识视点扩大到建筑所容纳的人数上,则单位土地上人口越密集,人均能源消耗越低,高层建筑在宏观上具有降低城市整体能耗的优势;另一方面,高层建筑在追求土地价值最大化的同时也将更多的城市土地解放出来,降低了城市热岛效应,可以通过种植大片绿化改善城市内部的微气候条件。由此,高层建筑的生态价值被重新认识,并成为支撑高层建筑作为一种建筑类型继续存在的重要理由。

目前,关于高层建筑能耗的计算主要集中在建筑的机电工程系统(主动式系统),然而事实上,降低建筑能耗最为有效和显著的方式则是在建筑规划、设计之初就优先考虑其与周边自然环境的关系(被动式系统),通过建筑设计的方法使其能最大限度地利用被动式采暖、被动式降温、自然通风、天然采光等方法降低能源消耗,从而降低主动式机电设备的运行能耗,达到节能目的。因此,高层建筑形态(包括体形、表面、体量、位置、朝向等元素)不但对建筑形象具有重要影响,而且对于建筑物的能源消耗和场地环境也有很大影响。建筑形态可能在设计最初阶段就决定了建筑物的生态节能效益。

同时,相对于多层和低层建筑,我国目前在高层建筑形态的生态节能方面的研究还显欠缺。特别在设计实践中,由于在高层建筑设计初期对其自身形态的生态效益的认识不足,高层建筑的形态设计偏重从美学价值、社会价值、结构技术等方面寻求解答,缺少基于生态效益考量的理性分析与评价。因此,在高层建筑设计中,特别是在形态设计阶段,建立形态与能耗、形态与环境影响的的关联性评价体系,积极探索高层建筑形态的生态性设计优化策略,将对减少高层建筑的自身建筑能耗、降低对场地生态环境的影响,实现节能减排、创造生态宜居环境具有积极的意义。

因此,本书将以高层建筑是我国城市化进程中重要建筑类型,节能减排、创造生态环境为前提,以高层建筑形态与其生态价值的关系为研究对象,从生态角度构建高层建筑形态的全面而独特认知体系,为高层建筑形态设计提供理性评价、优化比较的设计策略。

1.2 研 究 现 状

虽然在高层建筑形态与生态效益评价相结合方面的专门性研究并不多见,但在高层建筑设计、高层建筑形态、建筑设计中的生态节能、高层建筑的生态性设计,以及以绿色、生态、可持续为主题的研究成果还是颇为丰富的。这些有着深厚的社会、历史和学术背景的研究为本书提供了有力的文献参考支撑。以下仅对与本书主题较为密切的高层建筑形态研究、高层建筑的生态性设计研究两个方面作概括。

1.2.1　高层建筑形态研究

形态问题是高层建筑自其诞生以来回避不开的话题。西萨·佩里和赫克斯泰布针对高层建筑形态演进的特点,提出了四个"摩天楼时期",分别为芝加哥时期、折衷时期、现代时期、后现代时期。因此关于高层建筑形态研究将参考这一划分并结合历史进行梳理,从中可以发现高层建筑形态设计的价值取向。

(1)芝加哥时期(1883—1893):形态从属功能

从芝加哥学派开始,被称为"摩天楼先知"的路易斯·沙利文就在早期高层建筑形式规律的探索中,提出高层建筑构图必须表达构造的本质和时代精神。他明确了确了功能与形式的主从关系,即"形式追随功能",使建筑艺术反映出新时代工业化的精神。

(2)折衷时期(1893—1940):形态学习历史

第一次世界大战结束到资本主义经济大萧条之前,美国的高层建筑发展进入了第一次高潮。这一时期的高层建筑形态设计仍受传统思想的束缚,主要通过学习历史式样来解决建筑美学的问题。这一时期形态往往较为规整,在竖向划分三段体,跳不出传统的形态语言。

(3)现代时期(1940—1970):形态与"少就是多"

到了1945年第二次世界大战结束后,建筑业又有了较大的发展,高层建筑如雨后春笋般在世界范围内大量兴建,形成兴盛时期。现代主义几位大师格罗皮乌斯、密斯·凡·德·罗和柯布西耶主张建筑应适应工业时代的要求,要尊重功能,注意发挥和表现结构和材料的美学特点,反对套用历史式样,提出了"形式追随功能""少就是多"等思想,对该时期的高层建筑形态产生了明显影响。以密斯风格为代表的,由简单立方体简洁的风格是这一时期的典型特征。该思潮下的世界范围内的高层建筑形态被称之为"国际式方盒子",强调了工业化生产对形态的影响。

(4)后现代时期之后(1970—　　):形态多元与变异

从20世纪60年代开始,伴随着世界范围的能源危机、环境污染以及文化趋同等负面问题,以工业文明为根基的现代建筑受到批判。作为现代建筑典型代表的高层建筑被重新审视。这一时期各种建筑思潮层出不穷,高层建筑形态呈现多元与变异的发展态势。

如后现代主义为了弥合高层建筑与传统文化之间的隔阂,满足社会普遍存在的怀旧心理,P. 约翰逊(Philip Johnson)将国际式的高层建筑与古典符号拼贴在一起,高层建筑形态又一次向三段式回归;或者如诺曼·福斯特、理查德·罗杰斯、波特曼等"高技派"强调高层建筑形态的技术表现;或者如新现代主义贝聿铭、理查德·迈耶和库哈斯等人,追求功能、技术与艺术的平衡,将现代主义重视功能技术的理性原则和现代社会对高情感的要求紧密结合,在高层建筑形态上有很多创造性的发展和提升。这一时期,高层建筑不再是简单的四方体,而往往是以抽象的几何体或组合几何体;或者如西萨·佩里等建筑师,开始向建筑的地域性寻找灵感,创作出了包含吉隆坡双子塔等一系列建筑实践。

(5)可持续发展时期(1987—):形态追随生态

尽管这一时期仍然从属于后现代多元化时期,但其出发点已经脱离了流派风格的束缚,转而回归到"建筑与环境"这一建筑本体问题。1987年世界环境与发展委员会在《我们共同的未来》中第一次提出了可持续发展的概念:可持续发展是指既满足现代人的需求,又不损害其后代人满足其自身需求的能力的发展。在此框架下,高层建筑形态设计开始关注其生态效益,并涌现出了诺曼·福斯特的法兰克福商业银行总部、杨经文的"生态气候学"摩天楼、未来系统(future system)的零能耗摩天楼一系列方案,展示了高层建筑形态在可持续发展方面的趋向。

我国现代高层建筑起步比较晚,对于高层建筑、超高层建筑的形态研究也不太成熟。随着高层建筑在我国的快速发展,近十几年来学术界也涌现出许多关于高层建筑形态的研究,研究的角度也多种多样,也能明显地看出对高层建筑形态对生态问题的关注,如:天津大学建筑学院刘丛红的《高层建筑形态变异与未来走势》(城市建筑,2010)分析了历史各个时期的高层建筑形态演化,指出了高层建筑形态的未来落在"与环境相融合"的设计思路上;哈尔滨工业大学俞志凯的《当代高层建筑形态变异研究》分析了当代高层建筑呈现出形态变异的新趋势,归纳出当代高层建筑形态变异的表现形式,其中也谈到了高层建筑的"生态变异"问题;笔者与杨讷的《改善室外风环境的高层建筑形态优化设计策略》更是直面了高层建筑形态与生态要素——风的相互作用问题。

1.2.2　高层建筑生态设计研究

1.高层建筑生态设计的历史脉络

与高层建筑形态研究相类似,高层建筑生态设计同样有其发展脉络,有意义的是，从20世纪90年代起，在可持续发展背景下形态和生态的研究逐渐契合。

（1）早期被动式的建筑环境

19世纪末，在用电来制冷、供暖和照明之前，机械设备和被动式技术相结合的室内采光和通风方式被运用于高层建筑中。多数摩天楼采用机械设备通风和蒸汽采暖，而利用被动式技术进行降温和照明处理。建筑师们常常在大厦中设计出各种巧妙的系统以引入冷气并排除热气，早期的高楼大厦立面上的深凹窗也避免了阳光直射，从而可以调节夏天烈日带来的酷热（图1—1）。

（2）机械控制的建筑环境

到第二次世界大战为止，大部分的高层建筑环境都采用了被动式策略，但是战后随着人们对空调的认识不断深入，一种外表光滑的钢和玻璃构成的方盒子摩天楼逐渐成为了潮流（图1—2）。人工照明技术的进步，价格低廉且充足的用于发电的矿物燃料确保了这种盒子建筑的面积可以越建越大。于是被动式的环境策略逐渐被摈弃。

（3）高效节能的建筑环境

1962年，《寂静的春天》的出版使环境保护运动日益深入人心。1973年的石油危机也促使民众对环境和能源问题更加关注。伴随着20世纪60—70年代数次经济和生态危机，人们对建筑的能耗问题有了新的认识，被动式策略又再次被提起。这一时期建造的高层建筑提倡采用自然通风、自然采光、可再生能源等被动式方法，显示了一旦先进技术和被动式方法相结合，节能的、注重环境保护的建筑就有可能实现。

图1-1 纽约时报大厦立面上的深凹窗

图片来源:《大且绿——走向 21 世纪的可持续性建筑》,戴维·纪森

图1-2 纽约西格拉姆大厦

图片来源:《20世纪的摩天楼》,朱金良

（4）健康的建筑环境

20世纪80年代中期，随着绿色建筑运动的蓬勃发展，人们开始关注建筑材料的安全问题。对环境质量和人的生理问题的重视促使采用无毒的建筑材料成为绿色设计的基本原则之一。同时具有环境意识的建筑师开始把空中花园和水回收系统融入摩天楼的设计，积极探索健康的建筑环境策略。

（5）可持续的建筑环境

进入20世纪90年代，人们开始采用"可持续发展"的概念来衡量社会、环境和建筑的发展，评估可持续建筑的系统如美国的LEED和英国的BREEAM——依据建筑对环境的影响而对建筑做出评估——逐渐被公众理解和接受，并形成了在环境保护上有进步意义的建筑的定义：所需能源是源于可再生资源的建筑，采用被动式技术进行通风、照明的建筑，综合利用、保持和循环利用绿色植物、水和污水的建筑，促进使用有环境意识的施工技术的建筑，促成宜居的、可实施的城市规划的建筑。

2. 高层建筑生态设计的研究方面

1969年，美国著名风景建筑师麦克·哈格所著的《设计结合自然》一书的出版，则标志着生态建筑的正式诞生。1976年，生态建筑运动的先驱A. 施耐德在西德成立了建筑生物与生态学会，强调使用天然的建筑材料，利用自然通风、采光和取暖，倡导一种有利于人类健康和生态效益的温和的建筑艺术。1991年，《绿色建筑——为可持续发展而设计》一书问世，其主要观点是：① 节约能源；② 设计结合气候；③ 材料与能源的循环利用；④ 尊重用户；⑤ 尊重基地环境；⑥ 整体的设计观。1992年在巴西里约热内卢召开的联合国环境与发展大会上，可持续发展的重要思想取得了世界各国的共识。之后，这一思想很快就融入到建筑生态设计的思潮中来。1993年，在美国出版的《可持续发展设计指导原则》一书中，列出了"可持续的建筑设计细则"。1995年，《生态设计》一书的问世，被誉为是建筑学、景观学、城市学、技术学方面的一次革命性尝试。

在高层建筑生态设计的理论与实践方面，国外学者和建筑师已经有所探索并取得一定的成绩。马来西亚著名建筑师杨经文先生，立足于东南亚特殊的气候条件，长期从事生态建筑的理论与实践研究，取得令人瞩目的学术成就。20世纪90年代，他所完成的专著《设计结合自然：建筑设计的生态基础》是迄今为止建筑生态设计领域内最重要的文献之一。他在2000年完成的专著《绿色摩天大厦：设计可支撑的密集型建筑的基础》得到国际建筑界的高度认可。他所得出的在高层建筑设计中加入生态环境保护的概念，被认为对未来高层建筑的设计产生深远的影响。

与此同时,法国、德国、丹麦、日本、美国等国家的建筑师们相继设计建造了不同类型、不同功能的关注生态性的高层建筑,在这方面进行了有益的尝试和探索。其中,英国的福斯特事务所基于自身在建筑高科技上的多年积累,逐渐将目光转向了建筑生态学的研究中,如他提出:面对不同国家的文化背景和风土人情,应当采用恰当的"技术移植"手法。他倡导里查德·巴克明斯特·福勒所倡导的"全球理念,本土实践"(Think Global, Act Local)理念,强调尊重建筑作品的地方性及适应性。福斯特通过自己的一些实际项目,如瑞士再保险总部大厦等高技术建筑来实践自己的生态理念,专注于如何结合地域性特征,将保护环境、维持可持续发展的理念引入高层建筑设计中,探讨利用技术手段解决建筑生态问题。

在我国20世纪80年代以前,囿于国内经济的发展以及对外学术交流的的匮乏,还很少有人关注这方面的内容。80年代后期,逐渐开始有学者发表这方面的论文。到90年代,不少高等院校以及学术机构开始这一领域的科学研究,在学术研究与技术运用上完成了不少的论文。同时,从这一时期开始,相关的译著、专著、会议也日益开始增多。同时,国家通过制定强制性法规以及行政等手段鼓励和引导建筑行业向更为健康的方向发展,基于对国家政策法规的一种响应与贯彻,当前国内的高层建筑生态研究现状多集中于对高层建筑节能方面的关注。建筑节能是我们比较早开始研究并着手于实践的,其本身反映了世界建筑发展的大趋势,也是建筑生态设计的重要环节。但建筑生态设计比建筑节能设计在视野、思路及所涉及的范围更为宽广,对设计手法的创新理念更具启发性。

另外,关于建筑气候学的相关理论、高层建筑的生态设计实践以及气候物理环境分析的软件技术等方面的研究,国内外已有不少成果,为本研究提供了文献支撑、技术手段和案例范本,如:关于建筑形态与气候的关联性理论基础已基本建立。例如,我国学者杨柳于2010年出版的《建筑气候学》论述了建筑气候学的建立、发展过程以及理论基础,并从建筑气候学在设计中的运用出发,以建筑气候分析为主线系统论述了针对我国不同气候特点的适宜的气候设计策略,以及建筑形式与地域性气候的关系,并给出了具体的建筑设计指导原则和设计措施。该方面的研究成果可成为本研究的方法论参考。关于高层建筑生态设计的定性与定量的分析方法也具备一定的研究成果。例如,在高层建筑形态与生态节能的关系方面,美国伊利诺伊工学院Jong-soo Cho的博士论文针对建筑平面形式以及立面形式与建筑物能耗的关系作了充分的研究,并通过实验给出了具体的数据表达,为本研究提供了分析参照。以杨经文、诺曼·福斯特为代表的一批建筑师在高层建筑设计中的生态设计实践以及代表性作品，例如，杨经文在马来西亚吉隆坡设计的梅那拉大厦、诺曼·福斯特在德国法兰克福设计的法兰克福商业银行大厦、在英国伦敦设计的瑞士再保险公司大厦，为本研究提供了案例分析的范本。

1.3　研究目标与内容

本书以高层建筑形态与其生态价值的关系为研究对象，从生态角度构建高层建筑形态的全面而独特的认知体系，为高层建筑形态设计提供理性评价、优化比较的设计策略。

1.3.1　研究目标

本书以高层建筑仍是我国城市化进程中的重要建筑类型的现实为前提，以降低高层建筑的自身建筑能耗，减少对场地生态环境的影响，实现节能减排，创造宜居环境，从而提升高层建筑的生态价值为总体目标。

尝试以高层建筑形态与其生态价值的关系为研究对象，从生态角度构建高层建筑形态的全面而独特认知体系，系统地提出了高层建筑形态的生态效益评价内容和评价原则，初步探索了以基本概念评价为导向，结合计算机模拟和数学模型分析的集成性评价方法，并建立了基于生态效益考量的高层建筑形态设计的综合评价体系框架。结合针对性专题的深化研究，高层建筑的设计实践提供形态的生态效益评价和优化设计策略的理论和实践指导。

研究目标可概括为两大部分，即高层建筑形态的生态效益评价和高层建筑形态的生态性设计优化策略。前者的核心是建立综合评价体系框架，具有理论意义和方法论价值；后者的核心以代表性的专题研究方式，针对性地探索形态的生态性设计优化策略，具有对设计实践的引导和应用价值。二者互为关联和依托，在丰富建筑创作理论的同时，从生态节能层面为国内高层建筑的建设实践提供了区别于低层和多层建筑、有针对性和专门化的设计与研究导向。

1.3.2　研究内容

本书在系统整理相关高层建筑形态及生态节能方面已有研究成果的基础上，以高层建筑形态为切入点，针对高层建筑形态与自身建筑能耗的关系、高层建筑形态与场地生态环境的关系和高层建筑形态对自身建筑能耗及场地生态环境的适应性三个方面,进行具体的分析和研究。

通过从高层建筑形态与保温隔热、自然采光、自然通风等因素探究形态与自身建筑能耗的关联;从高层建筑形态与周边风环境和周边日照环境等因素研究形态对场地生态环境的影响;从高层建筑表皮界面和空中庭院等形态措施寻求形态对自身建筑能耗及场地生态环境的适应性,归纳形成高层建筑形态生态效益的一般评价原则,并研究提出以一般评价原则为基础、结合计算机模拟评价与数学模型评价的集成运用思路,初步建立基于生态效益考量的高层建筑形态设计综合评价体系框架。

以综合评价体系框架为依托,着重选取四个具典型价值的高层建筑形态与生态设计专题,针对性地深化研究形态在其生态性目标下的设计优化策略。通过对高层建筑形态与遮阳、能耗的基本关系和能效模拟分析,探讨高层建筑形态自遮阳的优化设计;以高层建筑中积极利用自然通风为目标,结合通风原理、形态和气流的模拟分析与比较,梳理高层建筑自然通风的形态优化设计;以改善高层建筑对室外风环境为目标,归纳其各种不利影响下的形态优化设计;并且对形体扭转这类特殊高层形态,进行环境影响的模拟分析,提出形态的优化设计。

研究内容可概括为以下几个方面:① 确立高层建筑形态的生态效益的评价内容和一般原则;② 构建高层建筑形态的生态效益的评价方法和评价框架;③ 以专题的方式,深化研究基于生态效益考量的高层建筑形态的设计优化策略。

1.4 研 究 意 义

高层建筑自诞生以来,一直在备受争议中持续发展。特别是"9·11事件"之后,曾经一度被视为人类文明程度象征的高层、超高层建筑因其在消防安全、人员疏散等方面的天然缺陷而使其存在价值广受争议和质疑,曾经一度在全球范围内掀起的新建高层建筑热潮也有所降温。然而,时至今日,我们发现城市高度仍在不断的增长之中,高层建筑仍是商品经济社会中实现土地价值最大化的必要手段。

我国正处在城市化发展的加速阶段,其带来的最为显著特点就是城镇常住人口的急速增长。为了化解人口的高度聚集和城市用地相对紧张之间的矛盾,新建高层建筑成为城市化的必由之路。与此同时,高层建筑也因其自身优势而在潜移默化中推动着城市化的进程：一方面，高层建筑以一种高密度集中发展模式，实现城市功能的高度整合以及社会资源的优化配置，通过集聚效应提高基础设施利用率，缩短公交运输距离，便捷物流供应，从而实现整个城市的高效率运转；另一方面，随着城市范围的扩展以及汽车普及率的提高，人们对城市的体验方式和视角有所改变，与之相适应，高层建筑正以其巨大的高度和体量不断突破和丰富城市天际线，形成地标性的城市景观，从而深刻地塑造和改变了整个城市的面貌。由此可见，高层建筑仍是我国不断发展的城市化进程中一种极为重要、不可或缺的建筑类型。

在可持续发展成为社会共识的今天，建筑能耗问题日益为人们所关注，而这一点曾一度被认为是高层建筑的先天缺陷而在过去饱受批评：高层建筑体量巨大，建造过程将消耗大量能源和材料；受高压风的影响，高层建筑一般采用封闭式系统，在调节内部物理环境时需要消耗大量不可再生能源；高层建筑普遍采用的玻璃幕墙不利于保温隔热，也会带来一定的噪声和光学污染；高层建筑的巨大建筑体量将在周边形成巨大的阴影区及恶性风流区，影响环境质量。当然，这样的认识存在着一定的局限性，随着建筑技术的进步和认识范围的扩大，人们开始对高层建筑在生态节能方面的正面潜力又有了新的认识和关注：就单体建筑而言，高层相对于低层、多层建筑显然是不节能的，但若将认识视点扩大到建筑所容纳的人数上，则单位土地上人口越密集，人均能源消耗越低，这使得高层建筑在宏观上具有降低城市整体能耗的优势；另一方面，高层建筑在追求土地价值最大化的同时也将更多的城市土地解放出来，降低了城市热岛效应，可以通过种植大片绿化改善城市内部的微气候条件。由此，高层建筑的生态价值被重新认识，成为支撑高层建筑作为一种建筑类型继续存在的重要理由。

相关研究表明，建筑设计中的节能潜力占到总节能潜力的30%以上。相对于多层和低层建筑，我国目前在高层建筑形态与生态节能的关系方面的研究还不够，很多建筑设计过程的各环节彼此脱节、手段落后，加之中国传统思想中的重道轻器，导致当前偏重从美学的角度出发研究高层建筑的形态问题，缺少深度的理性分析。

因此，本研究尝试将高层建筑的形态研究与生态节能结合起来，从生态效益方面分析高层建筑的形态构成，构建高层建筑形态的全面而独特认知体系，为高层建筑形态设计提供理性评价和优化比较的设计策略。这对于降低高层建筑的自身建筑能耗，减少对场地生态环境的影响有积极意义，具体体现在以下三个方面。

（1）节能减排的社会意义。

本研究在节能减排成为人类共识与我国基本国策的背景下，以高层建筑形态与其生态价值的关系为研究对象，从生态角度构建高层建筑形态的全面而独特认知体系，研究获得高层建筑形态设计的理性评价方法和优化设计策略，从而降低高层建筑的自身建筑能耗，减少高层建筑对场地生态环境的影响，提升高层建筑的生态价值，将对实现节能减排，创造宜居生态环境，发挥积极的社会意义。

（2）评价体系的理论价值。

本研究在梳理高层建筑形态及生态节能方面已有研究成果的基础上，通过对高层建筑形态与自身建筑能耗关系、高层建筑形态与场地生态环境的关系、高层建筑形态对自身建筑能耗及场地生态环境的适应性关系的深化分析，力图系统地提出高层建筑形态的生态效益评价内容和评价原则，探索并提出由基本概念整体判定、计算机模拟分析、数学模型比较和预测为方法论的综合评价框架，在丰富高层建筑设计创作理论的同时，将从生态节能层面为国内高层建筑的建设实践提供区别于低层、多层建筑、有针对性、专门化的专业导向。

（3）优化策略的应用价值。

以综合评价体系框架为依托，着重选取四个具典型价值的高层建筑形态与生态设计专题，针对性地深化研究形态在其生态目标下的设计优化策略。专题研究既可看作独立的研究成果，同时也是评价体系框架的有力支撑。通过对具体形态问题和能耗问题的专注而深化地分析、计算、模拟和比较，在高层建筑形态的设计操作层面上，获得基于生态效益考量的具体且实效的形态操作示范和方法，对丰富高层建筑形态设计的创作手段，激发形态设计的创作潜能方面发挥积极的作用。

1.5　研 究 方 法

1. 文献理论研究

整合已有相关高层建筑形态、生态节能等方面的研究理论，重点在方法论与设计操作层面搜集形态与能耗、形态与环境影响的相关数据、参数，在此基础上建立由评价内容、评价原则、评价依据、评价方法构成的高层建筑形态与生态效益评价体系框架，通过整体分析和初步判断，初步提出比较、评价、优化的设计策略取向。

2. 定性与定量分析相结合

以案例分析为基础,选取建筑形态与生态设计上具有代表性的高层建筑实例进行实地调研和数据,记录、汇编相关的各项生态效益指标,注重基本概念评价、计算机模拟评价和数学模型评价的集成性运用,体现对感性和理性、定性与定量、一般性与特殊性、综合性与针对性等辩证关系的把控,加强了分析、评价方法的科学性和实效性。

3. 针对性专题的深化研究

以理论研究为依托,在综合评价体系框架下,选择具有一般性和特殊性相结合的专题作设计策略层面的深化研究,通过专注的分析、评价和优化形态与生态效益的关系,获得具体又实效的操作示范和问题解答。专题研究既可看作独立的研究成果,同时也是评价体系框架的有力支撑。

4. 交叉学科成果借鉴

结合本书研究的重点,学习与借鉴相关专业的知识和研究成果,从环境学、生态学、物理学、气候、生物学等领域获取研究智慧,提升和拓展研究视野、理念和方法。

5. 计算机环境模拟技术、数学模型研究

采用CFD(计算流体力学模拟技术)软件、日照分析软件、建筑能耗分析软件、日照辐射量计算软件等,运用气候分析方法和计算机模拟技术,根据生成的高层建筑形态虚拟模型,设定与调整相关环境数据、物理条件,建立虚拟场景,量化环境和能耗参数和高层建筑形态要素,计算分析形态的能效和对环境的影响度,形态变化过程中的效能趋势等提升研究的技术手段,从而有力地支撑理性和科学的分析评价。

1.6 研究框架

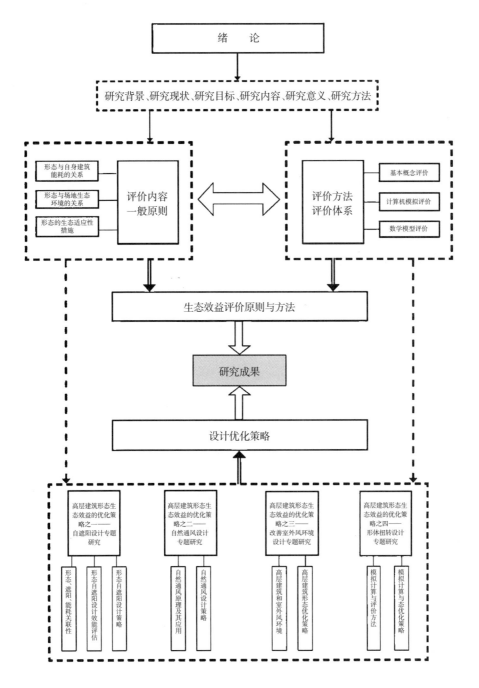

第 2 章
高层建筑形态的生态效益的
评价内容与一般原则

本章以高层建筑形态的生态价值为研究对象,分类建立针对高层建筑形态与自身建筑能耗的关系、高层建筑形态与场地生态环境的关系、高层建筑形态与生态适应性关系三个方面评价内容,着重从高层建筑形态与保温隔热、自然采光、自然通风具体探究形态与自身建筑能耗的关联、从高层建筑形态与周边风环境和周边日照环境归纳形态对场地生态环境的影响、从高层建筑表皮界面和空中庭院阐析高层建筑形态的生态适应性。通过对评价内容的具体分析和论述,提出高层建筑形态生态效益的一般评价原则。

2.1 高层建筑形态的生态效益的评价内容

涉及高层建筑形态的生态效益的评价内容林林种种、体系庞杂、学科交叉。既有高层建筑形态的基本要素(平面形式、剖面形式、表皮界面材料;建筑高度、标准层面积;平面、剖面变化系数,体型系数;迎风面面宽进深比,平面进深与向阳、背阳面积差比、不同朝向采光面比,窗墙比等等),又有建筑节能和环境层面的热环境、风环境、光环境等方面的条件、指标、参数,等等。因此,建立针对研究对象的研究内容分类,是清晰把握研究价值导向的关键。

本研究采用以生态价值的影响对象为依据,把生态效益分为降低自身建筑能耗、减少对场地生态环境的影响两个方面,分别建立起高层建筑形态与自身建筑能耗的关系、高层建筑形态与场地生态环境的关系,同时,结合降低自身建筑能耗、减少对场地生态环境的目标,从生态性设计驱动的角度,衍生建立出高层建筑形态与生态适应性关系,力图通过三对关系,比较全面地涵盖评价的内容,同时研究的针对性强,符合高层建筑形态的设计逻辑和节能生态设计科学规律。

2.1.1　高层建筑形态与自身建筑能耗的关系

1. 热冷辐射

以降低室内空调系统机械能耗为目标,分析研究高层建筑平面形式、体形系数(对高层建筑而言,可简化为标准层周长与面积比)、各朝向外墙面积比对于建筑保温隔热效果的影响作用。

2. 自然采光

以通过自然采光降低室内照明能耗为目标,分析研究高层建筑平面进深、不同朝向采光面比例,幕墙材料、构造透明度,窗墙面积比等表面形态指标对于建筑室内自然采光效果的影响作用。

3. 自然通风

以降低室内空调换气系统机械能耗为目标,探讨高层建筑在非直接开窗情况下实现自然通风的可能性,并分析研究平、剖面形式,迎风面不同面宽、进深比值对于建筑室内自然通风效果的影响作用。

2.1.2　高层建筑形态与场地生态环境的关系

1. 建筑周边风环境

以改善室外风环境、减少不利影响为目标,分析研究高层建筑不同平、剖面形式,建筑高度、建筑迎风面的平面宽度平、剖面变化系数对于建筑周边,特别是建筑底部人行水平面风环境的影响。

2. 建筑周边日照环境

以减少和控制日照阴影区范围,特别是常年日照阴影区为目标,分析研究平面形式、剖面形式,形态的关键控制要素对场地的日照遮挡影响。

2.1.3　高层建筑形态的生态适应性措施

1. 高层建筑表皮界面

把表皮界面看作是一种生态性设计的形态措施之一,研究分析、探讨其控制热冷辐射,结合采光和遮阳,利用自然通风、太阳能等方面的形式表达和气候适用的条件和范围。

2. 空中庭院

把空中庭院看作是一种生态性设计的形态措施,分析比较不同位置空中庭院的内部和外部气候环境条件与空中庭院室内环境品质,以及不同空中庭院的组合方式对建筑内部光环境与气流环境带来的影响。

2.2 高层建筑形态与自身建筑能耗

2.2.1 高层建筑形态与冷热辐射

高层建筑相比低、多层建筑有更多的建筑外表面,在抵御环境的热、冷辐射过程消耗更多的能量,高层建筑形态的许多要素和指标直接与耗能关联,如体型系数,各个朝向的外墙面积比、表皮界面的热工性能,等等。以下将从形态要素与能耗的关系加以归纳。

1. 平面形式与辐射能耗

(1)基本平面形式

高层建筑的基本平面形式有方形、圆形、矩形及三角形四种,不同的平面形式对高层建筑的能耗影响有所不同。美国学者Jong-soo Cho在同一地区对四种不同平面形式的能耗关系作了实验比较[1]。实验的前提是将建筑的标准层面积、服务核的面积、建筑体积、室内空调系统及开窗面积均设定相同,得到的分析结果见表2-1。从表中可以看出,建筑在夏季的7月、8月和冬季12月、1月,圆形平面形式比其他三种平面形式的月能耗总量低,特别是制冷和采暖的能源消耗,而三角形的能耗量是最多的。

由此,可以得出:当不同形式建筑平面的面积相同,其形体的围护表面积越大,吸热与散热面就越大,对能源的消耗就越多,在四种基本的平面形式中圆形的形体外围护表面积最小,所以能耗最小。

表2-1 四种基本平面形式的月能耗比较 (单位:KWh)

形式	类型	1月	2月	3月	4月	5月	6月	7月	8月	9月	10月	11月	12月	合计
■	制冷	0.00	0.01	0.06	0.10	0.37	0.56	0.59	0.64	0.47	0.02	0.07	0.02-	3.10
	采暖	0.75	0.04	0.22	0.04	0.00	0.00	0.00	0.00	0.00	0.01	0.15	0.43	2.00
	照明	0.45	0.35	0.34	0.24	0.23	0.23	0.21	0.24	0.25	0.30	0.42	0.47	3.47
	总计	1.20	0.76	0.62	0.38	0.60	0.79	0.80	0.88	0.72	0.51	0.64	0.92	8.84

[1] 陈飞.高层建筑风环境研究.建筑学报.2008(02).

（续表）

形式	类型	1月	2月	3月	4月	5月	6月	7月	8月	9月	10月	11月	12月	合计
▭	制冷	0.00	0.01	0.06	0.01	0.36	0.55	0.58	0.63	0.48	0.21	0.07	0.02	3.07
	采暖	0.74	0.41	0.23	0.04	0.00	0.00	0.00	0.00	0.00	0.01	0.15	0.44	2.02
	照明	0.74	0.34	0.34	0.24	0.23	0.23	0.21	0.24	0.25	0.29	0.42	0.46	3.70
	总计	1.18	0.76	0.63	0.38	0.59	0.78	0.79	0.87	0.73	0.51	0.64	0.92	8.79
△	制冷	0.00	0.01	0.06	0.11	0.39	0.60	0.63	0.67	0.49	0.21	0.07	0.02	3.26
	采暖	0.84	0.46	0.25	0.04	0.00	0.00	0.00	0.00	0.00	0.02	0.17	0.50	2.28
	照明	0.43	0.34	0.33	0.24	0.22	0.23	0.21	0.24	0.25	0.29	0.41	0.46	3.65
	总计	1.27	0.81	0.64	0.39	0.61	0.83	0.84	0.91	0.74	0.52	0.65	0.98	9.19
○	制冷	0.00	0.01	0.05	0.10	0.36	0.55	0.58	0.62	0.46	0.20	0.07	0.02	5.03
	采暖	0.72	0.39	0.21	0.04	0.00	0.00	0.00	0.00	0.01	0.15	0.40		1.92
	照明	0.47	0.36	0.35	0.25	0.23	0.23	0.21	0.25	0.26	0.31	0.44	0.49	3.84
	总计	1.19	0.76	0.61	0.39	0.59	0.78	0.79	0.87	0.72	0.66	0.91		8.79

资料来源：陈飞,高层建筑风环境研究

（2）服务核

高层建筑中,服务核包括垂直交通空间和附属空间(卫生间、设备间等),服务核的位置决定建筑空间的布局,合适服务核布局有利于建筑的节能。服务核的布置有四种模式:分别为布置在建筑的东向、西向、北向或靠近平面中心的位置。不同的位置对建筑室内的能耗影响是不同的,服务核布置在东西向时可以有效地抵挡室外的太阳辐射,避免室内温度升高;布置在北向时有利于建筑冬季的室内热量的保存,但在夏季则影响建筑的通风;服务核布置在中心位置时,南北空间划分阻碍了气流的串通,对建筑的热环境最为不利,这种模式下应该通过走廊将南北两侧贯通以促进通风。具体模式的运用应结合具体地区冬夏季采暖和降温的需求,在平衡各种利弊关系后进行选择。

服务核有三种布置方式,分别为中心核、双核和单面核三种,其中双核的布置方式是最优的,将服务核布置在平面周边有以下优点:不需要防火的压力管道,降低了初始费用和运营费;电梯间有良好的视线景观,增强其场所感;建筑使用空间的分割更具有灵活性;能使电梯间获得自然通风;楼电梯间可以获得自然采光;当建筑整个动力系统出现故障时更安全;形成遮阳和挡风的缓冲区。

2. 建筑体形对能耗的影响

建筑的体形对能耗的影响由体形系数决定,体形系数是指建筑外表面积与建筑体积的比值,它直观反映了建筑单体外形的复杂程度,有关节能标准对不同气候区建筑体形系数有不同要求。高层建筑层数多,外围护墙体能耗量大,占整个建筑能耗的25%左右,因此控制建筑的体形系数成为节能措施的重要方面。

体形系数越大,在相同室外气象条件、室温设定、围护结构设置等条件下,单位建筑物空间所分担的热散失面积越大,能耗越多。有研究资料显示,体形系数每增加0.1,耗热量指标就增加0.48—0.52 W/m²[1]。欲增加建筑的体形系数应增加围护结构的保温能力。在常见的平面形式中,圆形平面可以拥有最小的外围面积,其次是方形(图2-1)。

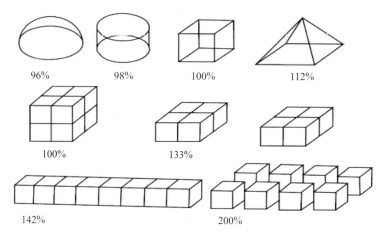

图2-1 以立方体为基准,不同建筑形体相同体积,外界面的差异

图片来源:梁呐,高层建筑的生态设计策略研究

美国著名景观设计师、规划师、生态规划的倡导者麦克哈格在《设计结合自然》一书中,根据世界四个主要气候带提出相关具有普适性意义的概念与原则,指出纬度较低的地区其建筑需要较为扁平的平面比例,以减少东西朝向的表面积。例如,热带地区建筑东西向面宽与南北向的合适比例为1:3左右,纬度越高的地区这一比例就越小;而寒带地区就以1:1左右为佳,如果使用圆柱体形式,可以最大限度地获取日照[2](图2-2)。

体形系数小有利于建筑空间的紧凑布置,流线较短,能减少建筑的交通空间,同时减少了建筑的耗材、能耗等。所以,如何控制或降低建筑的体形系数是减少

---

[1] 宋德萱.高层建筑节能设计方法.时代建筑.1996年03月.
[2] 麦克哈格著,黄经纬译.设计结合自然.天津:天津大学出版社,2007.

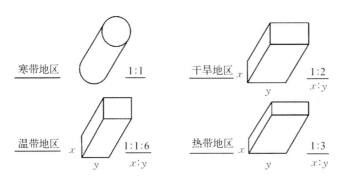

图 2-2　不同气候地区最适宜的建筑比率

图片来源：梁呐，高层建筑的生态设计策略研究

建筑能耗的一个重点。在高层建筑中，通常可以通过以下途径来减小建筑的体形系数：① 选择体形系数小的平面，且形体不宜变化过多；② 加大建筑进深，减少建筑面宽；③ 规整建筑体形，集中建筑体量，减少墙面的凹凸与架空层。

3. 建筑朝向对能耗的影响

建筑朝向的选择会直接影响建筑使用过程中的能耗，因为朝向和通风、采光及日照等有直接的关系。建筑朝向选择的原则是夏季能利用自然通风并防止太阳辐射，冬季又能获得足够的日照并避开主导风向。而不同气候特征朝向的选择是有差异的，在我国，北方建筑朝向以南向最佳，东西向次之，北向应尽量避免，其中东向又优与西向；而南方地区建筑朝向宜采用南北向或接近南北向，冬夏两季，建筑朝向以南向最佳，北向次之，东向优于西向，西向应尽量避免。

对不同朝向的建筑平面进行冷负荷能耗分析（图 2-3），同样平面形状的建筑，南北向比东西向负荷少，当外墙面积之比为 2 时，东向负荷增加了 35%；当外墙面积之比为 3 时，东西向负荷将增加 60%。因此，高层建筑在满足规划要求的日照间距的同时，夏季制冷时尽量争取阴影保护，避免太阳直射，以减少空调负荷。

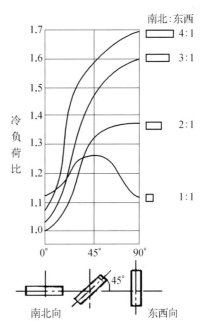

图 2-3　不同朝向的冷负荷比较

图片来源：卓刚，高层建筑设计

4. 日照辐射指数对能耗的影响

以上海地区气候条件为例,通过计算机模拟,定量计算不同朝向与形态高层建筑外表面在日照辐射下接受的日照辐射量,得到以下结论。

(1)对于同样建筑体量,当采用长边南北朝向时冬季辐射量大,夏季辐射量小,方差小,极大值出现在春秋季,即冬暖夏凉;而采用东西向时冬季辐射量小,夏季辐射量大,方差大,极大值出现在夏季,极小值出现在冬季,冬天冷夏天热。通过定量计算分析验证,可见上海地区南北朝向的建筑在日照辐射方面优于东西朝向。

(2)规整形态的高层塔楼冬季辐射量大,夏季辐射量大,冬天暖和夏天热;自由形态的高层塔楼冬季辐射量小,夏季辐射量小,夏天凉爽冬天冷。二者方差相近,辐射量的主要变化趋势相同。总体而言夏季自由形态高层塔楼优于规整形态高层塔楼,冬季规整形态高层塔楼优于自由形态高层塔楼。

5. 日照辐射与外部风环境的权衡因素

同样以上海地区气候条件为例,模拟评价获得日照辐射与外部风环境的权衡因素方面的结论为以下两个方面。

(1)相同形体的东西朝向建筑与南北朝向建筑在风环境模拟测试与日照辐射模拟测试中所得的指标相抗衡(在日照辐射模拟实验中,上海地区南北朝向的建筑优于东西朝向,而在外部风环境中则相反)。可见,在建筑设计初期,建筑师就需要对这两个指标进行平衡;同时,接近方形平面的建筑较好地平衡了这两个影响建筑生态性能的指标,这也与一般意义上的节能建筑平面多为方形或圆形相吻合。

(2)对比相同体量的规则建筑与带侧向扭转建筑可以发现,带侧向扭转的建筑形体在维持室内设定温度的过程中需要克服的室外风带来的热工荷载较小。这种扭转建筑形态不仅在风环境模拟下呈现优势,同时在日照辐射模拟实验中也体现了其生态性能的优势,这为日后研究自由形态建筑指出了新的方向。

2.2.2　高层建筑形态与自然采光

高层建筑通常平面进深加大,依靠人工照明来弥补内部空间采光不足,人工照明在高层建筑自身建筑能耗占据较大的比重。据统计,一般的高层办公建筑的运行能耗主要包括空调能耗、采暖能耗、照明能耗,以及其他设备能耗等,其中空调采暖能耗约占总能耗的47.2%,照明能耗约占32.3%,其他设备能耗约占20.5%。

因此,在高层建筑设计中,合理利用自然采光,降低照明能耗意义非凡。

目前,在我国高层建筑的自然采光利用方面存在的问题主要表现在,采光方式单一、采光与遮阳隔热、自然通风的矛盾未能得到有效处理、高层建筑设计创作中对自然采光不够重视等,而这些问题在很大程度上与高层建筑的形态设计有关。

建筑设计中运用天然采光涉及不少因素,在高层建筑设计中常常从建筑腔体设计、立面设计、室内设计等方面着手,探索在建筑中引入天然光线。建筑腔体一般指中庭、边庭等空间,这类空间形体较大,能够引入大量天然光线,解决建筑内部的采光问题;立面设计涉及开窗的方式,通过设计可以引入更多的光线,使内部空间的光线分布更加均匀、有效,更加令人满意;室内设计则主要通过对内部材料、隔墙、隔断、家具布局的处理,尽可能减少对光线的遮挡,提高自然光线的利用率。上述三种方式在具体设计中往往综合采用,以最大限度地提高天然采光效率。

以高层建筑立面设计为例,可通过综合分析,处理好高层建筑形态与天然采光、遮阳、导光之间的关系,结合设计实践对在不同建筑部位采用不同遮阳和导光系统进行评价和优化。

(1)窗墙面积比方面,宜根据高层建筑内部空间使用功能对光环境的要求分别确定其对应建筑外表的面窗墙面积比。

(2)遮阳导光构造方面,根据高层建筑立面的不同朝向,分别采取针对性的遮阳导光措施:① 南立面为了遮挡靠窗部位的阳光直射,同时将阳光导入室内进深较大的区域,宜采用反射导光板和绿化遮阳作为立面的主要设计元素;② 东西立面为达到更好的遮阳效果,宜在采用反射导光板和绿化遮阳的基础上,加入与墙面成一定角度的垂直遮阳,形成综合遮阳体系;③ 北立面宜采用竖长窗,使室内进深较大区域获得更多自然采光,以获得较好的室内采光均匀度[1]。

2.2.3　高层建筑形态与自然通风

高层建筑由于高层梯度风的影响,加上平面进深较大且内部有交通核心筒阻隔,往往较难组织自然通风,因而设计中通常采用封闭式主动通风系统。但随着人们对建筑能耗和健康环境的日益关注和重视,高层建筑中如何组织自然通风逐渐成为绿色建筑设计中不可或缺的一部分。

---

[1] 刘军明,陈易.天然采光与高层建筑立面设计——以长沙万科大厦为例.住宅科技,2012(12): 13-16.

影响高层建筑自然通风效果的因素有很多，如室外环境的气候条件（热压、风压、风速）、建筑外围护界面的开启程度和控制方式，等等。而高层建筑标准层的平面形态、剖面形式，迎风面建筑的面宽、进深比值是影响自然通风组织的重要形态要素，决定高层建筑设计的初始阶段建筑形态走向。此外，核心筒的布局、内部空间的组织也是不容忽视的评价内容。

1. 交通核布局对自然通风的影响

高层建筑中的交通核位置，决定了内部主要功能空间的布局，它往往是平面设计中最优先考虑的几个因素之一。由于交通核相对集中、面积较大，对室内风环境的影响十分显著，其平面位置往往决定着高层建筑的整体通风效果。高层交通核的平面布置常见有以下五种类型（表2-2）：中央核筒型、贯穿核筒型、两侧核筒型、角部核筒型、单侧核筒型。

表2-2　通风策略——核心筒位置

	图　示	设计策略		图　示	设计策略
中央核筒型	辅助功能 核心筒 主要功能	◎沿南北向需开通风口，或设楼板通风系统 ◎会议室等次要房间布置在西北角	角部核筒型	主要功能 辅助功能 核心筒	◎平面中心如布置夏季通透、冬季封闭的可活动隔断，节能效果最佳 ◎平面中心宜结合中庭设计 ◎核心筒不宜位于室内大空间与夏季主导风来风方向的连线上 ◎结构允许时可不在夏季风方向设核心筒
贯穿核筒型	辅助功能 核心筒 主要功能	◎不建议使用C型核心筒布局	单侧核筒型	核心筒 主要功能	◎如要采用单侧核筒形式，应优先考虑将核心筒设置在西侧

（续表）

图　示	设 计 策 略	图　示	设 计 策 略
东西两侧核筒型 核心筒　辅助功能　核心筒 主要功能	◎平面中心宜布置会议室等次要功能房间 ◎平面中心如布置夏季通透、冬季封闭的可活动隔断，节能效果最佳 ◎平面中心宜结合中庭设计，以改善光照条件	单侧核筒型 辅助功能　核心筒 主要功能 辅助功能　核心筒 主要功能	◎宜将次要功能空间设置在通风模拟图中的蓝色部分 ◎平面中心如布置夏季通透、冬季封闭的可活动隔断，节能效果最佳

资料来源：谢振宇，杨帆，高层办公建筑开放式平面的自然通风设计研究

　　2. 建筑进深对自然通风的影响

　　当建筑整体进深较大时，为获得较好的自然通风效果，宜将最主要的功能区域设置在距离迎风面外墙 20 m 以内。此区域以外，应辅以如地板或顶部送风、双层幕墙通风等其他自然通风设计手段，以均衡室内的气候环境。

　　3. 隔断平面位置对自然通风的影响

　　在房间正中位置增加隔断，有助于消除直接通风造成的通风死角，使新风均匀分布。

　　通高隔断会形成局部涡流，使室内气流较为复杂，半高隔断则能缓和这种情况。

　　在开放式平面设计中，为了优化室内气流分布，应适当将隔断降低或调整隔断的角度，尽量避免其平行于外墙，从而改善隔断内的个人办公环境。

2.3　高层建筑形态与场地生态环境

　　高层建筑形态对场地生态环境的影响包括城市土地利用率、城市热岛效应、建筑周边风环境、建筑周边日照环境等方面，虽然形态与前二者的关系也比较密切，但它们更涉及宏观层面的规划布局和群体效应。以下仅选择关系更为直接的高层建筑形态与周边风环境、高层建筑形态与周边风环境两个方面展开探讨。

2.3.1 高层建筑形态与周边风环境

作为环境要素之一,风环境与高层建筑设计的关注点主要是结构抗风、积极组织自然通风和改善由高层建筑导致的不利影响。风荷载是高层建筑结构设计的重要依据之一,不利的建筑形态需要消耗更多的结构材料以抵抗水平风荷载,也是对资源的主要消耗,通常在设计中根据当地主导风向因地制宜塑造建筑形体,并通过结构专业的计算分析得以实现。对此,本书不作详细展开,而自然通风方面,已在前面建筑与自身建筑能耗关系中作了阐述,因此,以下主要针高层建筑形态对周边风环境的影响的归纳[1]。

1. 高层建筑周边风环境的形成机理

由于高层建筑阻挡了场地环境中主要风向的流动,风与高层建筑碰撞时,一部分风越过高层顶部和侧边,流向建筑后部。另外一部分风向下流动,形成下冲风,下冲风风速较快,对地面人行高度处风环境产生影响。气流运动方向的改变,在高层建筑表面和周边形成迎风面涡流区,不同区域形成风压差:在迎风面上由于空气流动受阻,速度降低,风的部分动能变为静压,使建筑物迎风面上的压力大于大气压,从而形成正压;在背风面、侧风面(屋顶和两侧)由于气流曲绕过程形成空气稀薄现象,该处压力小于大气压从而形成负压,这两种气压差造成气流快速流动产生高楼风。换句话说,高层建筑物较大程度改变了建筑物周围的局地风场,从而形成了对周边环境的诸多不利影响。

2. 高层建筑对室外风环境的不利影响

影响建筑物四周气流形态及速度的因素相当多,包括来流风的特性、风向、风速、建筑物本身的大小、几何外型以及邻近的建筑群等。

(1)迎风面涡漩

高层建筑相比多层更容易形成强烈的下冲气流,下冲的气流碰到地面,风速是低层建筑的4倍,板式建筑的这种现象尤其明显,会对街面行人高度上造成行人活动的不舒适、尘土纸屑飞扬或雪堆积等问题。

(2)建筑物风影区

垂直于高层外界面气流遇到障碍物后在建筑的背风向一定距离内产生很长的风影区。在风影区内,风速减小到约为前风速的一半,且风向改变,形成涡流。这对于炎热干旱地区的夏季及寒冷非潮湿地区室外活动比较理想,但在夏热冬冷

---

[1] 谢振宇,杨讷.改善室外风环境的高层建筑形态优化设计策略.建筑学报,2013.

湿热地区,风影区会造成一定距离内下风向建筑通风降温及除湿效果不理想。

（3）穿堂风

通常产生于建筑物间隙、高墙间隙、门窗相对的房间或相似的通道中,空气流通的两侧气压差导致空气快速流动。风向一般为有阳光一侧至背阴处一侧,风速根据两侧温度差决定,温差越大,风速越大。局部的过大风速,会对进出大楼及高层建筑周边的行人构成不舒适的情况。

（4）边角强风

当气流从建筑物两侧绕过去,流体会有加速的现象,建筑物在边角处,会产生涡漩分流的现象,造成建筑物边角两侧有较强的风速。越高越宽的建筑越容易产生这种现象,这种影响还会影响到建筑背风面与建筑宽度相等的一片区域,产生一种螺旋的无确定方向的向上气流。

4. 高层建筑形态与不利风环境影响的关系

总体上看,不利的风环境主要由于高层建筑对主向来风的阻挡,阻挡引起的程度和效果与高层建筑形态的许多要素,如,建筑高度和建筑迎风面的平面宽度决定风影区范围;建筑高度和建筑迎风面的角度影响迎风面涡漩中下冲气流的强度;建筑形态边界的圆润性和建筑面宽影响边角气流的强度,等等。

2.3.2　高层建筑形态与周边日照环境

高层建筑对周边日照环境的影响显然是由于其遮挡了太阳光而在场地上形成日照阴影区,或对其北侧临近的建筑物产生日照遮挡,从而对场地生态环境构成影响。这一影响所带来的各种社会矛盾,在当今日益拥挤的城市环境中尤为突出,如开发商为追求利益最大化,不断提高建筑密度、高度,压缩建筑间距等,以致日照环境质量下降,各地不断出现的"日照权"纠纷便是这种现状的真实写照。

然我们国家和地方对建设项目都有城市规划管理技术规定,对建筑物的日照有具体要求,包括专项的日照计算;建筑师在面对这一问题时往往采用"先设计,后检验"的方式,考虑的只是对标通过被遮挡建筑物的最低日照要求,对场地的日照阴影区基本忽视。由于过分依赖日照分析软件,规划设计中主要关注的是建筑高度、间距,对高层建筑形态本身对日照阴影区的影响缺少专业敏锐和评价,因此,把高层建筑形态与周边日照环境影响作为生态效益评价内容尤为重要。

1. 高层建筑平面形式与常年日照阴影区

虽然日照阴影区的范围与日照高度角和方位角有关,但对场地环境影响最大的是常年日照阴影区,即建筑物背阳侧终年不见太阳的区域。该区域范围与建筑物的平面形式、布局关系密切，特别需要关注的是各类平面形式中，影响常年日照阴影区的关键控制点。

（1）从相同面积，不同形式的点式平面比较中发现（表2-3）

a. 梯形平面（向阳面面宽比背阳面面宽大）。这种平面类型会在北侧场地产生较大的阴影区，因为背阳面的两个控制点连线较长，属于在日照影响方面比较劣势的平面形式。

b. 正方形平面（向阳面面宽与背阳面面宽相同）。在前面梯形平面的基础上，背阳面两个控制点逐渐靠近的结果。这种平面形式较为常见。也会在北侧场地产生一定的常年阴影区。

c. 梯形平面（向阳面面宽比背阳面面宽小）。是正方形平面两个控制点进一步靠近的结果。能够明显地缩小北侧的常年阴影区。

d. 圆形平面。背阳面两个控制点由阳光与圆的两个切点决定，同样有较小的北侧常年阴影区。

e. 三角形平面（向阳面面宽为长边）。背阳面控制点无限靠近的情况，最终重合为一点，无北侧常年阴影区。从日照角度看是最有优势的平面形式。

（2）从相同面积，不同布局的平面形式比较中发现（表2-4）

a. 矩形平面（南北向）。背阳面两控制点为矩形长边两端点。尽管

表2-3 不同形状点式平面比较

	梯形（前短后长）背阳面有较长的宽度，常年阴影较大
	正方形向阳与背阳面长度一致，常年阴影较适中
	梯形（前长后短）背阳面有较短的宽度，常年阴影较小
	圆形背阳面由光线与圆的切点决定，常年阴影很小
	三角形背阳面两控制点无限接近，常年阴影为零

表2-4 不同形状点式平面比较

	矩形（南北向）背阳面有较长的宽度，常年阴影较大
	正方形向阳与背阳面长度一致，常年阴影较适中
	矩形（东西向）背阳面有较短的宽度，常年阴影较小
	矩形（倾斜）常年阴影很小

有最大的受光面,但在北侧投下的常年阴影区也是最大的。在住宅建筑中最为多见。

b. 正方形平面。产生常年阴影区中等。

c. 矩形平面(东西向)。背阳面两控制点为矩形短边两端点。南向受光面较小,但在北侧的常年阴影区较小。

d. 矩形平面(倾斜)。将东西向矩形进行一定角度倾斜后,能够进一步减少常年阴影区的大小,同时在朝向上也较东西向矩形有所改善。

2. 高层建筑剖面形式与日照阴影区范围

建筑高度是日照阴影区范围的另一个主要形态要素,以下相同体量和高度,不同剖面形式的比较,也能发现形态控制点的作用。

(1)相同体量,不同背阳控制点高度剖面比较(表2-5)

a. 前低后高。从剖面上看背阳面的控制点比向阳面高,而常年阴影区直接受背阳面最高点(即控制点)影响,因此这种剖面方案将有较大的常年阴影区。

b. 前后平齐。即在前一种情况下背阳面控制点下移至于向阳面等高,产生的常年阴影区中等。

c. 前高后低。背阳面控制点进一步下移,产生的常年阴影区最小。

(2)相同体量,不同方向倾斜剖面比较(表2-6)

a. 形体向后倾斜。从剖面上看背阳面的控制点将产生较远的投影点,常年阴影区较大。

b. 形体直立。即在前一种情况下背阳面控制点前移,产生的常年阴影区中等。

c. 形体向前倾斜。背阳面控制点进一步前移,产生较近的投影点,常年阴影区最小。

表 2-5　不同背阳控制点高度　剖面比较

图示	说明
	前低后高 背阳面控制点较高,常年阴影较大
	前后平齐 背阳面控制点与向阳面等高,常年阴影适中
	前低后高 背阳面控制点较低,常年阴影较小

表 2-6　不同方向倾斜　剖面比较

图示	说明
	后倾 背阳面控制点后倾,常年阴影较大
	直立 高层形体直立,常年阴影适中
	前倾 背阳面控制点前倾,常年阴影较小

2.4 高层建筑形态的生态适应性措施

高层建筑设计实践中,在顺应气候环境、降低自身建筑能耗和减少对场地生态环境影响的价值取向指引下,积极探索形态的生态性设计,创作和发展了许多形态的生态适应性措施。以下仅选择高层建筑表皮界面、高层建筑空中庭院加以阐述。

2.4.1 高层建筑表皮界面

高层建筑表皮界面的生态价值已被广泛认知,并成为重要的形态表达语汇。其中,双层表皮系统的运用已成为当今高层建筑表皮界面的典型性生态适应性措施。双层表皮的技术种类繁多,但其实质是在原先功能单一的外围护界面上,组合了两个或以上的外围护界面的剖面层次,复合性地提升建筑物外层系统调节、利用、抵御外部物理气候环境;其形式上,表皮之间通常有一定厚度的空气间层,这一间层形成能量的缓冲,不仅有利于建筑通风和自然采光,同时也为营造良好的室内环境提供技术支持。

1. 高层建筑双层表皮的工作原理和形式

根据双层表皮对气候环境调节的工作原理有以下三类。

(1)调节气流的双层表皮

调节气流的双层表皮由于内外表皮的风压差,可以将室外气流调节后引入室内,使得高层建筑中内表皮可直接开窗通风。调节气流双层表皮的形式有很多种,常见的是双层玻璃幕墙和百叶状双层表皮。双层玻璃幕墙的外表皮对外不直接开窗,而是利用通风口导入室外气流,使气流在内外表皮中流动形成自然通风,而百叶状双层表皮则是通过外层百叶装置改变百叶角度调节室外气流的方向,并且将部分气流引导进入室内(图2-4)。

(2)调节热量的双层表皮

高层建筑外表面积较大,平衡大量的冬季失热与夏季得热往往使高层建筑消耗过多的能源。特别是普通的玻璃幕墙系统,冬季由于材料保温性能的不足,造成大量热损失;而夏季,过多的太阳辐射造成室内气温升高。

调节热量的双层表皮利用腔体的缓冲作用和烟囱原理,实现建筑保温性和隔热性,通过内外两层表皮中风口开闭控制,满足不同季节的保温隔热需求。常见的形式有双层玻璃幕墙,由内幕墙、外幕墙以及二者之间的空腔组成(图2-5)。

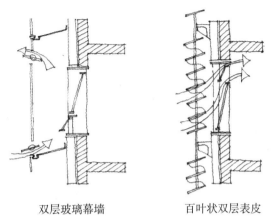

双层玻璃幕墙　　　　　百叶状双层表皮

图 2-4　气流调节双层表皮工作原理示意

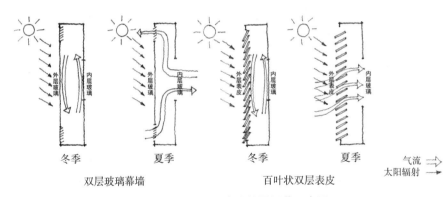

冬季　　　夏季　　　冬季　　　夏季

双层玻璃幕墙　　　　　　百叶状双层表皮

气流
太阳辐射

图 2-5　双层表皮热量调节示意图

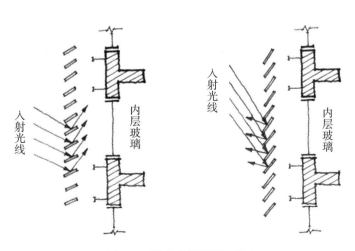

图 2-6　调节光线的双层表皮

（3）调节光线的双层表皮

调节光线的双层表皮的主要目的是平衡不同条件下的采光和遮阳的实际需求。目前，普遍使用的光线调节双层表皮的形式是百叶状双层表皮，它是由外侧的百叶及建筑围护结构构成，中间预留一定的空隙（图2-6）。百叶作为光线调节的一种手段，可以采用各种材料，可以活动也可以固定，以适应不同的气候环境条件。部分百叶状表皮也采用太阳能采光板，在遮阳的同时充分利用太阳能，实现能源的可持续利用。

2.高层建筑双层表皮的地域适应性和方位适应性

双层表皮系统在不同地域的适用性，可与气候分区相对应，气候分区包括严寒地区、寒冷地区、夏热冬冷地区、夏热冬暖地区和温和地区。各个区域的气候特征都有各自的热工设计要求。

由于建筑各个朝向面所获得的太阳辐热量不同，应用于建筑不同部位的双层表皮所产生的效果也有所差异，且太阳高度角的变化也会导致照射的深度和时间长短的区别。因此，在实际使用过程中，建筑各个立面所采用的应对措施应具有针对性，而不是为形式而滥用表皮（表2-7）。

表2-7　双层表皮的气候适应性

地　域	方　位	气流调节的双层表皮	热量调节的双层表皮	光线调节的双层表皮
严寒地区	南　向	△	■	□
	北　向	△	■	△
	东西向	□	□	□
寒冷地区	南　向	■	■	□
	北　向	△	■	△
	东西向	□	□	■
夏热冬冷	南　向	□	□	■
	北　向	□	■	△
	东西向	■	△	■
夏热冬暖	南　向	■	△	■
	北　向	△	△	△
	东西向	■	△	■
温和地区	南　向	■	△	□

（续表）

地　域	方　位	气流调节的双层表皮	热量调节的双层表皮	光线调节的双层表皮
温和地区	北　　向	△	△	△
	东西向	■	△	■

注：■建议采用；□可以使用；△不建议采用
资料来源：谢振宇,李超,高层建筑双层表皮的气候适应性

2.4.2　高层建筑空中庭院

高层建筑内的活动空间远离自然地表,内部空间相对封闭,其生态和健康环境品质备受质疑。空中庭院不仅仅是高层外部形态与室内空间的精彩演绎,而且对实现高层建筑的生态性目标和改善建筑微气候环境发挥了积极作用,它是被动式生态适应性措施之一。

1. 空中庭院生态效益

（1）有利于组织自然采光。不同于一般高层建筑的封闭界面,空中庭院提高高层建筑的开敞度,为建筑引入了更多的自然光线,从而获得比人工照明质量更好的照明,减少建筑能耗。

（2）有利于组织自然通风。常见的自然通风方式分为风压通风和热压通风两种。在外部热环境和风环境的作用下,空中庭院内外形成热压差和风压差,有利于建筑内部的空气对流,最大限度地获得自然通风以减少空调能耗。

（3）形成建筑内外气候环境的过渡。空中庭院是建筑室内外热压与风压的交换场所,外界环境的变化可首先作用于庭院,通过庭院空间的过渡,再作用于建筑内的使用空间,这样对于建筑的整体节能、气候控制和环境进化等方面能起到积极的作用。

2. 空中庭院形态布局与评价内容

影响高层空中庭院的生态性效益的因素众多,如建筑形体、中庭尺度、围护表皮、绿化配置等,而空中庭院的布局,在高层建筑形态设计的初始阶段就成为其生态效益的决定性因素。根据分布位置的不同,高层建筑的空中庭院分为中心式与边厅式两种基本分布方式,并通过不同方式的组合,可产生多样化复合型空中庭院系统。

以边厅式空中庭院为例：

（1）形态布局特征

边厅式庭院是指位于建筑一侧的庭院空间,建筑的另一侧布置相对集中的使

用空间,庭院的一面与建筑外部环境相交接,相对于中心式庭院,边厅式庭院的布局则比较自由和灵活,更具有诸多优点,如遮阳作用、可作为紧急疏散区、种植绿化景观改善微气候,同时增加了城市绿化景观、未来扩建的灵活空间、成为能够交流休憩的人情化空间等。但边厅式庭院直接与外部环境联系,所以易受外部环境影响,温度波动相对较大,且仅能服务于建筑局部区域。

(2)气候环境适应性

边厅式庭院在建筑中的朝向和位置比较自由和灵活,在应对不同的气候环境时有更多的选择。当通高的边厅式庭院布置在建筑的北面时,边庭没有太阳光的直射,利于夏季的防热,同时北面边庭的玻璃围护不利于冬季的防寒,所以这种布局适应夏季需防热而冬季不需防寒的气候,即炎热地区。此外,在通风方面,夏天由于建筑北面的温度低,南面的温度高,低温空气从北面边庭底部引入,低温空气穿过建筑使用空间然后从南面拔出,从而降低建筑内部的温度。

当通高的边厅式庭院布置在建筑的南面时,边庭的外围护玻璃不利于夏季的防热,同时也不利于冬季的防寒,所以这种布局适应温度适宜且常年变化不大的温和地区。此外,南面的通高边庭具有良好的采光优势,有助于建筑内部的采光及微环境的改善。在通风方面,南面的风首先经过边庭空间,可经过一定的预热或遇冷处理,再穿过使用空间,最后从北面排出。

当把边厅式庭院至垂直层面上考虑时,有不同朝向和尺度的空中边庭,但由于空中边庭对建筑的影响是局部的,如有不利影响,通过技术手段易解决,所以其布置无朝向的限制,从而可适应各种气候条件。南北向作为主要的考虑朝向,在北面时,没有阳光,不利于植物的生长,同时不利于冬季防寒。在南面时,有阳光,利于植物的生长,同时自遮阳使得基本不用考虑夏热问题,且有利于通风。

通过对高层建筑空中庭院布局的分析,可以比较高层建筑中不同位置的空中庭院的内部和外部气候环境条件与空中庭院室内环境品质,以及不同空中庭院的组合方式对建筑内部光环境与气流环境带来的影响(表2-8)。

表2-8　空中庭院的布局与效益

	布局示意	形态特征与气候适应	设 计 要 点
中心式		(1)庭院在中心,中心式庭院与外部环境的直接接触面小,受室外气候的影响小	(1)中心式庭院空间可以与垂直交通体系结合设计,有利于空间效果的营造

（续表）

	布局示意	形态特征与气候适应	设 计 要 点
中心式		（2）寒冷地区、夏热冬冷地区	（2）因中庭拔风容易形成紊流，可以采取屋顶封闭或不在屋顶设置出风口来解决
边厅式		（1）庭院布置在南侧，可在冬季获取更多的阳光，夏季穿堂风 （2）温和地区：南侧庭院	南侧庭院的围护玻璃应具有高蓄热性能
		（1）边庭布置在北侧，夏季可避免太阳直射，且利于夏季通风 （2）炎热地区：北侧庭院	（1）屋顶不采用玻璃围护，避免直射光 （2）北面种植植物及布置水体，以降低空气温度
		（1）边厅式庭院有遮阳作用，可作为紧急疏散区、与绿化和景观结合设计、未来扩建的灵活空间等； （2）但增加建筑体形系数，不利于冬季的保温隔热； （3）适用于各类气候环境（炎热地区最佳）	（1）空中庭院多方向布置，增加面向城市的景观面，同时成为夏季和冬季防寒防热的过渡空间； （2）结合绿化景观布置以改善建筑内部微气候； （3）针对凹凸面增多，应采用高保温隔热玻璃围护，冬季把空中平台封闭可行成温室花园
复合式		（1）兼顾中心式和边厅式两种类型的优点，建筑内外结合，能良好组织利用外部环境； （2）造型丰富有韵律； （3）适用于各类气候环境（炎热地区最佳）	（1）在夏季，将边厅式庭院与中心式庭院相隔的围护玻璃开启，实现通风；冬季，将其关闭起到保温作用； （2）针对中庭可能产生的紊流，可将中庭隔成若干单元，在每个单元内部利用热压来进行自然通风

资料来源：谢振宇，郑楠. 高层建筑空中庭院布局的生态设计探讨

2.5 高层建筑形态生态效益评价的一般原则

通过建立高层建筑形态要素与自身建筑能耗、高层建筑形态要素与场地生态环境、高层建筑形态要素与生态适应性措施的研究内容的关系，并对评价内容进行具体分解和详细理论研究，可以看到，高层建筑形态多样，对自身建筑能耗和场地生态环境的影响关系复杂，其在生态效益上的表现正面与负面的影响和程度，有些相互叠加，有些相为因果，甚至相互抵触，因此在评判过程中必须建立一般性评价原则以利于对形态的生态价值客观全面、理性的认知。具体可归纳为整体性原则、针对性原则与优化比选原则。这些评价原则设定，既符合形态设计操作逻辑，又体现对形态与生态这对复杂关系的总体把控权衡、针对性响应和比较取舍。

2.5.1 整体性原则

整体性原则是指在认识事物的过程中，从多因素、多角度进行整体考量，是一种认识论和方法论上的归纳，建立对影响高层建筑形态生态效益各种要素的全面衡量和基本判断。

必须认识到高层建筑自身能耗与场地环境的关系同时由多种形态要素决定，为了某项能耗指标或者场地环境表现，多项形态要素可能共同发挥或正或反的作用，而不应该评价局限于某种形态要素。如，在建筑自身能耗方面，为了增强自然通风，降低室内空调换气系统的能耗，既可以从平面形式入手，也可以从剖面形式思考，更可以从具体的迎风面面宽进深比数值求解；又如，在利用自然采光降低照明使用能耗上，既可以从幕墙材料、构造透明度评判，也可以从不同朝向采光面比例检验；再如，在评价高层建筑对周边风环境的不利影响中，既可以从平面形式上找原因，也可以从剖面设计上寻解答。

必须认识到同一种形态要素可能在不同生态效能中扮演不同的角色，造成不同的结果，需在设计中加以整体权衡。具体来说，它指的是在对高层建筑形态进行生态效益评价时，不仅要关注某一项形态要素对某一项生态效益指标的贡献，更要看它在其他生态效益方面是否同样起到积极作用，再对该形态要素的运用程度甚至取舍进行综合考虑。如"南北向"这一形态要素对建筑在冬季得热有积极意义，但造成了较东西向更大的常年阴影区，同时增大了在夏季的热负荷；又如，"体型系数"小，这一形态要素对建筑在冬季保温有积极意义，但却一般不利于自然通风,因为后者要求迎风面大,进深小,与冬季保温的要求相矛盾。因此,在评判各种形态操作时,必须整体看待它对不同生态效益的影响以做出基本判断。

整体性原则是评价高层建筑形态效益的一种整体考量的思维,是进行针对性操作的前提和基础。

2.5.2　针对性原则

针对性原则指的是在认识对象的过程中必须抓住重点矛盾进行重点解决的原则,是必不可少的工作方法。在实际设计中,不可能对各种问题面面俱到,一方面很难做到,另一方面则失去了工作重点,在关键性指标上反而发力不够,因此必须有针对性地对问题进行分析,并在此基础上施以相应的形态操作。

在建筑自身能耗方面,如果高层建筑处于热带地区,则建筑防热是节能设计重点问题,冬季保温则为次要因素,必须针对性地对夏季隔热进行形态操作,如调整窗墙比、增强玻璃性能、综合运用形体自遮阳等隔热手段;又如,在建筑与场地生态环境方面,如果高层建筑处于城市密集居住区,则高层产生的常年阴影区为设计主要方向,风环境影响则为次要因素,必须针对性地处理高层建筑的阴影对北向住宅建筑对日照的要求,采取前文提到的如平面上缩小背阳面宽度、剖面上切角、前倾等形态操作手段;再如,如果高层建筑处于城市重要的公共空间区域,则高层产生的对周边风环境的不利影响为设计中的主要考虑对象,日照则为次要因素,针对性地采取削弱边角强风、化解迎风面旋涡、减小风影区等形态措施。

针对性原则强调的是一种突出重点,抓住主要矛盾的评价原则,也是高层建筑形态创新的生态性利器。

2.5.3　优化比选原则

优化比选原则指的是以高层建筑生态效益为导向的形态推敲过程中采取的比较、取舍和优化的原则,符合形态设计的生成逻辑,是一种目标导向下的应对性、策略性的评价考量。优化比选原则需要明确的是"与谁比"的问题。一是为了达到高层建筑能耗或与场地生态环境的某一项优化,不同类型的形态要素操作会产生不同程度的作用,因此不同类型的形态要素操作可以进行比较;二是同一类型的形态要素操作中,不同的形式产生的作用程度也不相同,因此同一类型的不同形式也可以进行比较。如,为了减小高层建筑的日照常年阴影区,平面上的形态操作与剖面上的形态操作对常年阴影区的减少有不同程度的作用，它们之间可以进行比较；而在同一类型的形态要素内，如都是平面上的操作，还有梯形、方形、圆形、三角形等不同平面形式对阴影区的减少产生不同程度的作用，因此它们之间也可以进行比较。这两种比较往往通过计算机模拟的方式进行。值得注意的是，不同的软件由于采用不同的算法，因此不能进行横向比较，但比较的意义在于同一软件算法内的纵向比较反映出的结果改进，由此产生了优化策略。

第3章
高层建筑形态生态效益的
评价方法和评价框架

以第2章评价内容和评价原则的研究为依托,尝试在高层建筑形态生态效益的评价过程,研究提出以一般概念评价为基础、结合计算机模拟评价与数学模型评价的集成性的评价方法,力图建立基于生态效益考量的高层建筑形态综合评价体系框架。

3.1　高层建筑形态生态效益的评价方法

高层建筑形态的生态效益评价是本书研究的两大目标内容之一。寻求以研究内容为支撑、以评价原则为指导的针对性具体研究对象的评价方法,有利于科学理性地体现形态生态效益评价的整体性、针对性、可操作性和科学性。它是构成本研究关于综合评价体系框架的核心内容之一。以下将从基本概念评价、计算机模拟评价和数学模型评价加以阐释。

3.1.1　高层建筑形态生态效益的基本概念评价

基本概念评价是对高层建筑自身能耗及与场地生态环境关系中具体的形态与生态价值研究对象的基本问题、概念、指标和效益,在全面的权重衡量的基础上做出的方向性判断,是后续深化、定量的校核调整、创新优化的基础。

基本概念评价通常依据综合性的专业基本知识和原理作出定性的判断,也包括一些主观直觉和经验,一般都难以提供精确的量化指标,但足以引导人们在设计初期便能对一些基本的高层形态要素操作和所带来的生态效益做出初步评价和推断。在形态设计初期确定形态方案的趋向,提升了设计效率。符合形态设计逻辑简单有效。以下将对高层建筑自身能耗及与场地生态环境关系两个方面中的常见基本概念评价加以举例。

1. 形态与自身建筑能耗方面

(1)热冷辐射,如体形系数小,外墙面积比高,南北朝向等

体形系数越大,体形便越复杂,其围护结构散热面积就越大,建筑物围护结构传热耗热量就越大,热工性能便越差。在方案初期便可从建筑形态的复杂程度加以判断。那些表面折叠过多,形体过于舒展的形态方案,往往不利于保温;那些形态简洁,表面完整的方案则在保温方面占优。外墙面积比也是能够直观判断的另外一项热工指标。如果高层建筑外墙围护得较为密实,保温效果较好。朝向则与建筑的冷负荷有关,在我国,南北向的建筑的冷负荷要少于东西向,这也是建筑前期进行前期判断的简便手段。

(2)自然采光:窗墙比高,构造透明度高,不同朝向的采光面比值等

显然,如果高层建筑立面上开窗较多,窗墙比较大,对自然采光有积极影响;立面上的构造透明度较高,也有利于自然采光;但由此带来的对热冷辐射的挑战也是毋庸置疑的,包括自然采光与抵御热辐射的遮阳也是一对矛盾。

(3)自然通风:面宽大进深小,平面开放,高层梯度风等

大面宽小进深的建筑平面在适当的迎风角度下能够取得良好的通风效果;较高的平面开放度能够形成通透的风道,同样有利于组织自然通风;中空的形态有利于建筑内部的空气对流,为自然通风创造条件;相应在热冷辐射方面的不利影响也显而易见。

2. 形态与场地生态环境方面

(1)周边风环境:形体圆润度,扭转度,迎风面宽度、高度等

按空气动力学原理,形体圆润度影响流变程度,是评判高层建筑形态对周边风环境影响的一个基本依据;形体适度的扭转能够引导气流螺旋上升,有利于化解上、向冲气流;如果高层建筑迎风有一定的凸度,也能够适当化解迎风旋涡气流;挖洞则可直观地理解为气流找到了通过的出口,也加强了风影区的的气流运动。

(2)周边日照环境:较小背阳面宽度,形体切角、倾斜等

可以从高层建筑平面的背阳面宽度直观判断高层对场地北侧的日照影响。一般而言,如果背阳面宽度较小,则北侧的常年阴影区较小,对场地的日照影响较小;另外,如果高层形体顺着阳光方向切角,能使阴影投射点较近,从而形成较小的常年阴影区;形体向阳光方向倾斜遵循着相同的原理,阴影投射点前移形成较小阴影,减小对北侧场地的日照影响。

通过以上列举基本概念判断，可以较为直接地对高层建筑形态的生态效益作出类似常识性评价，有利于对问题所在和下一步走向做出预测和定性；为下一步的深化研究提供了基础，并聚焦了后续计算机模拟评价与数学模型评价的研究范围。

3.1.2　高层建筑形态生态效益的计算机模拟评价

计算机模拟技术是深化研究的利器，在通过基本概念评价，获取基本形态要素的相关数据结合具体的环境参数和条件，对基本判断进行的校核调整，可以更为直观地获得模拟评价的结论和规律，是形态设计深化、优化、创新的理性科学的重要依据。在高层建筑形态的生态效益评价中，可以采用的计算机模拟评价软件。其可分为两类：一类是跨行业借用国内外已有的成熟能耗评价软件对本研究中的高层建筑形态问题进行应用；另一类是针对本研究的独特视角，针对高层建筑的形态与其能耗之间的关系，专门设计评价模型及软件。

第一类借用的已有评价软件主要有：室外风环境模拟软件 Fluent、室内风环境模拟软件 Airpak、Algor、室内自然采光与人工照明模拟软件 Radiance。由于此类软件都是通用计算软件，都不针对特定行业（尤其是建筑行业）进行优化配置，所以使用过程中发现，其计算条件参数的设置具有很大的商榷空间。比如，常用的汽车行业的虚拟风洞模拟参数就不适合高层建筑，它们无论在边界条件还是风速的方向、数值、动态上都有明显的不同。因此，经过多次实践，该类软件主要用于对基本评判作比较性的性验证。

第二类则是主要借助与本研究相关的课题研究中，项目团队自主开发的高层建筑专用形态评价模型，主要涉及对给定建筑形态的日照辐射接收情况与温差风承受荷载。经过之前的设计概念与原则研究，这两个方面被认为是关乎高层建筑形态的生态性能的最主要指标。研究团队从高层建筑的形态视角出发，以 Rhino 三维软件环境为界面，以连续过程的离散化、流体对象的粒子化为模拟基础假设，开发了以下两组指标。可以给多个高层建筑形态方案之间的比较，带来定量化的指标性依据，更可以为建筑师在设计之初进行"找形"提供独到的生态性能抓手。同时，这些指标虽然是对复杂环境过程的简化，但经第一类已有成熟软件的验证，其结果仍然具有趋势一致性的（虽线性一致性略显不足）。足以胜任多方案比较和优化。

以下列举两组关于日照辐射指数、日照辐射与外部风环境的模拟评价实例加以说明。

3.1.2.1 日照辐射指数的模拟评价

基于现有的日照辐射公式,通过日照辐射模拟累积计算,提出了日照辐射指数这一定量化评价指标,着力于设计前期对建筑形态的优化和选型。

1. 基本设定

(1)太阳轨迹设定

由于太阳轨迹的复杂性,本案例沿用建筑学领域常用的近似公式来描述太阳的轨迹,并在此基础上遵循以下假设:① 地球为正球体;② 全年按365天计算;③ 按平太阳时计算;④ 日升/日落时间不受大气折射影响;⑤ 正午太阳方位角为零;⑥ 负 Y 轴方向为正南方向;⑦ 太阳方位角以正北方向顺时针计算,取值范围:0—360度;⑧ 计算精度最高为分钟。

(2)太阳辐射设定

实际的太阳辐射包含许多复杂的因素,本案例沿用基本的简化方法设计辐射模型。计算太阳常数用日地平均距离。太阳的入射辐射包括直射辐射、散射辐射、反射辐射三部分,本案例仅分析直射辐射部分,并在此基础上遵循以下假设:① 太阳常数取 1 367 瓦/平方米;② 在太阳高度角绝对值不大于70度范围内计算太阳辐射;③ 引入大气透明系数,近似计算到达地表的垂直辐射强度;④ 气象状况晴朗、无云状况;⑤ 有限元分析法,每隔一定的时间步长计算一次太阳辐射能通量密度,即太阳辐射强度,作为该时间间隔内的平均辐射能通量密度,将总辐射量的计算离散处理;⑥ 任意单位时刻到达地表某一坡面的太阳辐射能通量密度只与大气质量、大气透明系数、坡面法向与太阳光入射方向的夹角相关。

(3)建筑设定

本案例仅选取目标建筑的外表面进行太阳辐射分析,基本设想想为有限元分析法:① 根据有限元思想,连续变化的建筑表面被细分为一群小面,整个建筑表面的真实辐射量计算由这些小面的辐射量之合,即计算辐射量代替。随着细分小表面数量的增加,计算辐射量逼近真实辐射量。② 规定每个小面的形心处法向量为该小面的计算法向量。③ 计算中存在两类环境或建筑表面,一类称"评估表面",即它受到的太阳辐射将被计算,同时场景中的其它表面对其产生的阴影会被当作辐射遮挡因素予以计算;另一类称"环境表面",即它仅被当作遮挡物参与辐射计算,其自身受辐射情况不予讨论。

2. 评价指标(R_{max}、R_{min}、R_v、R_m)

基于上述模型假设,计算太阳辐射量则先计算出任意时刻到达地表的太阳辐射能通量密度,即太阳辐射强度。然后依据有限元思想,将建筑表面细分成小面,分别计算每个小面在设定时间内的日照辐射积累量,最后对所有小面求和得到整个建筑在该时间内的总日照辐射量。

　　由于随着地理位置的变化,各个地区的气候环境会有很大差异,对建筑防寒、保温、防冻、防热等要求也不一样,所以在评判目标建筑的形体、朝向等因素时应该以所在地区的气候对辐射量的要求为前提。本书以我国的气候情况为例,按照中华人民共和国建筑气候区划标准一级区区划指标,将全国分为七个区域。依照我国各建筑气候区划,本研究主要提出三个评价指标如下(按优先级顺序排列),评价方法如表3-1:① 极值(单位:J/m^2),即年辐射量最大值R_{max}和年辐射量最小值R_{min};② 年辐射量月分布曲线的方差R_v表示各月平均辐射量与均值间的离散程度;③ 平均值R_m,即一年中十二个月日照辐射量的平均数。

表3-1　日照辐射指数评价指标

气候分区	参考指标子项	评价标准(按优先级顺序排列)
第 I 建筑气候区 冬季防寒/保温/防冻	R_{min}、R_v	① 若R_{min}出现在冬季:越大越好 ② 若R_{min}相差不大:R_v越小越好 ③ 若R_v相差不大:R_m越大越好
第 VII 建筑气候区 冬季防寒/保温/防冻		
第 IV 建筑气候区 夏季防热/隔热	R_{max}、R_v	① 若R_{max}出现在夏季:越小越好 ② 若R_{max}相差不大:R_v越小越好 ③ 若R_v相差不大:R_m越小越好
第 II 建筑气候区 冬季防寒/保温/防冻 夏季防热/隔热	R_{min}、R_{max}、R_v	① 若R_{min}出现在冬季:越大越好 　　若R_{max}出现在夏季:越小越好 ② 若R_{min}、R_{max}相差不大:R_v越小越好 ③ 若R_v相差不大:R_m与材料性能相关,越接近材料性能均值越好
第 III 建筑气候区 冬季防寒/保温/防冻 夏季防热/隔热		
第 VII 建筑气候区 冬季防寒/保温/防冻 夏季防热/隔热		

注:由于第 V 建筑气候区仅要求该地区建筑满足湿季防雨和通风,对冬季防寒和夏季防热没有特殊要求,所以未列入上表。

3.计算机运算模型与模拟评价方法

基于Rhino平台通过Rhinoscript脚本程序实现上述数学模型。基本流程如下：① 计算起始日到计算终止日每天日出日落的时间；② 以一定的时间间隔给出太阳每天从日升到日落的轨迹；③ 选定目标建筑及周边环境，对应目标建筑的每个小面计算起始日到终止日的日照总辐射量；④ 将所有小面的日照辐射量相加除以小面总数，求计算起始日到终止日目标建筑单位面积上的平均日照辐射量。

4.典型评价对象

(1)同形体变朝向比较案例

本案例选择上海地区做朝向比较案例分析(体积与形状相同)。上海属第Ⅲ建筑气候区，夏热冬冷；大气透明系数取0.8(大气透明系数在0至1之间，是一个表征大气混浊程度的指标，会随时间、区位、气象等因素改变)；取时间步长为60分钟。选择长45 m，进深15 m，高30 m的板式建筑体量做朝向比较分析：

a.比较朝向方案甲(正南北立面长45 m，如图3-1)，中$R_{max} = 3.03e + 8(J/m^2)$；$R_{min} = 2.63e + 8(J/m^2)$；$R_v = 0.015$；$R_m = 2.79e + 8(J/m^2)$(如图3-3)。

b.比较朝向方案乙(正东西立面长45 m，如图3-2)，中$R_{max} = 3.96e + 8(J/m^2)$；$R_{min} = 2.14e + 8(J/m^2)$；$R_v = 0.434$(如图3-4)。

由上可知，在上海同样的建筑体量当采用长边南北朝向时(方案甲)的建筑冬季辐射量大，夏季辐射量小，方差小，极大值出现在春秋季，即冬暖夏凉；而采用东西向(方案乙)时冬季辐射量小，夏季辐射量大，方差大，极大值出现在夏季，极小值出现在冬季，冬天冷夏天热。从分析的结果来看上海地区南北朝向的建筑优于东西朝向，这与现实情况吻合的比较好。

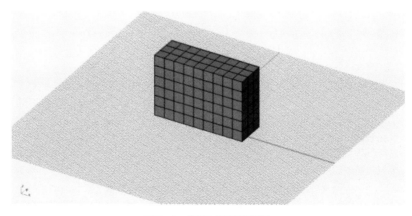

图3-1　朝向方案甲模型

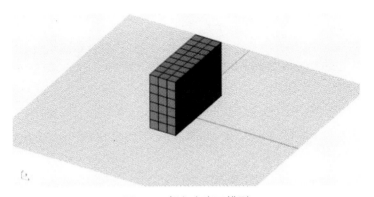

图 3-2　朝向方案乙模型

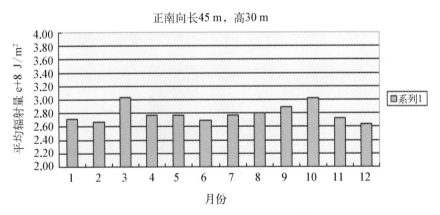

图 3-3　朝向方案甲各月平均辐射量

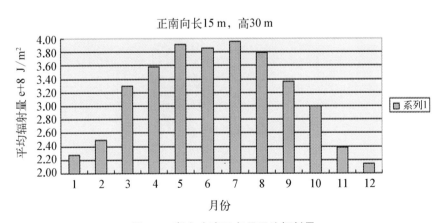

图 3-4　朝向方案乙各月平均辐射量

（2）同体积变形态比较对象

研究再次选择上海地区做形态比较案例分析（体积与朝向相同）。选择底边边长 45 m 见方，高 160 m 的高层体量做形态比较分析：

a. 比较形态方案甲（侧面垂直，如图 3—5），中 $R_{max} = 2.76e + 8\,(J/m^2)$；$R_{min} = 2.26e + 8\,(J/m^2)$；$R_v = 0.026$；$R_m = 2.55e + 8\,(J/m^2)$（如图 3—7）。

b. 比较形态方案乙（侧面扭曲，如图 3—6），中 $R_{max} = 2.34e + 8\,(J/m^2)$；$R_{min} = 2.01e + 8\,(J/m^2)$；$R_v = 0.013$；$R_m = 2.20e + 8\,(J/m^2)$（如图 3—8）。

由上可知，规整形态的高层塔楼冬季辐射量大，夏季辐射量大，冬天暖和夏天热；自由形态的高层塔楼冬季辐射量小，夏季辐射量小，夏天凉爽冬天冷。二者方差相近，辐射量的主要变化趋势相同，选择幕墙时应根据其性能均值采用不同的材料。总体而言，夏季自由形态高层塔楼优于规整形态高层塔楼，冬季规整形态高层塔楼优于自由形态高层塔楼。

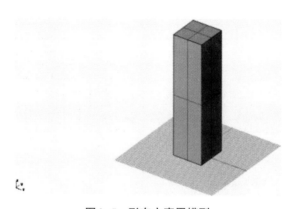

图3—5　形态方案甲模型

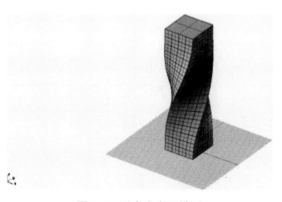

图3—6　形态方案乙模型

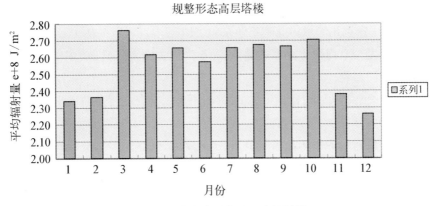

图3-7　形态方案甲各月平均辐射量

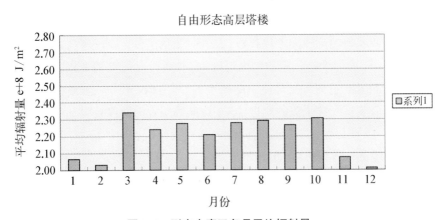

图3-8　形态方案乙各月平均辐射量

3.1.2.2　日照辐射与外部风环境的模拟评价

本案例探求一种在既定外部风环境下,仅依赖建筑形体几何信息的评价方法,使建筑师能够在建筑设计初期,对所设计形体的外部风环境热工荷载进行定量化指示,达成多形体方案比较优选的目的。

1. 基本假设

由于本案例是对现实复杂环境的抽象模拟,因此需要排除一些次级的影响因素而保留关键的主导数据信息,即以下假设为前提:

(1)对到达建筑表面的风流,假设垂直表面的分量对建筑的得热与失热产生主要影响;

(2)风流主要以直线行径方式影响建筑表面,其在局部形成的湍流与多次反射所产生的影响暂不计入；

（3）关注建筑几何形体受到不同来向、速度、温度风流的热工影响，其主要体现为风流温度与室内设定温度的差量，而不考虑表面不同材料与构造对室内外温度传导的不同影响；

（4）只考虑平吹风对建筑形体的影响，不考虑含有高度角的风流。

2. 评价指标

计算需要建筑的形体几何模型，设定的室内目标温度，以及外部风环境参数，即既定地区既定时间段中不同时间点的风速率、风方向和室外环境温度。其计算结果将反映该建筑形体在维持设定室内温度的这段时间内所需要克服的外部风环境热工荷载。计算结果将以"形体温差风指数"（Thermal Wind Index for Shape，TWIS）的形式提供，用以对不同设计方案的形体展开快速比较。

3. 计算机运算模型与模拟评价方法

本案例所获得的形体温差风指数（TWIS）是指定量地反映了特定建筑形体在既定风环境下，为了维持一定的室内温度，需要通过运行空调来克服的外部寒流与热流的总能量。它与特定环境下的风速率、风方向、室外环境温度和计算所需时长相关。借鉴直线粒子流的模拟场景，假设按照规定密度按风环境参数发射带有温度的空气粒子流，测算既定时间段内其到达建筑表面的数量，并根据各个粒子到达的角度进行效果折减，最后累加到达的总能量，从而完成上述指标的计算。累加过程可以通过引入式（3-1）来进行测算，并在公式中引入系数 λ 来完成能量单位的转换。

$$\text{TWIS}_k = \sum_{i=1}^{n} ((K_i - k) * \cos \alpha_i * V_i * t * \lambda) \tag{3-1}$$

其中，

TWIS_k：室内温度为 k 时的形体温差风指数；

n：用于计算的时间片段数量；

α_i：时间片段 i 的风方向与建筑表面法线方向的夹角；

K_i：时间片段 i 的室外环境温度；

k：设定的室内目标温度 26℃（即 299 K）；

V_i：时间片段 i 的平均风速率；

t：时间片段 i 的持续时长；

λ：单位转换与数值调整系数。

$$\text{TWIS}_k = \sum_{i=1}^{n} ((K_i - k) * \cos \alpha_i * V_i * E) \tag{3-2}$$

由于本案例最终需要得出的是一个用于相互比较的值,而非确切的能量数值,所以这里将时间片断长度 t 与系数 λ 等固定值设为一个带有量纲的折算系数 E,即令 $E = t * \lambda$,由此公式 1 可简化为式(3-2),计算的结果总带有折算系数 E。

本案例是简化性的研究实验,并不以得出确切的风流路径为目的。因此对于单个建筑本身,以假定的室内温度为标准,其形体温差风指数(TWIS)的绝对值越接近于 0,即说明该建筑形体在维持室内设定温度的过程中需要克服的室外风带来的热工荷载越小。

上述数学模型在 Rhino 平台并通过 Rhinoscript 脚本编辑器实现,其基本流程如下:① 选取所需要计算的目标建筑(若有周边环境,则同时选取周围建筑环境);② 按照设定的籽粒密度建立计算网格,并以一定时间间隔获取目标建筑表面的能量值;③ 累加每个面所获得的能量值,并将其除以相应表面积而获得每个面的平均能量,并以此为标准来为每个建筑表面设置相应的颜色(颜色的蓝色值越高,说明其形体温差风指数越小,红色值越高,说明其形体温差风指数越大);④ 累加总时间范围内的建筑表面所得能量总值。

4. 典型评价对象

典型评价以上海地区为例,以一年中 24 天正午 12 点的风环境信息为研究的基本参数,包括风速率、风方向和室外环境温度(图 3-9、图 3-10、图 3-11)。另,案

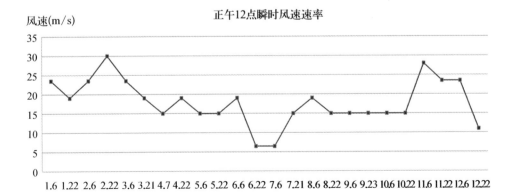

图 3-9　正午 12 点瞬时风速速率(上海地区)

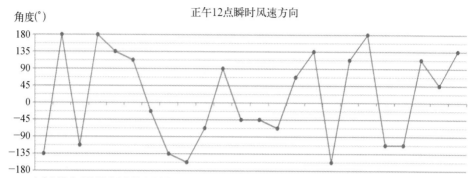

图3-10 正午12点瞬时风速方向（上海地区）

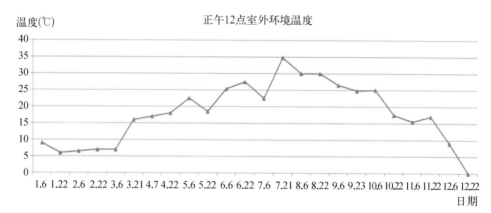

图3-11 正午12点室外环境温度（上海地区）

图片来源：Ecotect Analysis 2011软件

例使用1 m×1 m的粒子密度来建立计算网格。

（1）同形体变朝向比较对象

建立长45 m，进深15 m，高30 m的板式建筑体量为研究对象进行分析。

方案A（正南北立面长45 m，如图3-12，即常称为"南北朝向"），其全年建筑各面能量累加之和为：

$$\mathrm{TWIS}_{26A} = -2.524\,3e + 11E \tag{3-3}$$

方案B（正南北立面长15 m，如图3-13，即常称为"东西朝向"），其全年建筑各面能量累加之和为：

$$\mathrm{TWIS}_{26B} = -2.139\,7e + 11E \tag{3-4}$$

由上述可得,方案 B 的 $TWIS_{26B}$ 相比方案 A 的 $TWIS_{26A}$ 更加接近于 0,这应解释为:如果以全年维持室内 26° 为标准,就相同的板式建筑单体而言,东西朝向所需要通过运行空调系统来克服的外部风流带来的热工荷载较小,而南北朝向较大(在这一案例中多了 $TWIS_{26A} / TWIS_{26B} - 1 = 18\%$)。

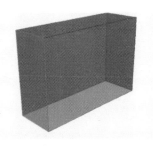

图 3-12　朝向比较方案 A

图 3-13　朝向比较方案 B

(2)同体积变形态比较对象

建立长 45 m、宽 45 m、高 150 m 的高层建筑体量为研究对象,分别建立规整长方体建筑模型 A 及以中心 z 轴方向为轴线逆时针扭转 90 度的建筑模型 B,对其进行形态比较分析。

方案 A(未进行任何扭转,如图 3-14),其全年建筑各面能量累加之和为:

$$TWIS_{26A} = -8.859\,1e + 12E \qquad (3-5)$$

方案 B(进行逆时针扭转,如图 3-15),其全年建筑各面能量累加之和为:

$$TWIS_{26B} = -8.295\,1e + 12E \qquad (3-6)$$

图 3-14　未扭转的方柱形单体方案 A

图 3-15　扭转 90 度的方柱形单体方案 B

由上述可得，方案B的TWIS$_{26B}$相比方案A的TWIS$_{26A}$更加接近于0，这应解释为：如果以全年维持室内26°为标准，就相同体积的方柱形建筑单体而言，扭转90度的单体所需要通过运行空调系统来克服的外部风流带来的热工荷载较小，而未扭转的单体所需较大（在这一案例中多了TWIS$_{26A}$ / TWIS$_{26B}$ − 1 = 7%）。

3.1.3 高层建筑形态生态效益的数学模型评价

数学模型的评价一般是以计算机模拟技术评价为依据，可更为精确地从数学模型的比较中获得相关节能系数。从而用数据反映研究对象的生态效益。下面以体形系数优化指标的数学模型评价为例。

根据上节中日照辐量实验数据与计算机模拟数据，对现有的体形系数进行优化，用数学模型确定不同建筑形体的节能系数，以此反映与评价高层建筑形态的生态效益。

1. 评价依据

（1）建立实验室微缩模型，形成初步评价指标。在实验室中制作标准化实体缩尺模型，依据实地测量、文献查找、案例研究等收集的参数数据，通过微缩模型模拟进行参数的校核与数据记录，建立初步评价指标。

（2）数值模拟校准。将计算机模型的多种虚拟形体转化为实体微缩模型，与标准化实体微缩模型及计算机模拟数据进行比较、验证，在此基础上对计算机模拟数据进行校准。

（3）建立数学模型评价系统。根据实验室与计算机模拟数据的比照，确定太阳辐射是影响建筑能耗的重要因素之一，将日照辐射量作为高层建筑形态设计节能评价依据，对现有的体形系数进行拓展。课题以夏热冬冷地区，以上海市为代表，将建筑形体按照角度分为东、南、西、北、东南、东北、西南和西北八个方向的面域，分别计算冬、夏两季建筑形体各面域的总日照辐射量，最终通过冬、夏两季的综合效应确定建筑形体的节能系数，作为建筑节能评价指标之一。

2. 评价操作

居住建筑体形系数S在《民用建筑节能设计标准》（JGJ26–95）中定义为"建筑物与室外大气接触的外表面积与其所包围的体积的比值"。

$$S = F_0/V_0 \qquad (3-7)$$

式中，S为建筑体形系数；F_0为建筑的外表面积（m^2）；V_0为建筑体积（m^3）。体形系数反映了一栋建筑体形的复杂程度和围护结构散热面积大小，体形系数越大，则体形越复杂，其围护结构散热面积越大，建筑物围护结构传热耗热量越大，因此建筑体形系数是影响建筑物耗热量指标的重要因素之一，也是居住建筑节能设计重要指标之一。

但是，体形系数只考虑了建筑物与室外大气接触外表面积单一要素对建筑能耗的影响，其在建筑能耗分析中具有局限性。太阳辐射是影响建筑能耗的重要因素，本课题以太阳辐射为主导因子，以夏热冬冷地区为例，对体形系数进行了深化，关系式如下：

$$S_{节能} = S_{夏} - S_{冬} = \frac{S_E F_E + S_S F_S + S_W F_W + S_N F_N + S_{EN} F_{EN} + S_{WN} F_{WN} + S_{ES} F_{ES} + S_{WS} F_{WS}}{V_0}$$

$$- \frac{W_E F_E + W_S F_S + W_W F_W + W_N F_N + W_{EN} F_{EN} + W_{WN} F_{WN} + W_{WS} F_{WS} + W_{ES} F_{ES}}{V_0}$$

$$(3-8)$$

式中，$S_{节能}$ 为体形节能系数；$S_{冬}$ 为冬季体形节能系数；$S_{夏}$ 为夏季体形节能系数；W_E, W_S, W_W, W_N, W_{ES}, W_{EN}, W_{WS}, W_{WN}——冬季东、南、西、北、东南、东北、西南、西北墙热辐射系数；S_E, S_S, S_W, S_N, S_{ES}, S_{EN}, S_{WS}, S_{WN} 为夏季东、南、西、北、东南、东北、西南、西北墙热辐射系数；F_E, F_S, F_W, F_N, F_{ES}, F_{EN}, F_{WS}, F_{WN} 为东、南、西、北、东南、东北、西南、西北墙面积（m^2），V_0 为建筑体积（m^3）。

夏热冬冷地区夏季闷热、冬季湿冷，夏季空调冬季采暖，建筑能耗较之于春、秋两季最大，为建筑节能的目标季节。关系式基于对冬、夏两季体形节能系数的综合考量，考虑夏季太阳辐射与建筑能耗成正比关系，而冬季辐射量与建筑能耗成反比，分别计算夏、冬两季东、南、西、北、东南、东北、西南、西北八个方向墙体总传热值与体积的比值得出。其中八个方向墙体定义为（图3-16）北向（0°—22.5°，337.5°—360°）、西北向（22.5°—67.5°）、西向（67.5°—112.5°）、西南向（112.5°—157.5°）、南向（157.5°—202.5°）、东南向（202.5°—247.5°）、东向（247.5°—292.5°）、东北向（292.5°—337.5°）。

各墙体传热值的计算考虑各方向墙体受热辐射影响的差异性，加入热辐射系数，具体计算值见表3-2、表3-3。基于数值模拟与实验校正，首先分别计算标准条件下建筑八个方向墙体每平方米冬（1月）、夏（7月）两季接收的太阳辐射合计辐射量（直射辐射与散射辐射总量）（表3-2），在各合计辐射量中选取最大值，设为标准系数1，其他合计辐射量与其比值计算相应的标准系数，精度为0.0（表3-3）。

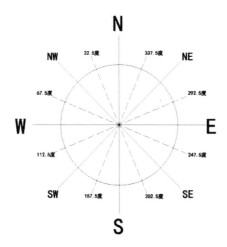

图3-16　八个方向墙体方位角度示意

表3-2　不同方向墙体冬夏两季接收的太阳辐射量

Wh/m²	北	东北	东	东南	南	西南	西	西北
直射辐射（7月累计）	7 660	20 820	30 481	22 821	8 863	24 794	34 898	25 093
散射辐射（7月累计）	16 874	16 859	17 109	17 234	16 983	16 844	16 979	17 064
合计辐射（7月累计）	24 534	37 679	47 591	40 055	25 846	41 638	51 877	42 157
直射辐射（1月累计）	0	1 923	17 109	30 895	29 867	15 624	15 624	978
散射辐射（1月累计）	16 874	16 859	17 109	17 234	16 844	16 844	16 979	17 064
合计辐射（1月累计）	16 874	18 782	34 128	48 129	46 711	46 711	32 603	18 042

表3-3　不同方向墙体冬夏两季接收太阳辐射系数

标准值	北	东北	东	东南	南	西南	西	西北
直射辐射（7月累计）	0.1	0.4	0.5	0.4	0.2	0.4	0.6	0.4
散射辐射（7月累计）	0.3	0.3	0.3	0.3	0.3	0.3	0.3	0.3

（续表）

标准值	北	东北	东	东南	南	西南	西	西北
合计辐射（7月累计）	0.4	0.7	0.8	0.7	0.4	0.7	0.9	0.7
直射辐射（1月累计）	0.0	0.0	0.3	0.5	0.7	0.5	0.3	0
散射辐射（1月累计）	0.3	0.3	0.3	0.3	0.3	0.3	0.3	0.3
合计辐射（1月累计）	0.3	0.3	0.6	0.8	1.0	0.8	0.6	0.3

3. 应用特点

体形系数优化指标，基于数值模拟，并经实验室修正，可在一定程度上以某个地区太阳辐射为导向，对建筑的能耗进行评价。指标综合考虑了夏、冬两季太阳辐射量对建筑能耗的影响差异，因此，具有一定的可行性。通过实验室模拟得到的热辐射系数有效地反应了冬、夏两季建筑体八个方向建筑表面接受热辐射的强度。基于太阳辐射的体形系数优化指标对建筑初期的概念和方案设计的比选和优化具有较大的指引性，为建筑选型和朝向选择提供了理论支持，对基于性能优化的节能设计具有辅助作用。

但是限于各地区有限的气象数据，本指标在数值模拟和实验模拟阶段均在一些方面做了相应的简化，如云层对太阳辐射的散射、大气透明系数的变化函数等，研究未来将继续不断改进这些问题，将太阳辐射的散射等部分加入模型研究，以获得更精确、完善的评价指标。

3.2　高层建筑形态生态效益的评价依据与评价体系框架

本研究中从确定选题开始，一直严格把控评价依据和评价体系的针对性、逻辑性、科学性和可操作性，在研究过程的层层推进中，不断深化完善；确保其不仅在本研究中发挥理论架构研究和分析评判的指导，更重要的是，通过研究获得的针对高层建筑形态生态效益的评价依据与评价体系框架，作为重要的研究成果，为高层建筑设计在生态节能方面提供理论和实践引导。

3.2.1 高层建筑形态生态效益的评价依据

评价依据是本研究理性和科学的分析判断、调整优化的关键支撑。

高层建筑形态生态效益评价的研究中,其核心依据主要就是高层建筑形态与生态效益的关系、高层建筑形态要素的分类指标和数值指标,分类指标,如平面形式、剖面形式等;数值指标,如体型系数、高度、迎风面面宽进深比等。生态效益方面更是林林种种,涉及建筑节能和环境领域的热环境、风环境、光环境等方面的条件、指标、参数、能耗值等。这些都是基本概念评价、计算机模拟评价和数学模型评价的重要依据。

重要的是,评价依据需要根据具体的研究对象和问题以整体性、针对性和优化比选的原则加以权衡、分析、校核、优化。

3.2.2 高层建筑形态生态效益的评价框架

评价体系框架是本研究在理论研究层面的逻辑关系的提炼和方法论层面针对性地运用的归纳。作为本研究的核心成果,在丰富建筑创作理论同时,从生态节能层面为高层建筑设计实践提供了区别于低层和多层建筑、有针对性和专门化的设计创作引导。

评价体系框架主要由评价内容、评价原则、评价方法、评价依据构成。

(1)在理论研究层面的逻辑关系,可以表述为以其形态与生态价值的关系为研究对象,从生态角度构建高层建筑形态独特的认知体系,在梳理高层建筑形态及生态节能方面已有研究成果的基础上,系统地提出了高层建筑形态的生态效益评价内容和评价原则,初步探索了以基本概念为导向结合计算机模拟和数学模型分析的集成性评价方法,并建立了基于生态效益考量的高层建筑形态设计的综合评价体系框架。评价内容、评价原则、评价方法、评价依据等逻辑严密、体系清晰、关联性强。

(2)在方法论层面针对性的运用,主要反映在:评价内容上,以形态的生态价值为分类依据,按高层建筑形态与自身建筑能耗的关系、高层建筑形态与场地生态环境的关系、高层建筑形态对自身建筑能耗及场地生态环境的适应性确立评价内容;评价内容的价值指向清晰,系统全面、针对性强。评价原则上,整体性、针对性、优化比选的评价原则,以利于对形态的生态价值客观全面、理性的认知。具体可归纳为整体性原则、针对性原则和优化比选原则。这些评价原则设定,既符合形态设计操作逻辑,又体现对形态与生态这对复杂关系的总体把控权衡、针对性响应和比较取舍。评价方法上,强调基本概念评价、计算机模拟评价和数学模型评价的集成性运用。符合全面衡量、校核调整、创新优化的操作运用规律;体现对感性和理性、定性与定量、一般性与特殊性、综合性与一般性等辩证关系的把控。评价依据上,根据具体的形态与生态效益的研究对象加以采集、权衡、调整等,针对性强。

第 **4** 章

高层建筑形态生态效益的优化策略之一
——自遮阳设计专题研究

    高层建筑相比多层建筑有更多的外露界面,加剧了太阳辐射对建筑室内热环境的影响。建筑遮阳是通过形态设计降低自身建筑能耗(热辐射)的有效的手段一,而高层建筑形态的自遮阳设计,更是一种有别于多层建筑的生态适应性措施。从而成为高层建筑形态的生态效益评价的一项内容,在高层建筑形态的生态性设计中具有针对性和独特性的研究价值。

    本专题在梳理高层建筑形态、遮阳、能耗三者的关系,确立对高层建筑遮阳设计的基本认知的基础上,以上海地区为例,通过对遮阳设计依据和参数的基础性研究,归纳遮阳的基本设计和评价方法,并结合计算机模拟分析手段对高层建筑形态自遮阳设计的降热辐射效能进行评价,着重从高层建筑形态的平面形式和剖面形式两个方面提出具体的自遮阳设计优化策略。

4.1 高层建筑形态、遮阳、能耗的关联性

    高层建筑形态自遮阳是一种外遮阳方式,通过建筑自身形体或自身构件的设计减少对建筑围护结构的热辐射,部分阻挡阳光直射室内以减少室内的辐射得热,降低空调能耗。对形态、遮阳、能耗的关联性认知是高层建筑形态的生态适应性设计的基本依据。

4.1.1 高层建筑围护表皮对能耗的影响

    太阳辐射对建筑室内热环境的影响主要途径是通过外围护表皮。建筑围护表皮是建筑与外界环境的接触面,是建筑室内与外界环境进行热交换的媒介,主要包括墙体(实体墙、玻璃幕墙等)、窗口、屋顶等。虽然,冬季,太阳辐射有利于提

高室内温度,减小供暖负荷。但从遮阳的角度看,以主要针对的夏季太阳辐射使室内温度显著升高,增大空调冷负荷的能耗。

在同样的太阳辐射入射条件下,不同类型的围护表皮对太阳辐射的反射、吸收与透过量有所不同,使得最终传入室内的太阳辐射量存在很大差别(如普通单层玻璃窗对太阳辐射的透过率约为80%,而单层反射玻璃只有20%)。因此建筑空调能耗在很大程度上与建筑围护表皮形式有关,改进建筑围护表皮形式及构造以改善建筑热性能,是建筑节能的重要途径。因此,应对墙体热工性能、窗墙比、玻璃类型(幕墙、开窗)做仔细分析,权衡各因素对建筑能耗的影响程度,以实现建筑能耗最大程度的降低。

1. 墙体

墙体作为建筑外围护结构的主体,其所用材料及构造的热工性能直接影响建筑的能耗。高层建筑外墙通常采用幕墙做法,幕墙有透明幕墙和非透明幕墙,透明幕墙如玻璃幕墙,非透明幕墙有金属板材和石材幕墙等。高层建筑幕墙设计与一般的建筑墙体设计相比有其特殊性,首先高层建筑的通风是随着高度的增加建筑上部风速和风压也就越来越大,这种情况下建筑的开窗可能形成紊流,且加速了建筑与外环境的热交换,不利于建筑能量保存;高层建筑的墙面基本不受周边建筑物遮阳,所以照射到建筑表面上的太阳辐射强度高。此外,建筑外部气候是由多重对立的要素综合决定的,如遮阳与采光、采暖与制冷,通风与防风等相互矛盾,因此,理想的高层建筑外墙应该是对外部气候"疏"和"堵"的辩证统一。

2. 窗墙比

建筑的窗口是室内外环境交流的通道,冷热交换更直接,所以窗墙比对建筑能耗的影响也就更直接。在不同的气候环境下,建筑的窗墙比对建筑能耗的影响程度不同。例如,通过对夏热冬冷地区的建筑单体的窗墙比对能耗的影响研究,在夏季,空调冷负荷随窗墙比的增大而增加;在冬季,各朝向的采暖热负荷随窗墙比的增大而增加。南向的窗口能耗最低,东西向窗口的能耗高;在同朝向,一定窗墙比范围内耗电量基本不变[1]。在夏热冬暖地区,窗墙比需要优先考虑其对建筑物通风、遮阳的影响。

3. 玻璃性能

现代高层建筑对玻璃的运用一方面是用于开窗,更多的则是用于玻璃幕墙。而玻璃的热工性能直接影响太阳辐射的透过、吸收和反射,一般情况下,太阳照射

---

[1] 邓可祥.透光型围护结构对建筑能耗的影响.新型建筑材料.2008年12月.

到普通玻璃表面,7.3%的热能被反射,对建筑室内没有影响,79%透过玻璃进入室内,成为室内的热量,还有13.7%被玻璃吸收,促使玻璃温度升高,被吸收的热量中,又有4.9%传至室内。因此,玻璃的反射率越高,透过率和吸收率越低对太阳能得热就越少。为了减少透过玻璃的太阳辐射,应选择低透过率的玻璃材料,因此,镀膜玻璃的节能设计中得到广泛的运用。

4.1.2 高层建筑遮阳对能耗的影响

建筑遮阳的主要目的是遮挡夏季炎热的太阳直射,对建筑室内热环境和光环境起到调节的作用,因此,遮阳对高层建筑能耗的影响主要集中在建筑运营过程中的空调和照明能耗。以下分别阐述遮阳对空调能耗和照明能耗的影响。

4.1.2.1 建筑遮阳对空调能耗的影响

高层建筑的日常运营的主要能耗方式(采暖制冷、照明、办公设备)中,空调能耗比例高达40%以上[1],而空调能耗(围护结构传热负荷、日射得热负荷、室内热源负荷、新风负荷等)中,日射得热引起的冷负荷达到20%左右[2]。而日射得热主要由太阳辐射通过围护结构引起,因此,应对日射得热的建筑遮阳设计节能潜力巨大。

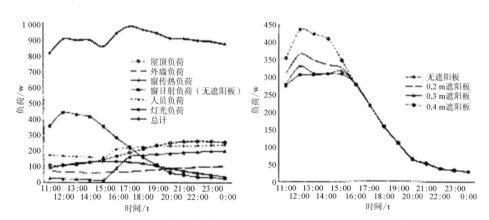

图4-1 无遮阳情况下的冷负荷分布　　图4-2 不同长度遮阳板影响的日射得热

图片来源:王欢,内外遮阳及建筑外窗对空调冷负荷的影响

---

[1] 贺梅葵.武汉某高层建筑能耗分析及节能评价研究.华中科技大学硕士学位论文,2008.
[2] 赵志安.现代化办公楼空调冷负荷特性及设备选择.暖通空调.2002年06月.

研究表明,采用冷负荷系数法模拟计算了遮阳对建筑室内空调冷负荷的影响(计算南向外墙,其他均视为内墙处理)。分析结果如图4-1、图4-2(图中纵轴为各围护结构及人员灯光的冷负荷及其累加的总负荷值,横轴为空调开启时间),从图4-7可以看出在窗口没有设置遮阳的情况下,11点到16点时段,窗的日射负荷在所有负荷比重最大,占45%~50%,中午12点时日射负荷最大,占50%;从图4-8可看出遮阳设施对中下午时段的日射负荷作用明显,减少6%~30%的负荷。当采用出挑0.4 m遮阳板时,12点的日射负荷最多可减少30%,即便是仅使用0.1 m的遮阳板且当下午太阳辐射不算特大的情况下,也能使太阳辐射得热减少6%[1]。

由此可见,对建筑外围护结构采用遮阳措施对建筑能耗有很大影响,且遮阳板出挑长度不同对建筑能耗的减少量有差异。对于外围护结构以玻璃幕墙为主的高层建筑,其夏季日射得热引起的空调能耗不可避免的要高于其他建筑,因此,具有更大围护表皮面积的高层建筑应该更重视遮阳设计,合理利用适当的遮阳方式以减少建筑的能耗。

4.1.2.2 建筑遮阳对照明能耗的影响

建筑遮阳在遮挡太阳直射的同时不可避免也降低了建筑室内的采光量,尤其是对于进深较大的高层建筑,远离外窗靠内墙空间自然采光明显不足,从而增加了建筑的人工采光的照明能耗。

对于遮阳引起的建筑室内采光降低的问题,可以采用巧妙的反光遮阳板设计(图4-3),保证建筑遮阳的同时能促进大进深的建筑空间采光。反光遮阳板是利

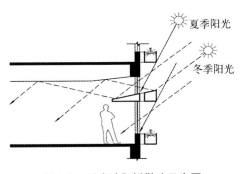

图4-3 反光遮阳板做法示意图

用光的反光原理,在建筑外窗的中间设置遮阳板,遮阳板的上表面具有反射光的作用,将入射太阳光线反射至天花板上,光线再由天花板漫射到室内进深大的空间,而遮阳板的横向出挑则可以有效的遮挡窗口部位的太阳直射,同时降低了近窗区域的光照亮度,避免了眩光。

反光遮阳板的光导效率和遮阳效

[1] 王欢,曹馨雅,陈婷.内外遮阳及建筑外窗对空调负荷的阴影.建筑节能.2009年12月.

率主要和遮阳板在采光窗中的位置有关,遮
阳板的位置越低,则反射光量就越多,越有
利于建筑的自然采光。但是如果遮阳板的
位置太低会导致近窗空间的净高过低,窗的
上部分过高,其遮阳的效果会受到影响,同
时遮挡了建筑室内的视野。所以,反光遮阳
板设计要权衡建筑的遮阳、采光及视野等因
素,采用适合的反光遮阳板构造形式及位
置。托马斯·赫尔佐格设计的德国建筑工
业养老金基金会办公楼的立面就采用了反
光遮阳板设计,且运用的是可调节式的反光
遮阳板(图4–4),满足不同情况下室内工作
人员对自然采光的需求。在光线强烈的夏
季,构件向内绕轴旋转至垂直方向,这时不
同高度的遮阳板起到不同的作用:顶部遮
阳板完全遮住阳光,实现最大限度的遮阳;
中部遮阳板允许必须的阳光经反射进入室
内,使得光线更加均匀;下部遮阳板构件向
外出挑,起到避免眩光的作用[1]。

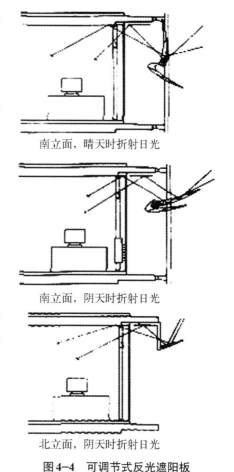

南立面,晴天时折射日光

南立面,阴天时折射日光

北立面,阴天时折射日光

图4–4 可调节式反光遮阳板
图片来源:《建筑技艺》,2013年06月

4.1.3 高层建筑形态与遮阳的关系

　　高层建筑有更多外露的表面,与建筑室
外环境的热交换也更加剧烈,因而对建筑遮阳的需求也更为迫切。而通常高层建
筑遮阳设计采用的是一般多层建筑的遮阳做法。考虑高层建筑的建造、使用安全
和形象等因素,高层建筑的遮阳设计也存在更大的困难。首先,高层建筑设计是
一个庞大而系统工程,且建造难度大,各方面都会在设计的最初阶段综合考虑,遮
阳设计也应包括在内,在整个建筑建造过程中一次性建成,一般不存在日后加遮
阳构件的可能。其次,由于风速是随高度的增加而增加,这对遮阳构件的安全性
提出了更高的要求,所以一般的遮阳构件不适用于高层建筑。另外,多层建筑的
遮阳设计无法体现高层建筑形态特征。因此,从高层建筑自身形态出发,将高层

---

[1] 潘丽阳,付本臣,曹炜.寒冷地区建筑遮阳体系的冬夏季功能转换设计研究.建筑技艺.2013年06月.

建筑遮阳设计与建筑形态结合起来,使形态
的自遮阳更具有可行性和有效性。

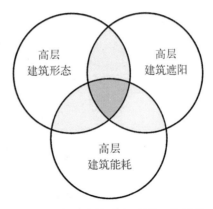

高层建筑形态设计与遮阳设计有其各自
独立的设计依据和方法,但两者在高层建筑
的生态性设计上有紧密的联系。在生态设计
上,高层建筑形态与遮阳都具有减少建筑能
耗的作用,适宜的建筑形态设计可以减少建
筑全生命周期过程中的能耗,而有效的遮阳
设计能降低建筑在运营过程的空调负荷;另
外,在建筑形式设计上,高层形态设计追求整
体性,且需富有美感,成为城市或区域内的标

图4-5　高层建筑形态、遮阳、能耗关
系图

志性建筑,而遮阳设计在达到遮阳效果的同时也追求建筑形式的整体统一。

因此,高层建筑形态、遮阳与能耗三者的关系如图4-5所示,高层建筑的形态
与遮阳两者相互制约、相互促进,建筑形态是遮阳设计的载体,遮阳设计强化建筑
形态的艺术效果,通过二者的结合促进了高层建筑的节能。图中代表高层建筑形
态、遮阳、能耗的三个环的交集就是高层建筑形态自遮阳。

4.2　高层建筑形态自遮阳设计效能分析

形态的生态效益分析与评价,需要对设计依据、环境条件和各类影响性参数
作整体的把控,并结合计算机模拟技术作可量化的比较和评价。对于高层建筑
形态的自遮阳设计而言,对地域气候特征、基本遮阳设计参数和形式的梳理是必
要的。

4.2.1　高层建筑形态自遮阳设计依据(以上海地区为例)

4.2.1.1　地区气候特征

我国《民用建筑热工设计规范》(GB50176-93)从热工设计的角度,将各地分
为五个气候区域(图4-6),每个气候区域由于其地理位置和太阳高度角的影响,
对建筑的热环境影响也不同。上海地区在热工分区中属夏热冬冷地区,这一地区
的气候设计需要满足夏季防热要求,适当兼顾冬季保温需求。上海地区地处北纬
31°12′,东经 121°26′。上海濒江临海,属于亚热带季风气候,呈现季风性、海洋性

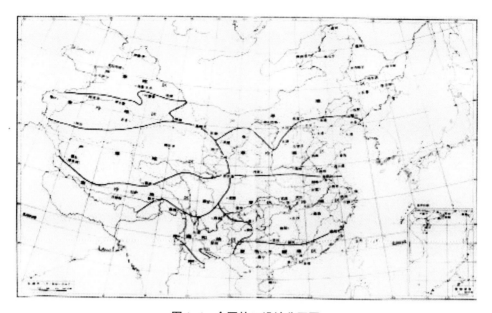

图4-6　全国热工设计分区图

图片来源:《民用建筑热工设计规范》(GB50176-93)

气候特征。冬夏寒暑交替,四季分明,春秋较冬夏较长。主要气候特点是:春天暖和,夏季炎热,秋天凉爽,冬季阴冷。由于上海城区面积大、人口密集,使上海城市气候具有明显的温室效应和热岛效应,设计中应重点考虑有效遮挡夏季太阳直射辐射得热。

4.2.1.2　地区太阳辐射情况

由于地理纬度、海拔高度、天空云量等因素的影响,每个地区所接受的太阳辐射强度不尽相同。上海地区位于中低纬度地区,受太阳辐射影响较大。从图4-7中,可以看出上海地区的太阳辐射总量有明显的年季变化,冬季最小,夏季最大。月辐射量最大值出现在 7 月,约为 705 MJ/m^2;最小值出现在 12 月,约为 165 MJ/m^2。

4.2.1.3　地区气温分布情况

1. 月平均气温

从上海地区各月的平均温度变化情况(图4-8)看出,春季为 3—5 月,气温逐渐回升,由3月的10℃左右升至5月的20℃左右。夏季为6—8月,各月的平均气温在 25 ~ 30℃之间。7月份的平均气温达到全年各月最高值,高达

月总辐射

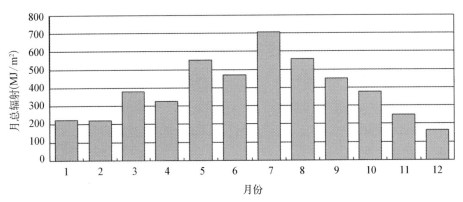

图 4-7　上海地区月太阳总辐射

图片来源：作者根据《中国建筑热环境分析专用气象数据集》整理

各月平均干球温度

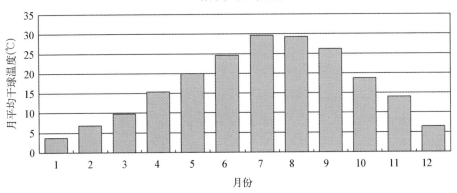

图 4-8　上海地区各月平均干球温度

图片来源：作者根据《中国建筑热环境分析专用气象数据集》整理

全年各级干球温度频数

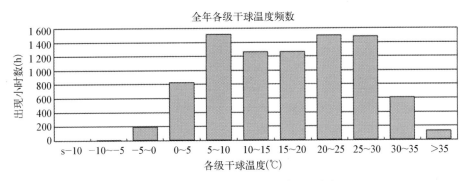

图 4-9　上海地区全年各级干球温度分布

资料来源：作者根据《中国建筑热环境分析专用气象数据集》整理

30℃左右。

统计上海全年各级温度的小时数(图4-9),从图中可以看出25℃以上的小时数近2 200小时,因此考虑夏季的遮阳隔热设计是很有必要的。

2.极端气候

上海地区盛夏高温十分炎热,最高气温出现在7月份。如图4-10,可以看出在整个7月,日最高温度基本都维持在30℃以上,造成夏季酷热难耐。

上海地区极端最低气温,如图4-11,基本出现在1月份,日最低温度基本处于−5℃~ 5℃之间。

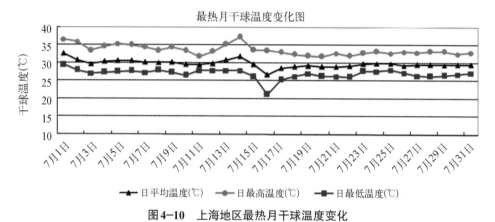

图4-10 上海地区最热月干球温度变化

资料来源:作者根据《中国建筑热环境分析专用气象数据集》整理

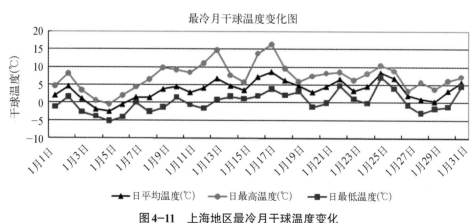

图4-11 上海地区最冷月干球温度变化

资料来源:作者根据《中国建筑热环境分析专用气象数据集》整理

4.2.2　高层建筑形态自遮阳设计参数

高层建筑遮阳与一般建筑遮阳的方法理是相同的,所以先进行一般遮阳设计,再将一般遮阳设计引用到高层形态自遮阳设计中。采用遮阳图解法,利用遮阳时区图、极投影日照图和遮阳量角规,通过图解法得到主要朝向的最佳遮蔽角,并分析确定不同朝向适合的形态遮阳方式和形态自遮阳做法。

根据上海地区的气象资料,统计建筑室外气温大于29℃的日期及时间,将其制成遮阳气温图;统计上海最热月各朝向的太阳辐射大于280 W/m² 的日期和时间,将其制成太阳辐射强度图。通过这些数据资料的统计来确定上海地区的遮阳季节和具体遮阳时间。

4.2.2.1　确定遮阳日期

选用《中国建筑热环境分析专用气象数据集》中上海地区设计用典型气象逐时参数(气温极高)的资料,统计建筑室外气温大于29℃的时间段。将满足条件的时刻用符号"○"表示,填入遮阳气温图中的相应方格中(表4-1),○表示满足要求,X则便是不满足要求,以下图表皆表示如此。

表4-1　上海地区遮阳季节气温在29℃以上的时间

时间	6月			7月			8月			9月		
	上旬	中旬	下旬	上旬	中旬	下旬	上旬	中旬	下旬	上旬	中旬	下旬
6:00	X	X	X	X	○	○	○	X	X	X	X	X
7:00	X	X	X	○	○	○	○	○	○	○	X	X
8:00	X	X	○	○	○	○	○	○	○	○	X	X
9:00	X	X	○	○	○	○	○	○	○	○	○	X
10:00	X	X	○	○	○	○	○	○	○	○	○	X
11:00	X	X	○	○	○	○	○	○	○	○	○	X
12:00	X	○	○	○	○	○	○	○	○	○	○	X
13:00	X	○	○	○	○	○	○	○	○	○	○	X
14:00	X	○	○	○	○	○	○	○	○	○	○	X
15:00	X	○	○	○	○	○	○	○	○	○	○	X
16:00	X	○	○	○	○	○	○	○	○	○	○	X

（续表）

时间	6月			7月			8月			9月		
	上旬	中旬	下旬	上旬	中旬	下旬	上旬	中旬	下旬	上旬	中旬	下旬
17:00	X	X	○	○	○	○	○	○	○	○	X	X
18:00	X	X	○	○	○	○	○	○	○	○	X	X

另外以小时为单位，统计上海地区6月至9月内不同朝向的太阳辐射强度情况，将大于280 W/m² 的时刻用符号"○"表示，整理结果如下表4-2至表4-5。

表4-2 上海地区东向太阳辐射强度大于280 W/m² 的时刻

时间	6月			7月			8月			9月		
	上旬	中旬	下旬	上旬	中旬	下旬	上旬	中旬	下旬	上旬	中旬	下旬
6:00	○	○	○	○	○	○	○	○	○	○	○	○
7:00	○	○	○	○	○	○	○	○	○	○	○	○
8:00	○	○	○	○	○	○	○	○	○	○	○	○
9:00	○	○	○	○	○	○	○	○	○	○	○	○
10:00	X	X	X	X	X	X	X	X	X	X	X	X
11:00	X	X	X	X	X	X	X	X	X	X	X	X
12:00	X	X	X	X	X	X	X	X	X	X	X	X

表4-3 上海地区南向太阳辐射强度大于280 W/m² 的时刻

时间	6月			7月			8月			9月		
	上旬	中旬	下旬	上旬	中旬	下旬	上旬	中旬	下旬	上旬	中旬	下旬
6:00	X	X	X	X	X	X	X	X	X	X	X	X
7:00	X	X	X	X	X	X	X	X	X	X	X	X
8:00	X	X	X	X	X	X	X	X	X	X	X	○
9:00	X	X	X	X	X	○	○	○	○	○	○	○
10:00	X	X	X	○	○	○	○	○	○	○	○	○
11:00	X	X	○	○	○	○	○	○	○	○	○	○
12:00	X	X	○	○	○	○	○	○	○	○	○	○

（续表）

时间	6月			7月			8月			9月		
	上旬	中旬	下旬	上旬	中旬	下旬	上旬	中旬	下旬	上旬	中旬	下旬
13：00	X	X	X	X	X	X	X	X	X	○	○	○
14：00	X	X	X	X	X	X	X	X	X	X	○	○
15：00	X	X	X	X	X	X	X	X	X	X	X	○
16：00	X	X	X	X	X	X	X	X	X	X	X	X
17：00	X	X	X	X	X	X	X	X	X	X	X	X
18：00	X	X	X	X	X	X	X	X	X	X	X	X

表 4-4　上海地区西向太阳辐射强度大于 280 W/m² 的时刻

时间	6月			7月			8月			9月		
	上旬	中旬	下旬	上旬	中旬	下旬	上旬	中旬	下旬	上旬	中旬	下旬
12：00	○	X	X	X	○	○	○	○	○	○	○	○
13：00	○	○	○	○	○	○	○	○	○	○	○	○
14：00	○	○	○	○	○	○	○	○	○	○	○	○
15：00	○	○	○	○	○	○	○	○	○	○	○	○
16：00	○	○	○	○	○	○	○	○	○	○	○	○
17：00	○	○	○	○	○	○	X	X	X	X	X	X
18：00	X	X	X	X	X	X	X	X	X	X	X	X

表 4-5　上海地区北向太阳辐射强度大于 280 W/m² 的时刻

时间	6月			7月			8月			9月		
	上旬	中旬	下旬	上旬	中旬	下旬	上旬	中旬	下旬	上旬	中旬	下旬
12：00	○	X	X	○	○	○	○	○	○	○	○	○
13：00	○	○	○	○	○	○	○	○	○	○	○	○
14：00	○	○	○	○	○	○	○	○	○	○	○	○
15：00	○	○	○	○	○	○	○	○	○	○	○	○
16：00	○	○	○	○	○	○	○	○	○	○	○	○

(续表)

时间	6月			7月			8月			9月		
	上旬	中旬	下旬	上旬	中旬	下旬	上旬	中旬	下旬	上旬	中旬	下旬
17:00	○	○	○	○	○	X	X	X	X	X	X	X
18:00	X	X	X	X	X	X	X	X	X	X	X	X

4.2.2.2　确定遮阳时间

根据上面统计出的遮阳气温图和太阳辐射强度图,求其交集,便可以得到上海地区各主要朝向窗口的遮阳时间,如表4—6、表4—7、表4—8、表4—9。

表4-6　上海地区夏季东向遮阳时间

遮阳季节	6月			7月			8月			9月		
	上旬	中旬	下旬	上旬	中旬	下旬	上旬	中旬	下旬	上旬	中旬	下旬
开始			8点	7点	6点	6点	6点	7点	7点	7点	9点	
结束			9点	9点	9点	10点	9点	9点	9点	9点	9点	

表4-7　上海地区夏季南向遮阳时间

遮阳季节	6月			7月			8月			9月		
	上旬	中旬	下旬	上旬	中旬	下旬	上旬	中旬	下旬	上旬	中旬	下旬
开始			11点	10点	10点	9点	10点	9点	9点	9点	9点	
结束			12点	12点	12点	12点	12点	12点	12点	13点	14点	

表4-8　上海地区夏季西向遮阳时间

遮阳季节	6月			7月			8月			9月		
	上旬	中旬	下旬	上旬	中旬	下旬	上旬	中旬	下旬	上旬	中旬	下旬
开始		13点	13点	13点	12点	12点	12点	12点	12点	12点	12点	
结束		16点	17点	17点	17点	17点	16点	16点	16点	16点	16点	

表4-9　上海地区夏季北向遮阳时间

遮阳季节	6月			7月			8月			9月		
	上旬	中旬	下旬	上旬	中旬	下旬	上旬	中旬	下旬	上旬	中旬	下旬
开始		13点	13点	12点	12点	12点	12点	12点	12点	12点	12点	
结束		16点	17点	17点	17点	16点	16点	16点	16点	16点	16点	

4.2.2.3　绘制遮阳时区图

综合以上统计的上海地区气温图($\geqslant 29℃$)和太阳辐射强度图($\geqslant 280\ \text{W/m}^2$)，求其集并集，绘制表4-10如下。然后把边界连接成一个封闭多边形，即为上海地区的遮阳时区(图中灰色部分)。

表4-10　上海地区夏季遮阳时区表

时间	6月			7月			8月			9月		
	上旬	中旬	下旬	上旬	中旬	下旬	上旬	中旬	下旬	上旬	中旬	下旬
6:00	X	X	X	X	O	O	X	X	X	X	X	X
7:00	X	X	X	O	O	O	O	O	O	O	X	X
8:00	X	X	O	O	O	O	O	O	O	O	X	X
9:00	X	X	O	O	O	O	O	O	O	O	X	X
10:00	X	X	O	O	O	O	O	O	O	O	X	X
11:00	X	X	O	O	O	O	O	O	O	O	X	X
12:00	X	X	O	O	O	O	O	O	O	O	X	X
13:00	X	O	O	O	O	O	O	O	O	O	O	X
14:00	X	O	O	O	O	O	O	O	O	O	O	X
15:00	X	O	O	O	O	O	O	O	O	O	O	X
16:00	X	O	O	O	O	O	O	O	O	O	O	X
17:00	X	X	O	O	O	X	X	X	X	X	X	X
18:00	X	X	X	X	X	X	X	X	X	X	X	X

将遮阳时区的轮廓线，按相应时间的太阳高度角和方位角逐时绘制在上海地区的极投影日照图上，得到极投影日照图上的遮阳区（阴影部分）(图4-12)。再将所得到的遮阳时区放置在阴影角规图上（图4-13），以便研究其遮蔽角度。

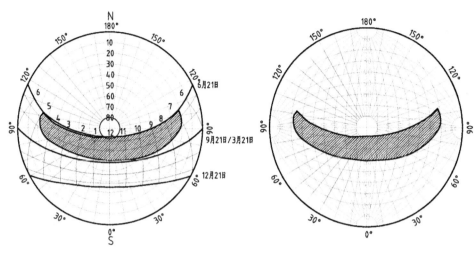

图4-12　日照图上遮阳时区　　　　　图4-13　遮蔽阴影角规图

4.2.2.4　绘制主要朝向的遮阳量角规图

根据极投影日照图上的遮阳时区，绘制各主要朝向最佳遮蔽角度（图4-14、图4-15、图4-16、图4-17）。

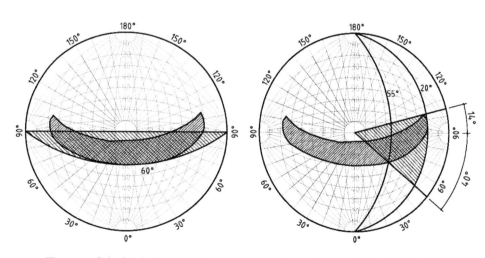

图4-14　南向遮阳板遮阳角规图　　　　图4-15　东向遮阳板遮阳角规图

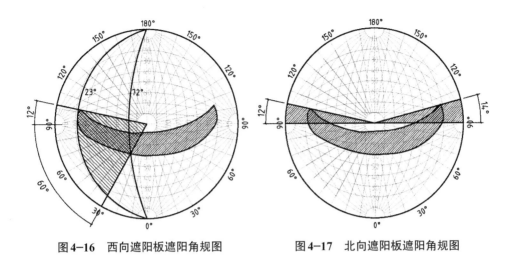

图 4-16　西向遮阳板遮阳角规图　　　　图 4-17　北向遮阳板遮阳角规图

4.2.2.5　高层建筑主要朝向的形态自遮阳方式

以高层建筑的典型平面方形和圆形为例,根据以上各朝向的遮蔽角规图的最佳遮阳角度和太阳轨迹线,考虑各朝向的遮阳设计完全遮挡遮阳时区内的太阳直射光,分别以水平形态自遮阳、垂直形态自遮阳、综合形态自遮阳和表皮遮阳(挡板形态自遮阳)四种遮阳方式设计遮阳得到相应的建筑平面形态,进一步分析出各主要朝向适宜的形态自遮阳方式(表 4-11)。

表 4-11　形态自遮阳方式的平面形态分析

	平面形态示意图	分　析　说　明
水平形态自遮阳		根据遮蔽角规图的各朝向水平遮蔽角绘制水平遮阳形态。由于东面和西面的遮蔽角小,要达到完全遮挡,遮阳形态需出挑最近 10 m,所以,水平式不适合东西面;南面出挑 2 m 左右,具有可操作性
垂直形态自遮阳		对太阳轨迹分析可知,太阳光垂直照射建筑表面时,其垂直遮阳就无法完全遮挡直射光。所以垂直形态自遮阳只适合布置在北面,随着往东北或西北偏移,垂直遮阳形态尺寸逐渐变大
综合形态自遮阳		综合式自遮阳就是水平式与垂直式的综合,所以其适用于北面与南面,随设计意图运用综合式或水平式、垂直式

（续表）

	平面形态示意图	分　析　说　明
表皮遮阳		遮阳表皮具有可调节性，通过针对各朝向的遮阳差异进行遮阳设计，使用过程中能够完全遮挡各朝向遮阳时区内的太阳直射光

注释：1. 根据遮蔽角规图可知东、南、西向的水平遮蔽角分别为20°、60°、23°，北向的
　　　　　垂直遮蔽角为14°设层高为3.9 m；
　　　　2. 绘制的平面形态示意图考虑完全遮挡遮阳时区内的直射太阳光；
　　　　3. 绘制的平面形态示意图为大致形态样式，仅用来对比分析。

0　10　20　30　40　50 M

4.2.2.6　高层建筑主要朝向的形态自遮阳设计

根据以上分析得到的各主要朝向的遮蔽角规图的遮阳角度，可得到上海地区各主要朝向一般构件遮阳的最佳遮阳方式和遮阳板的角度（图4-18）。将一般构件遮阳的遮阳角度与高层建筑各主要朝向形态自遮阳方式结合得到高层建筑形态自遮阳的典型做法（图4-19）。

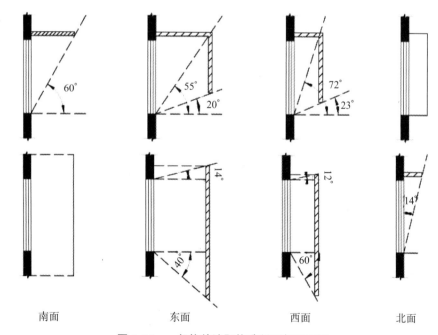

南面　　　　　东面　　　　　西面　　　　　北面

图4-18　一般构件遮阳构造剖面与平面图

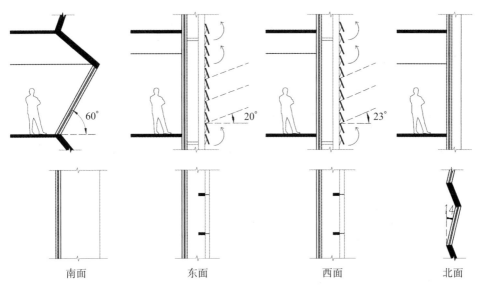

南面　　　　　　东面　　　　　　西面　　　　　　北面

图4-19　高层形态自遮阳构造剖面与平面图

（1）南向窗口：采用水平形态自遮阳，按遮光角度60°计算；

（2）东向窗口：采用表皮遮阳，构成遮阳表皮的构件排列按最大遮光角度20°计算；

（3）西向窗口：采用表皮遮阳，构成遮阳表皮的构件按最大遮光角度23°计算；

（4）北向窗口：采用垂直形态自遮阳，按遮光角度14°计算。

4.2.3　高层建筑形态自遮阳设计模拟评价

通过以上确定的上海地区高层建筑各主要朝向的形态自遮阳参数和形式，建立建立高层建筑形态自遮阳分析模型，通过计算机分析软件对其遮阳效能进行评价和分析。

4.2.3.1　选择模拟软件

Autodesk Ecotect Analysis是由英国Square One公司开发的生态建筑设计软件，它主要应用于方案设计阶段，具有速度快、直观、技术性强等优势，而且可以和一系列精确分析软件相结合作进一步的分析。Ecotect的计算得到了国外专业评估组织的认可，已经广泛地运用到建筑设计中，如澳大利亚大学的社会科学馆、英格兰赫尔市的大型露天体育场和西澳大利亚佩思的圣玛丽剧场等。Ecotect的核心基于建筑工程师特许协会（CIBSE）所核定的内部温度和热负荷计算方法——准入系数法。这种运算法非常灵活且对于建筑物的体形以及仿真分的区域的数量没有限制。更重要的是，在完成一些投影和遮蔽的前期计算后，软件系统可以非常快的速度进行计算并且能够将非常有用的设计信息显示出来[1]。计算结果的相对精确度可以使设计者在设计的初期就能做出适当的决断。

在本模拟分析中，通过在Ecotect中建模分析计算，对比有无遮阳情况下夏季室内受太阳辐射辐射影响程度、夏季外窗入射太阳辐射情况和全年外窗透过／吸收太阳辐射情况，得出对比图像或计算出相应数据来分析形态自遮阳的遮阳效能。

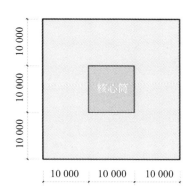

4.2.3.2　建立数学分析模型

设定该建筑位于上海，正南北朝向，建筑平面尺度为30 m×30 m，中间布置12 m×12 m的核心筒，建筑层数20层，标准层层高3.9 m。根据上一节得到的上海地区各主要朝向的形态自遮阳参数和形式，对该建筑的各朝向采用相应的形态自遮阳设计：南向——外围护结构水平折叠；东向——遮阳表皮；西向——遮阳表皮；北向——外围护结构垂直折叠（图4—20、图4—21）。

若直接对标准层进行分析，各朝向之间相互影响很大，特别是形态自遮阳对室内热辐射影响分析，不能确定各朝向的形态自遮阳设计的遮阳效果。所以将一个标准层分割为四个朝向区域单独进行分析，这样可以简化和清晰地分析各朝向采用的形态自遮阳方式的遮阳情况，以下将选取南向面进行分析。

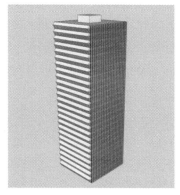

图4-20　建筑模型的平面与轴测图

---

[1] 宋菲嫣, 刁永发, 顾平道.建筑南向外窗倾斜角度对建筑能耗的影响.建筑节能.总第216期.2009年02月.

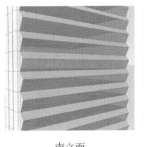
南立面

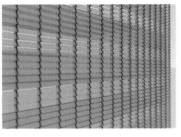
东、西立面

北立面

图 4-21　建筑模型的各立面做法

4.2.3.3　南面遮阳效能

从整体的建筑体量中截取标准层的南面部分，如图 4-22，东西方向长度 30 m，进深 10 m，整个外墙布置高 2.7 m 的落地玻璃幕墙。南面采用的围护结构水平折叠形态设计，落地玻璃向外倾斜，玻璃上方的墙相对向内倾斜，形态折叠状。从 Ecotect 软件材料库中选择墙体的材料为混凝土空心砌块，玻璃幕墙为双层中空玻璃，顶部的楼板为钢筋混凝土屋面板。为形成对比分析，将玻璃幕墙向外倾斜的角度设定为 α，α 的角度分别为 0°、15°、30°。

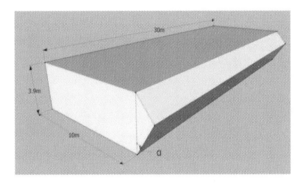
图 4-22　南面水平形态自遮阳模型

建筑模型其他参数都保持不变，南面玻璃幕墙垂直，在外窗上设置水平遮阳百叶，叶片宽度 100 mm，间距

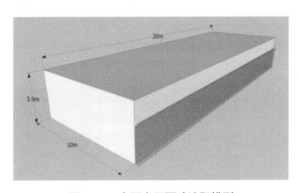
图 4-23　南面水平百叶遮阳模型

为 173.2 mm（按遮阳角度 60° 计算）。在模拟过程中，百叶都处于水平位置，如图 4-23 所示。通过此模型对比高层形态自遮阳的遮阳效果。

1. 夏季室内热辐射分析

在Ecotect中选取夏季南向需要遮阳的时间,根据前文分析,选取6月20日至9月10日。分别对α角度不同的三个模型的室内地板的热辐射情况进行分析,得到不同α倾斜角度的室内受室外太阳辐射影响情况。模拟分析得到指定时间日平均入射太阳辐射引起的建筑室内热辐射情况,从图4-24、图4-25、图4-26可知,随着倾斜角度的增加,其室内受室外太阳辐射影响越小。当α角度为30°时,基本遮挡了直射太阳辐射,只有少部分散射辐射透过玻璃进入室内,降低室内热辐射量效果明显。

图4-24　α = 0° 室内热辐射情况

图4-25　α = 15° 室内热辐射情况

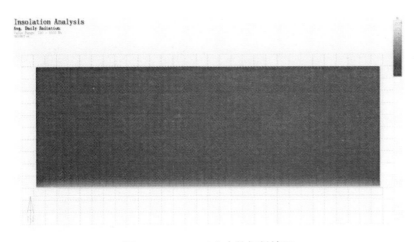

图4-26 $\alpha = 30°$ 室内热辐射情况

2. 夏季外窗入射太阳辐射分析

依然选取6月20日至9月10日为遮阳时间,对不同 α 角度的三个模型进行外窗逐时(指定时间的小时平均值)入射太阳辐射分析,得到表4-12的数据。

表4-12 南向窗口三种倾斜角度 α 的逐时(时均)入射太阳辐射量 (单位: Wh)

角度	6点	7点	8点	9点	10点	11点	12点	13点	14点	15点	16点	17点	18点
0°	58	117	215	393	438	487	450	418	357	226	96	30	0
15°	48	87	145	195	255	305	255	231	181	122	61	14	0
30°	37	69	97	116	126	135	132	119	93	65	39	12	0

根据分析的数据,在上海地区水平太阳轨迹图上绘制逐时外窗入射太阳辐射曲线图。如图4-27、图4-28、图4-29,太阳辐射曲线与太阳轨迹线围合的区域(黄色部分),为一天中,外墙入射的太阳辐射总量。其形状与"遮阳帽的帽檐"形状类似。

当 $\alpha = 0°$ 时,其太阳辐射值在上午9点至下午2点较高,且有局部值突变使得曲线不平滑,在11点时达到最大值,高达487 Wh;当 $\alpha = 15°$ 时,其太阳辐射值11点左右较高,最大值为305 Wh;当 $\alpha = 30°$ 时,其入射辐射量随时间平稳的变化,且太阳辐射量均低于135 Wh。

从数据及图像可以看出,随着倾斜角度的增加,南面外窗的逐时入射太阳辐

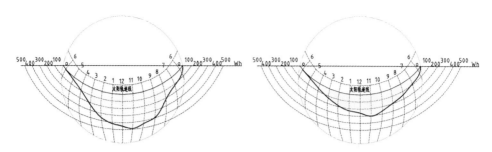

图4-27　α = 0°逐时入射太阳辐射曲线图　　图4-28　α = 15°逐时入射太阳辐射曲线图

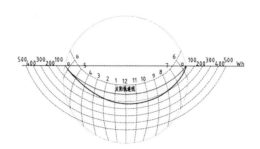

图4-29　α = 30°逐时入射太阳辐射曲线图

射量减小,对比 α 为0°,当 α 为30°时南向外窗入射太阳辐射量可以减少69%[1]。

3. 全年外窗吸收/透过太阳辐射分析

对南向形态自遮阳的外窗在倾斜一定角度与安装有水平外遮阳系统进行对比分析,分别对其进行全年逐月(指定时间的小时平均值)吸收/透过的太阳辐射分析,得到表4-13的数据,将数据生成折线图,得到图4-30。

表4-13　南向墙口三种倾斜角度α的逐月(时均)入射太阳辐射量　(单位:Wh)

遮阳方式/逐月	1月	2月	3月	4月	5月	6月	7月	8月	9月	10月	11月	12月
α = 0°	194	287	256	328	346	306	319	287	384	320	244	254
α = 15°	180	269	236	284	145	106	118	212	343	302	226	238
α = 30°	161	247	201	211	90	84	90	90	150	273	203	218
外百叶遮阳	137	171	156	128	109	80	84	79	97	124	165	180

[1] 注释:减少的太阳辐射量由 α = 0°的日入射太阳辐射总量(黄色区域面积)减去 α = 30°的日入射太阳辐射总量,再除以 α = 0°的日入射太阳辐射总量得来的,其中有部分辐射是不需要遮阳的。

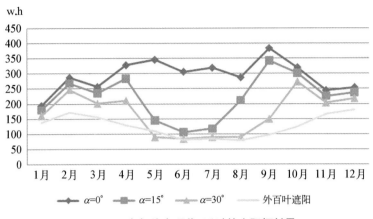

图4-30　全年外窗吸收/透过的太阳辐射量

由图4-30可以看出,当外窗安装水平外百叶遮阳系统时,夏季5—9月份有极佳的遮阳效果,但其他月份特别是冬季,由于遮阳百叶的遮挡,采暖受较大影响;当采用形态自遮阳外窗倾斜角度时,倾斜15°时,在5—7月份有较好的遮阳效果,其他月份对比0°时太阳辐射基本相同;而倾斜30°时,在5—9月份有很好的遮阳效果,其他月份特别是冬季,对比0°时太阳辐射略有减少,但影响不大。因此可以得到结论:针对上海地区夏热冬冷的气候特点,南向形态自遮阳外窗倾斜30°时可以于外窗安装水平外百叶遮阳系统,在夏季月份达到的遮阳效果,且对冬季的采暖影响不大。

4.3　高层建筑形态自遮阳设计策略

在前文确立对高层建筑遮阳设计的基本认知的基础上,通过对遮阳设计依据和参数的基础性研究和结合计算机数学模型的效能分析和评价,将着重从高层建筑形态的平面形式和和剖面形式两个方面提出形态操作上具体的自遮阳设计优化策略。

4.3.1　平面形式的优化设计

4.3.1.1　衍生平面形式

高层建筑有方形、圆形、矩形及三角形四种基本平面形式,衍生平面形式(图4-31)是由四种基本平面形式进行叠加或削减构成,如L形和H形是方形和矩形的叠加,十字形和Y形是方形和三角形的削减。这类衍生平面与基本平面形式在相同建筑底面积的情况下,其外围护表面的面积比基本平面形式要大,即体形系数变大,相对能耗就大,但是衍生平面也有很多减少建筑能耗的方面,如衍生平面的面宽较大进深小,促进了建筑的通风与采光,可以减少建筑照明能耗及空调能耗,且具有更大的视野面;衍生平面通过转折、凹凸等变化,使形体具有自遮阳的作用,如图中所示阴影区,建筑外围护表皮被太阳直射的时间更少,从而降低了太阳辐射对建筑室内热环境的影响,减少了建筑的空调能耗。这种衍生平面形式适合于夏季需遮阳而冬季不需保温的夏热冬暖地区和温和地区。

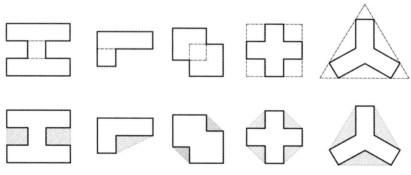

图4-31 衍生平面形式的构成与自遮阳示意

4.3.1.2 服务核的布置

服务核的布置直接影响建筑的通风、采光、遮阳和视野等方面,合理的服务核布置能够促进高层建筑的遮阳节能。如热带地区,将服务核布置在建筑较热的东面、西面或两面,作为遮挡夏季炎热太阳光的缓冲区;在寒带和温带地区可以采用双核布置,东西向布置服务核,南北向通透,可以起到有效的遮阳和良好的通风效果,能够大大节约空调的能耗,这种布置方式使得服务核成为空间隔热的缓冲区,减少进入建筑室内的热量的同时也防止建筑内部热量的流失。

杨经文在设计吉隆坡梅纳拉大厦时,曾有三种服务核布置方案(图4-32),三种方案的标准层和服务核的面积均相等。方案一服务核布置在东侧,用于抵挡东面的日晒,电梯间、楼梯间和卫生间等服务空间拥有自然采光;西北面布置遮阳板,南北面为无遮阳玻璃幕墙;办公空间集中,进深较大,有利于组织大空间办公室。方案二服务核布置在中间,四周为办公空间,办公空间进深较浅,有利于建筑周围的自然景观,但服务核部分必须采用人工照明和机械通风,在东南面和西北

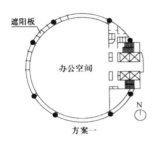
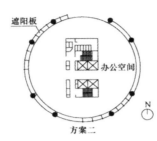
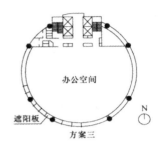

图 4-32　梅纳拉大厦三种服务核布局

图片来源：卓刚，高层建筑设计

面外墙布置遮阳板。方案三服务核在北侧，可以获得较多南向集中的大进深的办公空间，受日照时间长，建筑仅在西南面设计遮阳板，东面、东南面、西面为玻璃幕墙，不设遮阳。通过对这三种服务核布局方案进行建筑得热分析比较，建筑师选用了 OT-TV 值（Overall thermal transfer value，综合传热值）分析，得出：方案一建筑内部得热少于 90%，比不采取措施的情形少；方案二建筑内部得热较多，约为99%；方案三建筑内部得热最多，几乎达到 100%。所以选用了方案一的服务核布局方式作为实施方案[1]。

4.3.1.3　功能空间布局

高层建筑在平面功能空间布局中，空间的分割一方面是满足功能使用需求，另一方面对能耗也会产生影响。无论处于何种气候条件下，人对热舒适的要求都会因功能空间的不同而产生差异，这就要求高层建筑的设计的功能布置充分考虑内部功能的要求与外界气候条件的对应关系，充分利用外部气候资源。如建筑周边的开敞相对于周边封闭的布局模式更有利于夏季室内气流的运行；冬季，北向房间的小尺度划分，南向房间的大空间安排更有利于保持室内热量的稳定。对于不同的建筑使用空间其布局方式对建筑的节能也具有影响，如会议室、档案室等偶然性使用的空间可以布置在建筑的较热朝向，通过小功能空间抵挡直射光。在具体功能上，应当以主要的功能空间为主体，优先自然采光和通风，因而把它们都布置在可以充分利用这些资源的方位，散热量很大的区域（厨房、计算机房等）就应该安排在北面。

以优先考虑建筑遮阳降温，兼顾通风与采光为思路，针对中心核、双核、单边核三种服务核布局方式进行大小组合功能空间布局设计，其分析说明见表 4-14。

---

[1] 艾弗.理查兹著，汪芳，张翼译.T.R.哈姆扎和杨经文事务所：生态摩天大楼.北京：中国建筑工业大学出版社，2005.

表4-14 高层建筑平面大小组合功能空间布局分析

单一空间——大小组合功能空间		分 析 说 明
中心核	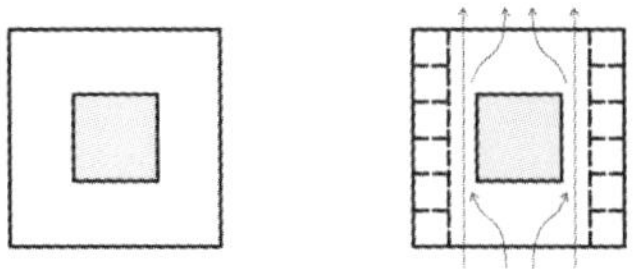	由于小功能空间的热环境比大空间易调节，耗能小，将其布置的东西两侧，可阻挡夏季东西向炎热太阳光对大空间的影响；同时，小空间与服务核间留出一定距离使得中间的大空间具有良好的南北向通风
双核	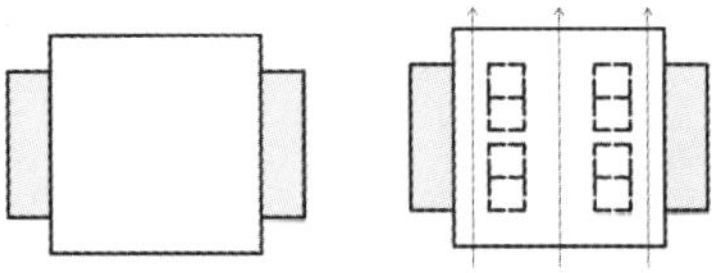	服务核在东西两侧已经形成炎热太阳光的缓冲带；主要考虑小空间如何不影响大空间的通风，所以将小空间单元的形式布置在大空间内，可以是档案室、会议室等偶尔性使用的功能空间
单边核	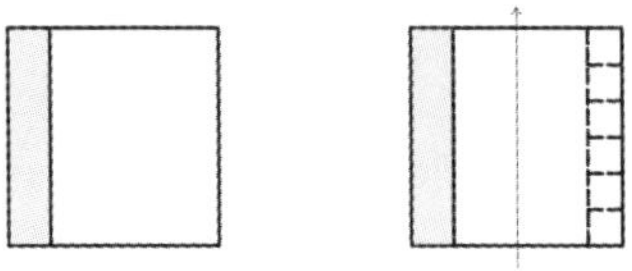	单边核的大小空间的分割，既可以用中心核的布局方式也可以用双核的布局方式

4.3.2 剖面形式的优化设计

4.3.2.1 错位

错位是建筑形体在平面或竖向上的交错连接，使其在彼此之间前后左右错开，当形体同时向同一朝向（南向）错位时，形体之间形成相互遮阳，见表4-15的错位形态与构造示意图。这种方法通常会创造出富有动态表现力的建筑造型。

表4-15 错位形态与构造示意图

形 态 示 意 图	遮阳构造示意图
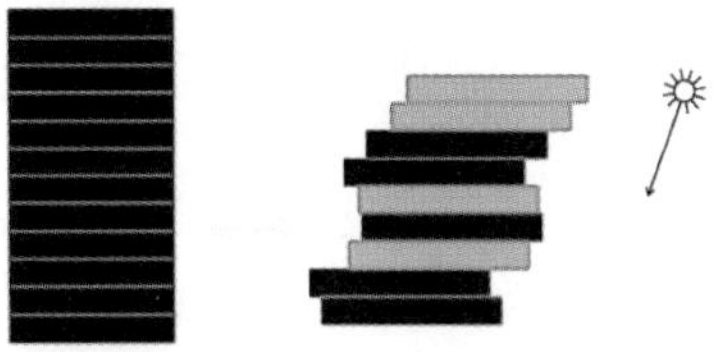	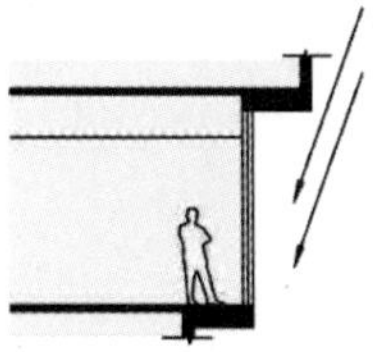

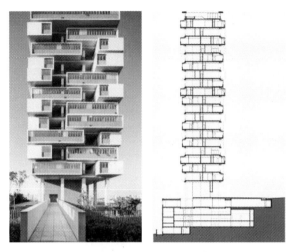

图4-33　巴西圣保罗360°全景公寓的错位形体

图片来源: www.gooood.hk

此外，也有将错位形态手法运用在高层居住建筑上，巴西圣保罗360°全景公寓（图4-33）就是很好的例子，该建筑位于巴西最大的城市——圣保罗。每一层由多个居住单元组合形成，且上下层的单元组合方式不同，并在平面上错位布置，使得每一层会形的内凹的空间，作为阳台或公共活动空间。由于不同体量的组合与错位使得建筑形体之间和内凹空间形成自遮阳。

一改常见的公寓单元叠加、毫无特色、空间紧凑并且自我封闭的住宅建筑的建筑形象，而形成区域内具有标志性的建筑。

位于法国波尔多的社会住房运营总部（图4-34），每一层体量像搭积木一样组合，使建筑体量在左右前后间交替错落，体量之间相互遮阳，相对凹进去的体量处于阴影区，而少部分相对凸出的部分外表面有垂直遮阳百叶遮挡太阳光。其造型形象鲜明却又谦虚地应对从市民到运营商等各种合伙伙伴。这种微妙层次和错位创造了一种无视重力的不平衡感，令人过目难忘。

图4-34　法国波尔多的社会住房运营总部的错位形体

图片来源: http://www.gooood.hk/Head-Offices-By-Platform.htm

4.3.2.2　挖空

对建筑形体的某个部位进行挖空，使其成为与外界交流的缓冲空间，能够降温通风,通过挖空产生的建筑外表面形成阴影区,形体具有自遮阳的作用。有建筑形体中间挖空、边角挖空等做法(表4-16)。

表4-16　挖空形态与构造示意

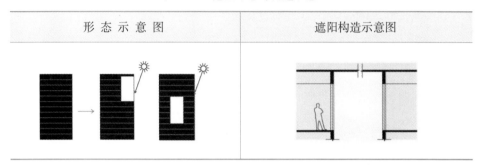

形 态 示 意 图	遮阳构造示意图

杨经文在马来西亚设计的广场中庭大厦采用的是边角挖空(图4-35)。由于场地限制,建筑平面为钝三角形。建筑的各立面均以实墙为主,在形体东面角上的上半部分和底层小部分进行了挖空,主要考虑是希望通过挖空形成中庭,使中庭作为巨大的风洞,同时该中庭形成了自遮阳,室外空气在这个区域里能够能以降温,作为室内通风的过渡空间。

黑川纪章在法国巴黎的日欧文化交流中心则采用的是形体中间挖空的做法(图4-36)。在月牙型巨大体量的中间挖了一个空口,挖空后形成的面都具有自遮阳的效果。同时,改善了建筑的通风,并在底层形成巨大的活动平台,并与周边环境连接起来。形体类似做法的还有法国德方斯巨门、日本福冈银行总部和深圳大学科技楼等。

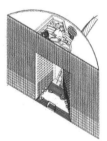

图4-35　广场中庭大厦的挖空形体　　　　图4-36　日欧文化交流中心的挖空形体

图片来源:《T.R.哈姆扎和杨经文事务所:生态　　　　图片来源:www.google.com.hk
摩天大楼》

4.3.2.3　凹凸

建筑垂直立面中进行形体本身的凹凸变化,使得建筑凹进去的形体或凸出形体的下方形成大片的阴影区,达到遮阳的效果。凹凸做法有:形体的局部凹凸、窗口的凹凸和大体量凹凸(结合中庭设计)等(表4-17)。形体凹凸后可以形成空中花园,并结合植被绿化等进行设计。形体的凹凸处理能够丰富建筑轮廓,活跃建筑立面,加强光影变化。

表4-17　凹凸形态与构造示意图

形 态 示 意 图	遮 阳 构 造 示 意 图
	形体凹凸　　窗口凹凸

如查尔斯·科里亚设计的干城章嘉公寓采用了局部形体凹凸和窗口凹凸相结合的做法(图4-37)。该设计位于印度南部孟买的康巴拉高地上,属于热带季风气候。为应对炎热的气候,建筑在立面上以实墙为主,开小面积的窗。其特别之处,在每隔几层在建筑角部内凹或挖空,使得每家每户在建筑转角部位获得了一个垂直两层高的空中花园,这个内凹的花园处于被遮阳的阴影区,避免了夏季阳光直射进房间,却又能让起居室拥有比较充足的阳光,在冬季,较低的日照角又能直射进房间。同时,也可以获得穿堂风。从高层建筑整体的体量来看,内凹可以削弱建筑的厚重感与体积感,因此视觉上也更引人注目。采用

图4-37　干城章嘉公寓的凹凸窗口

图片来源:wiki.naturalfrequency.com

同样形体内凹的做法还有深圳建科大厦，南面的建筑形体内凹，具有很好的遮阳作用，同时促进了通风和增加了公共活动空间。

SOM设计的沙特国家商业银行大楼采用的是体量凹凸与中庭结合的设计做法（图4-38）。平面形式为三角形，创造了三个内凹式的空中花园，其造型除南、西立面上的3个8层高的大洞口外，其余均为实墙以防暴晒与风沙。玻璃窗只开在空中庭院内侧，避

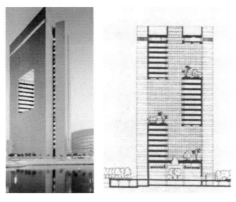

图4-38 沙特国家商业银行大楼的凹凸形体
图片来源：wiki.google.com.hk

开了灼热的阳光。凹入的矩形洞口结合中庭可促使空气流动并引入光线，还能透过空洞观赏城市景观，充分体现了形式与气候的结合，大大降低了空调能耗，收到了良好的节能效果。

在斯洛文尼亚的Izola社会住宅（图4-39）设计中，设计师将阳台与下一层的开窗组合设计成一个个凸出的体块，结合可动的纱幕使得每个居住单元能很好的控制遮阳与采光。凸出的体块错位分布在立面上，加上不同颜色的纱幕，使得整个立面生动具有个性。

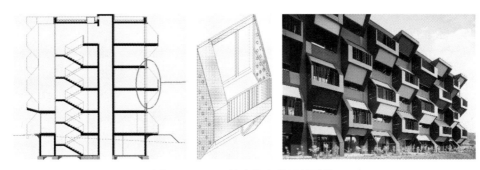

图4-39 Izola社会住宅的凹凸形体
图片来源：www.gooood.hk

4.3.2.4 延伸

利用建筑的结构（楼板、阳台、分隔墙等）延伸到建筑形体外，从而能够遮挡直射光。延伸的做法有水平结构延伸、垂直结构延伸和水平垂直结构延伸结合等做法（表4-18）。延伸的做法不仅起到遮阳效果，同时也延伸室内空间，形成观景平台。

表4-18　延伸形态与构造示意图

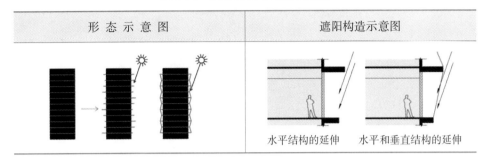

形 态 示 意 图	遮阳构造示意图	
	水平结构的延伸	水平和垂直结构的延伸

　　位于美国芝加哥的艾克瓦大厦,又称为"水"大厦,采用的是水平结构延伸的做法(图4-40)。建筑主要造型由出挑的混凝土阳台构成,建筑外立面沿着主体结构线状突出,赋予丰富的雕刻感。其设计的灵感来自大湖地区常见的纹灰岩,这错综蜿蜒的形状不仅可以增加室外私人空间,同时也是一种以最大限度地延长块面达到遮阳节能目的的策略。在外立面上留出的大小不同的椭圆形,其对应的室内被安排为更需要阳光的空间。这部分采用了Low-e镀膜玻璃,还在朝东和朝南面采用了反射性玻璃,以减少不必要的热量吸收。从大楼全年的总体能耗来看,阳台的遮阳效果、隔热玻璃的使用及自然通风对夏季空调节能的贡献可以抵消冬季的热能损失。

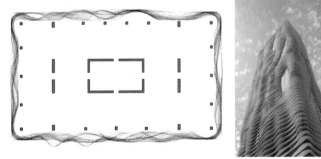

图4-40　艾克瓦大厦的水平结构延伸

图片来源:www.gooood.hk

　　在荷兰鹿特丹老人公寓(图4-41)设计中,设计师同时延伸了楼板和分割墙,形成了综合遮阳。水平结构的延伸形成了室外阳台,具有良好的视线景观。延伸的弧形水平向和垂直向的混凝土板进行有序的变化,使得整体建筑造型具有编织的效果,富有活力。

图 4-41 鹿特丹老人公寓的水平与垂直结构延伸

图片来源：www.gooood.hk

4.3.2.5 倾斜

在建筑的形体设计中,将形体的单面或多面进行整体或局部的倾斜,使建筑的立面能够避免太阳光的直接照射(表4-19)。较常见的做法有:建筑单层或多层倾斜,剖面形成锯齿状;建筑上半部分倾斜,使建筑产生不稳定感;建筑整体倾斜,一般适用于层数不多的高层建筑。在实际运用中出于造型考虑,常在建筑的多个立面同时使用,从整体的建筑造型来看,这种方法通常产生奇特的艺术效果。

表4-19 倾斜形态与构造示意图

形 态 示 意 图	遮阳构造示意图

伦敦市政厅(图4-42)就是采用整体形体倾斜的策略,建筑整体朝南倾斜,各层逐层外挑,出挑的距离也经过计算,刚好能自然地遮挡夏季最强烈的直射阳光。通过向南倾斜的形体使建筑达到最佳的采光和遮阳效果,同时也减少了建筑阴影对北面活动广场的影响。

而美国Tempe市政大楼(图4-43)的形体采用的是四个立面同时向外倾斜,形成倒置的四面锥体的建筑造型。整个建筑形体上大下小,独特的结构设计可以

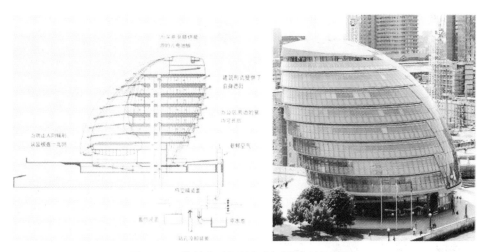

图 4–42　伦敦市政厅的倾斜形体和遮阳原理

图片来源：生态技术策略在诺曼·福斯特建筑设计作品中的应用,《建筑科学》,2012

图 4–43　Tempe 市政大楼的倾斜形体

图片来源：www.google.com.hk

在较少占用地面资源的基础上,更大范围的加强空间面积管理及光线、风力等更多自然元素的操控。建筑四面均采用层叠出挑的方式,使得形体本身具有自遮阳的作用,夏季太阳高度角较高阳光均无法直接射入室内,而在较冷季节则相反,由于太阳高度角变低,阳光能较好地射入室内,具有良好的遮阳和采光的节能效果。采用同样形体设计的还有 2010 年世博会中国国家馆。

4.3.2.6 折叠

将建筑外围护结构或形体进行水平向或垂直向折叠,折叠后向外倾斜的建筑围护结构形成遮阳。折叠可以形成多种形体变化,表4-20列举了单层体量围护结构折叠、多层体量围护结构折叠和整体形体折叠。在实际运用中可以将立面做成如波浪形,折线形等新颖的造型,具有节奏感与韵律感。

表4-20 折叠形态与构造示意图

形 态 示 意 图	遮阳构造示意图
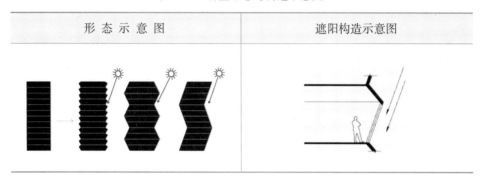	

韩国首尔的韩国产业联合会总部大厦采用的是单层体量围护结构折叠(图4-44)。每一层围护结构的的玻璃部分都向外倾斜15°,而在窗上半部分则向内倾斜,形成一个波浪般的连续折叠型建筑形体。向外倾斜的玻璃结构在夏季可以起到良好的自遮阳效果,而在冬季太阳高度角降低,太阳光能直接射进室内,而向内倾斜的墙面是遮挡太阳光的部位,太阳辐射最强,在其上面布置了太阳能电板,可大幅度的提高对太阳能的吸收率,一体化的光伏外墙和良好的自遮阳相结合比双层玻璃幕墙可以降低40%的造价。通过这样的折叠设计可以让使用者更好地享受周围的城市

图4-44 韩国产业联合会总部大厦折叠立面

图片来源:《建筑技艺》,2011年06月

图 4-45　纽约共生大厦的折叠形体

图片来源：顾锷，高层建筑的生态设计策略

图 4-46　丹麦 Rodovre Tower

图片来源：www.big.dk

环境、相邻公园的优美景观。由自然采光和遮阳作为设计的出发点，最终形成一个建筑形象与内部景观视线、高效节能三赢的建筑形体。采用相同形体设计的还有 MVRDV 设计的深圳国森大厦、上海临空园区 6 号地块科技产业楼等。

纽约共生大厦（图 4-45）则更具有想象力，采用的是多层体量折叠。该建筑高 150 层，中间由巨大的核心筒作为主体结构，将七个钻石型和一个金字塔型的巨大形体外挂串联起来，钻石型的形体的下半部分利用形体的倾斜形成自遮阳，上半部分向阳部分则作为花园，可以最大限度地利用太阳能，以满足建筑能源的自给自足。

BIG 设计的丹麦 Rodovre Tower 采用的则是整体形态折叠（图 4-46）。综合根据住宅和办公对阳光的不同需求而形成的，住宅部分需要更多的阳光，建筑形体向北倾斜，形成退台结构，为每一户争取向阳的露台；而办公区则根据夏季太阳的入射角度向南倾斜，形成自遮阳，最终形成独特的 Z 字形的建筑造型。

而深圳能源大厦采用的是围护结构垂直折叠方式（图 4-47）。由于场地原因，导致建筑的布局大部分立面是朝东西面的，对于深圳地区炎热的气候因素，东西向必须要有良好的遮阳系统来抵挡强烈的太阳辐射对室内热环境的影响。建筑的外立面采用包围式设计，波浪般的折叠肌理将建筑包围起来，仅在需要良好视线的景观与入口门厅空间向外开放。折叠的围护表皮由竖向的结合太阳能电板实墙与透明玻璃面构成，玻璃朝西北或东北开口，实墙面向东南或西南呈 45° 的斜角，可以有效地遮挡住一年中绝大部分时间的太阳直射光；而透明玻璃窗也有良好的自然采光、通风及视野。该建筑采用合理的形体形态设计，采有被动和主动的措施，取得良好的遮阳、采光与通风，大大减少建筑的能源总体消耗量。

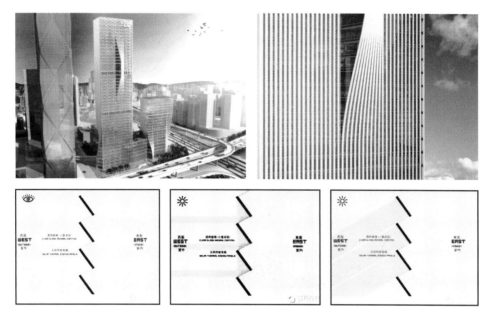

图4-47　深圳能源大厦的垂直折叠立面

图片来源：www.big.dk

4.3.2.7　遮阳表皮

遮阳表皮是一种具有遮阳作用的表皮设计，是将遮阳构件作为建筑表皮的单元，使得建筑表皮具有遮阳的作用。遮阳表皮在高层建筑设计中运用广泛灵活，适用于各个朝向及部位，形式易于统一，整体性强。按可调节性分类，将遮阳表皮分固定遮阳表皮和活动遮阳表皮。

固定遮阳表皮就是构成表皮的遮阳构件固定在外立面上，不可调节。位于新加坡的一个厂房设计（图4-48）将固定遮阳表皮运用非常具有艺术性。该地理位

表4-21　遮阳表皮形态与构造示意图

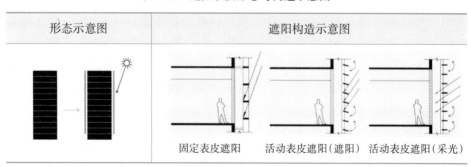

形态示意图	遮阳构造示意图		
	固定表皮遮阳	活动表皮遮阳（遮阳）	活动表皮遮阳（采光）

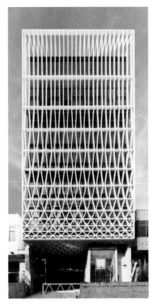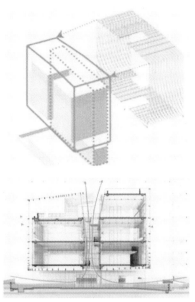

图4-48 新加坡厂房设计的固定遮阳表皮

图片来源：www.gooood.hk

置属于亚热带气候，遮阳需要重点考虑。设计师用轻质dryvit和镀锌金属制成一个复杂的网络构筑物，包裹在建筑上以应对强大的西晒。外表皮的纹样富有变化（变形语言借用中国成语"步步高升"的寓意），同时可以保证看到远处公园的视线和保护内部的隐私。建筑师还在建筑中心营造出一个开放式庭院，最大限度地为电梯中庭带来自然采光和通风，通过这些设计使纯粹简单的工厂建筑赋予场所性和文化性，展现出不凡的冲击力和优雅感。

Consorcio-Stantiago大厦运用则是绿化遮阳表皮（图4-49）。该建筑坐落于智利圣地圣地亚哥市，大厦共17层，高74 m。为契合场地周边的两条轴线建筑平面采用了"船形"，主立面朝西，而每年10月到次年3月份之间，建筑的西面太阳直射光、路面的反射以及炫光等问题严重，使得空调系统能耗巨大。所以在大厦的地面挖凿了喷水池以防反射与炫目，并种植高大树冠为底下三层提供庇荫；在大厦的顶部设"王冠"顶棚保护屋顶及顶上两层，使其免受西北方向的日晒；大厦的躯干部分采用了竖直爬藤植物形成的绿色遮阳表皮，夏季植被长得茂密遮挡了太阳直射光，且降低了建筑围护结构周边的温度，冬天植被的叶子脱落，阳光能穿过绿化表皮进入室内。经过这一系列结合周边环境及建筑自身形态的遮阳设计使得大厦每年比其他10栋同类型大楼平均省电48%，节省能源支出28%。而绿色遮

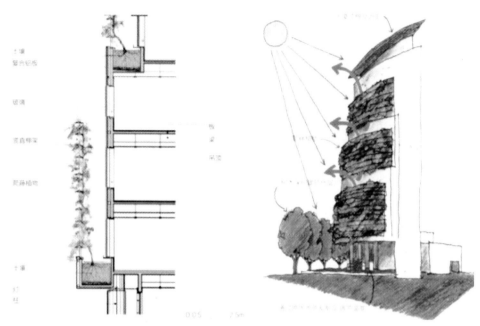

图4-49 Consorcio-Stantiago大厦的绿化遮阳表皮

图片来源:《生态城市与绿色建筑》,2010年03月

阳表皮外墙至少节省20%的能源。

    活动遮阳表皮是遮阳表皮的遮阳构件可以随着太阳光的变化而变化。如法国名建筑大师让·努维尔在巴塞罗那水务公司设计的阿格巴大厦(图4-50),高142 m。"水"是巴塞罗那这座海滨城市最鲜明的城市意象,波光粼粼的海面引发人无限遐思,而"Agbar"又是巴塞罗那水务公司的总部,所以努维尔希望这栋大楼的建筑表皮光滑、连续且闪烁、变幻,能给人以水的联想。大厦的立面极具创新性,在混凝土的第一外层覆盖着土、蓝、绿、灰色调的铝片,并涂成25种不同的颜色,从底部的红色渐变至顶部的蓝色;而第二外层则是由59 619片透明及半透明的玻璃百叶所包围,好像铺上一层由多种颜色组成的皮肤一般,从各个角度反射着彩色的光,这种"波光粼粼"的表皮使建筑轮廓变得像水一样流动起来。这些伸展在天与地之间的玻璃百叶让Agbar仿佛一座从地面向高空射出的间歇喷泉。可电动调节开启与闭合的玻璃百叶构成了建筑的外表皮,最大限度地增强了内部空间的透明性,同时提供了遮阳隔热保护。

4.3.2.8 动态形体

    动态形体是通过技术手段使得建筑的形体能够像机器一样可动,并在不同

图4-50　阿格巴大厦的活动遮阳表皮

图片来源:《建筑技艺》,2013年02月

时刻展现不同的形态。这样建筑的形态就有无限的可能性,包活前文提到形态操作策略(倾斜、错位、延伸等)都能够动态实现,其建筑形态可以应环境的变化而变化。

　　意大利建筑师大卫·费希尔设计的动态摩天楼(Dynamic Skyscraper)——迪拜旋转塔(图4-51)可以通过建筑形体的机械运动中达到形态自遮阳的效果。该楼共80层420 m高,采用了突破性的"动态建构技术"(Dynamic Architecture)。每一层均具备独立推进系统,通过风力和太阳能提供能量,驱使大厦每一层独立做360度旋转。不管哪个楼层的居住者,都有机会望到日出、日落,东南西北的美景进入眼底,大厦形体亦因此而组合出不同的形状,形体可以形成错落的呈螺旋状上升,且阳台等空间可以随意伸出或缩进,其建筑造型永恒幻变,令人叹为观止。

图4-51 迪拜旋转塔的机械运动形体

图片来源：www.google.com.hk

通过这个动态摩天楼的设计，我们可以设想，组合在核心筒上的一个功能单元可根据时间及太阳光的规律进行凹进凸出或朝向的变化，是一种动态调节形体的方式，功能体块可"运动"地躲避或利用阳光。当然从遮阳角度其形态具有节能效益，但从建筑的整体建造及运营耗能来看，运动形体是否有必要有待进一步研究。

4.4 小　　结

高层建筑形态自遮阳是一种形态设计与遮阳相结合的生态性设计策略。以整体的形态设计操作,积极响应周边环境,降低自身建筑能耗,不仅提升了形态的生态效益,而且丰富了形态创作手段,是高层建筑设计的重要价值取向。

通过专题研究,归纳如下设计优化方法和策略。

1. 在平面形式的优化设计方面

(1)选定合适的平面形式:通过与基本平面形式的比对,如圆形、方形、矩形,并结合具体的气候环境、场地、朝向等因素选定一种遮阳应对性强、生态效能明显的平面形式。

(2)利用服务核位置:发挥服务核布局对遮阳的积极作用,针对高层建筑遮阳的服务核布置方式的优劣依次为:东西向双核 > 西向单边核 > 东面单边核 > 中心核,并结合场地入口、使用流线、结构等因素综合考虑。

2. 在剖面形式的优化设计方面

(1)选定合适的剖面形式:可对文中归纳的八种基本剖面形态进行对比分析(表4-22),根据不同周边环境条件,如适用朝向、形态设计倾向等进行权衡取舍。

(2)关键参数——形态遮阳角度:根据地区气候条件,可参考文中的形态自遮阳设计方法和设计参数,如各主要朝向的最佳遮阳角度,以上海地区为例,各主要朝向最佳遮阳角度分别为南向60°、东向20°、西向23°、北向14°。最佳遮阳角度只是单方面从遮阳层面考虑,但实际运用上,形态遮阳角度还要根据建筑的采光、通风、视线及造型等因素进行整体性考量。

表4-22　剖面形式优化设计策略对比

分类	形态示意图	适用范围及设计要点	不利影响
错位		(1)水平遮阳,适用于南向; (2)可以抵挡夏季南面建筑大部分形体的直射光; (3)形体的错位形成屋顶活动平台	(1)增加了结构的困难; (2)少部相对凸出的体块外表面需另考虑遮阳措施(可以采用窗口遮阳等方式)

（续表）

分类	形态示意图	适用范围及设计要点	不利影响
挖空		（1）综合遮阳，适用于南、东南、西南向； （2）挖空部位形成自遮阳； （3）挖空处形成缓冲空间，能够降温通风	（1）减少了建筑较多的使用面积； （2）挖空空间通风易形成紊流
凹凸		（1）综合遮阳，适用于南、东南、西南向； （2）相对内凹部位有很好的遮阳； （3）内凹空间可结合绿化植物设计，形成局部良好的微气候环境	（1）建筑的凹凸使得建筑表面积增大，不利于建筑的保温； （2）相对凸出的形体需另考虑遮阳措施
延伸		（1）水平、垂直、综合遮阳，适用于南、东南、西南、北向； （2）适用朝向的建筑立面均可得到较好遮阳，对建筑形体影响小； （3）增加了观景阳台等空间	经济合理，无明显缺点
倾斜		（1）水平遮阳，适用于南向； （2）可完全抵挡夏季南面的直射光，其他朝向需结合其他遮阳方式设计	（1）形体较大的倾斜不可避免带来结构的困难； （2）为了建筑形体美观，导致一些不合理的倾斜
折叠		（1）水平、垂直遮阳，适用于南、东南、西南、北向； （2）折叠后的形成倾斜，向外倾斜的建筑围护表皮具有良好的遮阳； （3）形体变化丰富，操作性强	对围护结构材料要求高，施工难度大
遮阳表皮		固定遮阳表皮： 综合遮阳，适用于各朝向，遮阳效果加好，且对建筑形体的影响小	不可根据太阳光轨迹调节遮阳，具有局限性

（续表）

分类	形态示意图	适用范围及设计要点	不利影响
遮阳表皮		活动遮阳表皮：水平、垂直、挡板遮阳，适用各朝向，由于可调节，可以抵挡任何朝向的直射光	（1）技术复杂，投资大，一旦出现故障，维修困难；（2）为达到建筑造型效果，对建筑表皮滥用
运动形体	形态变化多样	适用于各朝向，具有完全遮挡	技术难题

综上，高层建筑形态自遮阳设计也是一个复杂的过程，需要综合考虑多方面的要求，在各方面要求之间找到平衡点。

第5章

高层建筑形态生态效益的优化策略之二
—— 自然通风设计专题研究

通过形态的优化设计,实现高层建筑中积极利用自然通风、降低空调换气的机械能耗、创造生态而健康的室内环境,是高层建筑形态与自身建筑能耗关系研究中一项重要因素,是高层建筑形态的生态效益评价的主要内容之一。在高层建筑形态的生态性设计中具有典型性、针对性和引导性价值。

本章主要以形式多样的高层办公建筑的自然通风设计为研究对象,通过对建筑中实现自然通风的原理和环境条件的分析,结合自然通风在高层建筑中应用的案例研究,形成高层建筑形态的自然通风效能的基本评价方法,并运用CFD的Airpak软件分析模块,从有利于形态对自然通风组织的角度,对不同的平面布局方式进行数学模拟分析和评价,提出建筑外部形态、平面组织模式、围护界面三个形态层面的优化设计策略。

5.1 自然通风原理在高层建筑中的应用

建筑中自然通风形成受环境条件和形态特征的支撑和制约,同时在高层建筑的设计实践中不乏有效利用自然通风的案例,这些都是评价其生态效能的基本概念和依据。

5.1.1 建筑的自然通风原理

通风(Cross Ventilation)与换气(Ventilaion)严格上来讲是两个不同的概念。前者的目的在于带走室内的热空气,并通过吹拂到人体表面的气流促进蒸发作用,增加人体的散热量;后者的目的在于用新鲜空气置换室内陈滞的空气,控制室内CO_2及污染性气体的含量,保证室内空气品质。但一般情况下,"通风"包含

"换气"。只要室外空气质量合格,通风情况良好的室内,其空气质量必然可以满足人体的健康需求。

所谓通风,是指借助风力作用达成的室内空气流通。

当室外风速达到1.5 m/s以上时,直接开窗后靠风力就可以实现自然通风。对于普通的低层建筑来说,在设计时只要注意门和窗等开口的面积、位置、开启方式,就可以获得良好的通风效果。

要使空气流动起来,必须有动力。利用机械能驱动空气达成通风目的的,称作"机械通风";依靠自然形成的因素驱动空气达成通风目的的,称作"自然通风"。自然因素形成的压力差使空气得以流动。形成空气压力差的原因有两种:风压和热压。因此,风压通风和热压通风是实现建筑通风的两种基础方式。

5.1.1.1 风压通风原理

1.风压通风的原理

风压通风是利用风作用到建筑物上不同部位形成的压力差,正压区的气流流向负压区,形成通风。当自然界的风吹到建筑物上时,在建筑迎风面的风受到阻碍,风速降低,一部分动能转化为静压,使得建筑的迎风面上的压力大于大气压,即形成正压区。此时,由于气流旋流,在建筑的背风面、屋顶面、两个侧面上的压力会小于大气压,即形成负压区。在没有阻挡的情况下,气流永远会从正压区流向负压区(图5-1)。因此,如果建筑的正压区和负压区都有开口,流动的空气就会从迎风面的开口进入,通过室内,再从其他面的开口流处,最终形成风压通风。

影响风压通风的关键因素是建筑各个面的风速。更严格地来说,是作用在建筑物表面的风速。其他与风压通风效果有关的要素有:进风口和出风口的面积大小、进风口和出风口的高度、风向对于开口的方向、风的流通路径、室内家具布置,等等。当进风口和出风

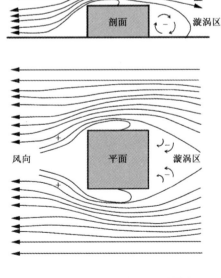

图 5-1 风压作用下的通风原理

图片来源:《建筑环境控制学》

口面积较大且风向与窗户垂直时,通风获得的风速最大。

一般来讲,受季风影响的地区、沿海地区,风压通风条件较好。

2. 地形风形成的风压

所谓地形风,是指由于局部地形的起伏、不同地表材料对太阳辐射吸收率和热容性不同、局部温差、局部气压差等形成的区域性风系。当地域内季风盛行时,地形风的作用并不明显;但当地域内季风不明显时,如季风转换期,即静风率高的季节,地形风就成为地域内形成风压的重要因素。

(1) 海陆风

海陆风是指因陆地和海洋的受热和冷却速度不同,而在沿海地区形成的一种日变化的风系。由于陆地的热容量比海洋小得多,白天,陆地吸热比海洋快,近地气流从海面吹向陆地,形成海风;夜晚,海洋失热比陆地快,近地气流从陆地吹向海面,形成陆风。

与海陆风原理相同的局部性风系还有水陆风、静水风。出于类似的原因,水陆风和静水风都是白天吹水风,夜晚吹陆风。

(2) 山谷风

山谷风的形成原理与海陆风较为类似。白天,山坡受太阳辐射较多,升温快,而山谷上空空气离地较远升温较慢,故气流自山谷流向山坡,称为谷风、上谷风;夜晚,山坡降温较快,冷空气自山坡流向山谷,称为山风、下坡风、下谷风,或日周期风。山谷风的具体情况与太阳辐射强度、山坡坡度、山坡赤裸程度有关。谷风风速较快,在夏季是建筑自然通风的有力因素之一。

与山谷风类似的另一风系是山顶风。由于太阳辐射影响,山地向阳面比背阳面升降温快,因此靠近山顶处白天吹阴坡风,夜晚吹阳坡风。风速大小取决于阳坡和阴坡的温差。

(3) 后院风

后院风多出现在独院建筑中,如四合院,前院大多为广场,后院为后花园。这种环境下,由于房屋向阳面的前院和背阴面的后院使用了不同的铺装和景观,导致前院比后院升降温快。所以白天吹后门风,也称花园风;夜晚吹前门风,也称前院风。

基于相同原理,由于房屋周围较中庭升降温快,有中央庭院的建筑白天有出庭风,夜晚有入庭风。中庭风还受中庭形状、庭内绿植、地表材料影响。中庭越深而窄,如天井,中庭风越强烈。庭内种植有花草时,中庭风也会更强烈。(注:此中庭不同于高层建筑中的中庭。)

（4）街巷风

在城市里，建筑物密度不同，存在局部温差，因而会产生小范围的局部风环境。例如，十字路口、丁字路口受到的太阳辐射多，比街道内部升降温快，造成白天吹出口风，夜晚吹入口风。为了得到街巷风，在建筑组群设计时可将建筑适当错开排列。

5.1.1.2　热压通风原理

热压通风是利用建筑内部空气温度的差异（热空气密度低，冷空气密度高），热空气趋于上升、冷空气趋于下降的特点，形成自然通风。当室内气温高于室外气温时，较重的室外冷空气通过位于建筑下部的开口进入室内，再将较轻的室内热空气从位于建筑上部的开口排出，达到降温和置换空气的目的。利用热压进行通风的房间，内部气流是自下而上流动的（图5-2）。

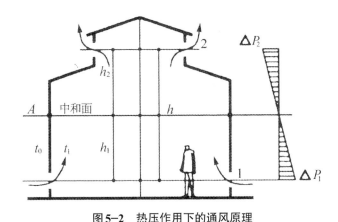

图5-2　热压作用下的通风原理

图片来源：《建筑环境控制学》

热压通风的效果主要取决于建筑下部进风口和上部出风口的垂直高差、进风口和出风口大小，以及室内和室外温差所形成的密度差。下部开口和上部开口的距离越远，通风效果越强烈。

当室外有风而且室外温度低于室内温度时，利用风压进行通风是一种有效的降温策略。但是，在某些无风的时候，如某些静风的气候条件下、夜晚，或建筑受场地和街道环境的限制难以形成通风的情况下，热压通风就成为一种同样可达到降温效果的通风方式。热压通风属于重力通风系统，许多针对建筑剖面进行的设计可以用来提高这一系统的通风性能。

除了不受室外风压限制,热压通风还有不受建筑朝向限制的优势[1]。

自然通风虽然可以降温和引入新鲜空气,但也会由于制造开口的同时带来了阳光和室外声音,引起附加的采光和噪声问题。由 Short + Ford 设计的德蒙福德大学(De Montfort University)工程学院皇后大楼,位于英国莱斯特机场附近。为了解决噪声干扰问题,设计师们在这栋大楼中设计了一种独立的烟囱,形成了通风隔声区,一方面利用热压进行通风换气,另一方面很好地隔离了外界噪声。由于观众厅在关门的情况下也有通风的需求,设计者在座位下的墙面设置了兼具噪声反射功能的进风调节器,风从调节器进入,再从烟囱的出风口排出。这一设计很好地兼顾了通风和噪声控制(图 5-3)。

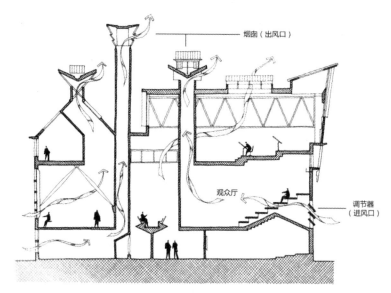

图 5-3　皇后大楼热压通风设计

图片来源:《太阳辐射·风·自然光——建筑设计策略》

5.1.1.3　风压与热压作用下的混合通风

多数情况下,只利用一种通风方式无法获得真正良好的室内通风。

理想状态下的风压通风建筑,是只有一个房间的进深,平面布置较为稀疏,且建筑迎风面一侧应尽量最大化。这种理想状态在大多数建筑的实际设计中不太

---

[1]　G·Z·布朗,马克·德凯. 太阳辐射·风·自然光——建筑设计策略[M]. 北京:中国建筑工业出版社,2008.

可能实现。即使在气候条件可以提供良好的风压通风的地区，当建筑物进深大于一个房间且拥有交通走道时，迎风面的房间就会阻挡气流进入背风面的房间。加之前文提到过的夜晚、少风或无风、特殊地形等情况，风压差的获取受到限制，为了尽量使建筑的主要房间获得均好性，此时，热压通风就成为很好的辅助手段。

　　两种通风方式相结合的混合通风策略可以在同一建筑的不同房间起作用。例如风压通风手段可以应用在建筑迎风面房间及上层房间，而热压通风手段可以应用在建筑的背风面房间及下层房间（图5-4）。当为这两种通风方案做设计时，平面和剖面相应部分需要合理的为气流留有开口部。

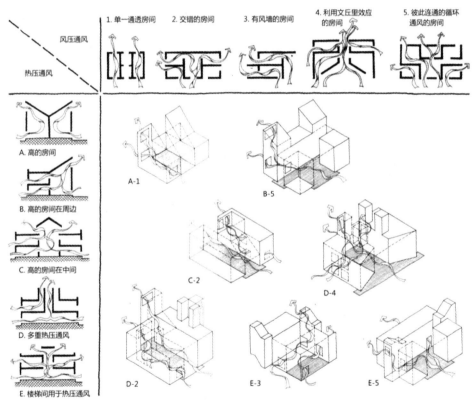

图5-4　风压与热压兼有的混合通风

图片来源：《建筑物·气候·能量》

5.1.2　自然通风的物理环境要求

　　总体来讲，自然通风的物理环境要求是以人体舒适性标准为基础进行界定的,它们受四方面因素的影响和限制,即:气候环境因素、人体自身因素、地区因素以及人类对环境的控制因素。其中,气候环境因素涵盖温度、湿度、太阳辐射、风速等;人体自身因素涵盖人体新陈代谢速度、活动状态、服装的保温作用等;地区因素是指不同地域、不同种族的人由于多种原因影响,在同种气候条件下不同的抗寒和抗热能力;人对环境的控制因素是指,使用机械手段影响人体舒适度标准、建筑形体和布局对气候的控制和改善。

人体热舒适性是一种主观量度,是依据人在环境中的自我评价来确定的。人体热舒适性标准即是使人体感觉到舒适的环境条件。建筑师通过各种手段调整环境因素,使人体因代谢而产生的热量与人体和环境之间热交换的热量之间达到平衡状态,使体温保持在36.5℃,使用者将达到最舒适的状态。

办公建筑实现自然通风的物理环境要求,主要包括室内外空气温度、室内外空气湿度、室内外风速、室内新风量、室内空气品质等几点。由于舒适性标准并不是单一的气候因子能够决定的,因此在对各点物理环境要求分别讨论后,还必须综合考虑复杂环境下的人体体感。

5.1.2.1 空气温度要求

首先,人的体感温度,即人感觉到冷热的温度感觉,不能简单地理解为人体皮肤温度和空气温度之差,在相同气温条件下,湿度高低、风速大小、服装种类甚至心情好坏都会对体感温度,造成不同的结果。但客观的气温高低,仍是判断人体冷热程度的一个最重要的参数,它对人体热舒适度的影响最为显著。

正常情况下,人类的体温在36.5℃左右最为舒适。由于人体无时无刻不进行着新陈代谢,必须将代谢过程中产生的热量向外发散,以降低体温,否则就会有炎热感。当室内气温低于人体体温时,热量得以散发,人才会感觉舒适。但当气温过低时,热量散发超过了人体正常的散热速度,失热大于产生的热量,又会感觉到寒冷。所以,需要通过建筑对室内环境加以控制,使人体保持在一个热平衡的状态。人体热平衡状态是达到人体热舒适的必要条件。

人体与周围环境换热的方式有三种:对流、辐射、蒸发。当人体达到热平衡状态时,总散热量中的对流换热量占25%～30%,辐射换热量占到45%～50%,呼吸和蒸发的散热量占到25%～30%[1]。其中,对流和蒸发换热量可以通过改

---

[1] Steve Greenberg, Evan Mills, Bill Tschudi. Best Practices for Data Centers: Lessons Learned from Benchmarking 22 Data Centers［D］.

善通风效果得到控制。根据国内外的数据显示，人处于静止状态，风速为零时，在夏季，人体感到舒适的气温在19℃～24℃范围内；而冬季，这一气温范围在17℃～22℃。暂不考虑湿度、风速等的影响，当空气温度高于28℃时，人体会感觉到热；当空气温度低于15℃时，人体感觉冷。

室内外温差是自然通风赖以形成的客观条件之一，室内外温差越大，通风效果越好。在任何气候条件之下，气温都大致符合一种年变化和日变化的规律，即平均气温有一个最高值和最低值。地面气温除了取决于太阳辐射和大气逆辐射，更取决于地面热量的储存和损失。所以，以北半球中、高纬度为例，地面气温年变化的最高值，通常出现在太阳辐射最强的的一天（夏至日、每年6月22日前后）之后的1～2个月，即一月或二月；其最低值，通常出现在太阳辐射最弱的一天（冬至日、每年12月22日前后）的1～2个月，即七月或八月。另外，受海洋和陆地储热能力不同的影响，靠海地区的气温变化落后较多，即八月气温最高，二月气温最低；内陆地区的气温变化落后较少，即以七月气温为最高，一月气温为最低。

由于人的活动、机械设备运行、维护结构储热等因素影响，办公建筑内部温度一般高于室外温度。以夏热冬冷地区为例，春秋两季的气温较为适宜，室外气温在20℃左右，室内气温在25℃左右，简单的开窗既能获得良好的自然通风；但在夏季，室外温度可升高到28℃以上，室内气温低于室外气温，所以室外空气需要经过冷却处理才能获得感觉适宜的自然通风；在冬季，室外温度在10℃以下，室外空气必须经过加热处理到人体适宜温度才能引入室内，形成良好的自然通风。

我国2003年3月1日实施的《室内空气质量标准》（GB/T18883-2002）中的室内空气质量参数（indoor air quality parameter）规定，室内温度在夏季应在22℃～28℃范围内，冬季应在16℃～24℃范围内，超过此范围应使用空调或采暖手段。

5.1.2.2　空气湿度要求

空气湿度是描述空气干燥或湿润程度的物理量，分为绝对湿度和相对湿度两种。绝对湿度表示空气中所含水蒸汽的多少，相对湿度表示空气中水蒸汽距离饱和状态的远近程度。建筑生态学领域内主要使用相对湿度来考量建筑通风的物理环境要求。相对湿度数值上表现为，某温度下空气的绝对湿度与同一温度时饱和水蒸汽的密度（或者压强）的百分比。

当天气炎热时，人体需要靠汗液蒸发来带走热量，从而降低体表的温度。当体表的空气中的水蒸气含量接近饱和时，汗液无法再蒸发到空气成为水蒸气，滞留在皮肤表面,就导致人的体表温度无法平衡在36.5℃左右的舒适温度。据统计,通风能产生舒适感的最适合相对湿度范围为40%～50%,小于30%或者大于85%时,通过空气流动引起的蒸发制冷作用就将停止[1]。相对湿度的增大会增加人的热感觉,因而,夏季如能适当降低室内的相对湿度,就能在保证人体热舒适的前提下,适当放宽对温度的要求范围。

必须说明的是,相对于空气温度,空气湿度对人体舒适度的影响并没有那么显著,特别是在舒适温度的范围内时,相对湿度对热感觉的影响最弱。但温度越高,相对温度对热舒适度的影响会相应增强。

《室内空气质量标准》(GB/T18883-2002)中规定,室内空气相对湿度在夏季应保持在40%～80%范围内,冬季应保持在30%～60%范围内,超过此范围应使用空调或采暖手段。

湿度不仅仅影响着人体的热感觉。湿度高于80%或者低于30%时,很可能会引起气管炎、肺炎、支气管哮喘等呼吸道疾病,影响人体内的内分泌腺的正常分泌,使人感到疲劳和烦闷焦躁。另外,湿度也影响着室内的空气品质,当空气干燥和凉爽时,人更易感觉空气较为新鲜。

5.1.2.3 风速要求

形成自然通风的条件之一是风压,风速差形成风压。通常在风速方面,气象数据取三个数据:① 平均风速;② 平均最大风速;③ 极端最大风速。建筑的自然通风设计是以平均风速作为设计参考值的。极端最大风速则应用在建筑力学结构设计上。

人对风速的感知与气温有关,通常情况下,人体能感知的最低风速在0.5 m/s左右。当气温高于人体体表温度时,温度越高,人体对风速的感觉越敏感;当气温低于人体体表温度时,温度越高,人体对风速的感觉越迟钝[2]。冬季时,当进入室内的冷风风速超过0.2～0.25 m/s时,人体就会感觉不舒适。同样,根据Baetjer的实验测定,当气温为12℃时,人体能感知到的最低风速为0.15 m/s;气温在15℃～18℃范围内时,人体能感知到的最低风速为0.2 m/s;而当温度高达30℃时,人体最低感知风速为0.6 m/s。

另外,人的活动状态也会影响人体对风速的感知。如对商场内的顾客来说,

---

[1] 陈飞. 建筑风环境——夏热冬冷气候区风环境研究与建筑节能设计[M]. 北京:中国建筑工业出版社.

[2] 阎琳. 影响人体热感觉的因素的敏感性分析[J]. 安徽机电学院学报,1998,13(3):12-15.

由于其活动频繁，走动范围广，所以其体感送风风速应在 0.3 ～ 1.0 m/s。然而对于办公建筑来讲，办公人员活动较少，走动范围小，因此其体感送风风速应控制在 0.1 ～ 0.3 m/s 范围内（表 5–1、表 5–2）。

表5–1 风速对人体感觉和作业的影响

风速（m/s）	人体感觉和对作业的影响
0 ～ 0.08	停滞的感觉，不舒适
0.127	理想，舒适
0.127 ～ 0.25	基本舒适
0.25 ～ 0.5	愉快，不影响工作
0.38	对站立者而言的舒适上限
0.5 ～ 1.0	不舒适，需防薄纸张被风吹散
0.38 ～ 1.52	用于工厂和局部空调
>1.5	风击明显，薄纸吹扬，厚纸吹散。如要维持良好的工作效率以及健康状态，须改正通风量和控制通风路径

表5–2 送风口最大允许风速

应用场所	盘形送风口 (m/s)	顶棚送风口 (m/s)	侧送风口 (m/s)
广播室	3.0 ～ 4.5	4.0 ～ 4.5	2.5
医院病房	4.0 ～ 4.5	4.5 ～ 5.0	2.5 ～ 3.0
饭店房间	4.0 ～ 5.0	5.0 ～ 6.0	2.5 ～ 4.0
百货商场、剧场	6.0 ～ 7.5	6.2 ～ 7.5	5.0 ～ 7.0
教室、办公室	5.0 ～ 6.0	6.0 ～ 7.5	3.5 ～ 4.5

资料来源:《建筑环境控制学》

《室内空气质量标准》（GB/T18883–2002）中规定，在夏季，室内空气流速应控制在 0.3 m/s 左右，冬季应控制在 0.2 m/s 左右。

5.1.2.4 室内新风量要求

新风量是衡量 IAQ（Indoor Air Quality，室内空气品质）的一个重要指标，直接影响室内空气的污染程度。新风量是根据空气内的 CO_2 浓度来确定的，一般场合

CO_2浓度的安全界限是50%。新风量在数值上表示为每人每小时所需新风体积，单位为立方米/小时·人（$m^3/h \cdot p$）。

保证一定量的新风在建筑的使用上极为重要。对于办公建筑来说，新风主要起到以下作用：① 为人体提供呼吸所需要的空气；② 稀释室内污染物；③ 稀释不良气味；④ 除湿；⑤ 调节室内温度。

表5-3总结了在不同CO_2允许浓度下，不同劳动强度的工作性质所需室内新风量。

表5-3　劳动强度和必要新风量的关系

CO_2 发生量（$m^3/h \cdot p$）	新陈代谢率	劳动强度	需要新风量（$m^3/h \cdot p$）		
			CO_2 允许浓度 0.10%	CO_2 允许浓度 0.15%	CO_2 允许浓度 0.20%
0.013	0.0	安静时	10.8	10.8	7.6
0.022	0.8	极轻作业	18.3	18.3	12.9
0.030	1.5	轻作业	25.0	25.0	17.6
0.046	3.0	中等作业	38.3	38.3	27.1
0.074	5.5	重作业	61.7	61.7	43.7

资料来源：戴自祝，邵强. 建筑需要的新风量[J]. 中国卫生工程学，2001，10（2）：52～57.

参考"日本劳研劳动强度分级标准"，办公人员的作业特点主要为脑力劳动、坐姿、重心不动、长时间连续上肢作业等，其劳动强度等级应属于极轻作业或轻作业。

《室内空气质量标准》（GB/T18883-2002）中规定，室内新风量应达到30 $m^3/h \cdot p$。根据《暖通空调设计规范2000年征求意见稿》（GB 50XXX-2001）的民用建筑需要的新风量表中规定，高级办公室的新风量应控制在35～50 $m^3/h \cdot p$范围内，一般办公室的新风量应控制在20～30 $m^3/h \cdot p$范围内。

考虑到现在所有公共场所都有禁止吸烟的规定，办公楼设计大部分空间可依照无烟状态下的新风量要求。

需要注意的是，新风量虽不存在过量的问题，但是超过一定的限度后，就会带来建筑热负荷和冷负荷的过多消耗，造成过大负担。

5.1.2.5　室内空气品质要求

根据ASHRAE（美国采暖、制冷与空调工程师学会，American Society of Heating，Refrigerating and Air-Conditioning Engineers，Inc.）1989年制定的ASHREA62-1989标

准,合格的室内空气品质,是指"空气中的已知污染物没有达到权威机构确定的有害程度指标"。

对于上海的现代化办公建筑来讲,由于大部分采用高级建材和装饰材料、新型涂料等,所以因建材造成的甲醛浓度不高。多数室内污染物来自办公家具和办公用品,杀虫剂、清洁剂等有机化学用品。另外,室外空气质量也会对室内产生影响,如果室外空气品质不能达到要求,则需要对引入室内的空气做必要的过滤处理。

《室内空气质量标准》(GB/T18883-2002)中规定,二氧化硫(SO_2)不应超过0.50 mg/m³;二氧化氮(NO_2)不应超过0.24 mg/m³;一氧化碳(CO)不应超过0.10 mg/m³;二氧化碳(CO_2)不应超过0.10 mg/m³;NH_3不应超过0.20 mg/m³;臭氧(O_3)不应超过0.16 mg/m³;甲醛(HCHO)不应超过0.10 mg/m³;可吸入颗粒物(PM10)不应超过0.15 mg/m³;总挥发性有机物(TVOC)不应超过0.60 mg/m³;氡(222Rn)不应超过2 500 cfu/m³。

5.1.2.6　通风有效性评估方法

评估通风有效性的方法一般有三种:气流路径、通风量、通风率[1]。

1. 气流路径评估法

气流路径,即指气流通过的路径。对气流路径的评估与分析,有助于设计者了解室内通风的整体情况,判断不同设计手段下风速在室内的分布情况。对于办公建筑来讲,人们的主要活动为坐、站立、行走,故设计主要关注的气流分布层面应在地面以上0～1.8 m的范围内。又由于其中大部分时间处于坐姿,故地面以上0～1.4 m为最重要的评估范围(图5-5)。

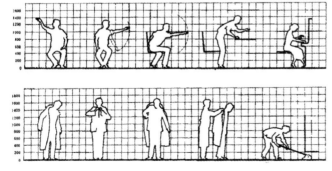

图5-5　人体活动所占空间尺寸

图片来源:《建筑物·气候·能量》

---

[1] 宋德萱. 建筑环境控制学[M]. 江苏:东南大学出版社,2003.

一般采用数字模拟方式来评价气流流速及分布路径。但由于建筑初步设计阶段拟建形态多种多样,无法——进行实验,所以通常需要依靠基于理论学习的经验,结合模拟实验进行评估。

2. 空气龄评估法

空气龄的概念最早于20世纪80年代被Sandberg提出[1],它是指空气质点在房间内滞留的时间,表达了送风到达房间内某点的时间,单位为秒(s)。空气龄能够反映出房间内空气的新鲜程度,是综合衡量室内空气品质的有效指标。

3. 通风率评估法

通风率是通过室内实际风速与室外风速的比值来反映室内风速情况的,是一种比较客观的评价方法,数据直观,操作性较强。但是,平均通风率虽然可以反映室内通风效果,却也有其缺点,其所表示的只是室内测定点处的通风率,而室内各点风速分布不均匀,故而通风评估不能一概而论。

综上所述,对于通风的评估,应综合考虑流速与流速的分布情况,同时通过空气龄、通风率加以比对。

5.1.3　自然通风在高层建筑中的应用

通常认为高层建筑由于高层梯度风的影响,加上平面进深较大且内部有交通核心筒阻隔,往往较难组织自然通风。但在高层建筑的设计实践中,许多案例足以证明,通过形态组织手段实现自然通风的可能性和有效性。

5.1.3.1　深圳建筑科学院办公大楼

深圳的气候特点与上海相似,也属亚热带海洋性气候。夏季常年主导风向同为东南风,夏长冬短,年平均气温为22.5℃,从气温角度上讲拥有优于上海的自然通风条件。因此,上海与深圳在建筑设计策略方面有很多共通之处。

深圳建筑科学院办公大楼位于深圳市福田区梅林片区,地上12层,地下2层,建筑面积1.8万 m²。形体设计采用了功能体块叠加的方式,将内部功能直接反映在形态上(图5-6)。

在生态节能设计方面,建科大楼主要运用了节能围护结构、自然通风、节能空调系统、新风热回收系统、CO_2控制、低功率密度照明系统、规模化可再生资源等生态手段。

---

[1] M. Sandberg, M. Sjoberg. The use of moments for assessing air quantity in ventilated rooms[J]. *Building and Environment*, 1983, 18(4): 181-197.

建筑自然通风的设计建立在严谨的数据监测之上。场地研究阶段,设计人员建立了监测站,利用得到的数据通过 CFD 软件对建筑进行风环境的数据模拟(风压、空气龄等),进而指导窗墙比、开窗形式的设计。建筑 6 层是通透的空中花园,7 层以上平面呈 "吕" 字形,开口方向为东向稍偏南,正对主导风向。内部平面布局采用了大空间、多通风开口的方式。这些手段都利于营造室内舒适的风环境。

表 5-4 列出了建科大楼各个立面的开窗形式。可以看出,为了达到最好的通风效果,窗扇的开窗方向都是迎向主导风向的:A、D 两个北立面的窗户都选用了左开的方式,C、F 两个南立面的窗户都采用了右开的方式,B、E 两个东立面的窗户都采用了立式转窗的方式(图 5-7)。

图 5-6　深圳建科大楼外观

图片来源:网络下载

表 5-4　各立面外窗形式

立面位置	外 窗 形 式
A	单扇左开平开窗、悬窗
B	立式转窗、悬窗(中悬窗)
C	单扇右开平开窗、悬窗
D	单扇左开平开窗、悬窗
E	立式转窗、悬窗(中悬窗)
F	单扇右开平开窗、悬窗

资料来源:作者改绘自《绿色建筑共享——深圳建科大楼核心设计理念》数据

深圳建科大楼目前已经初步实现了建设目标,达到了我国国家绿色建筑三星级评价标准、美国 LEED 金级要求,每年相对于常规办公建筑减少机械运行费用约 150 万元,其中电费 145 万元,水费 5.4 万元[1]。

---

[1] 袁小宜, 叶青, 刘宗源, 沈粤湘, 张炜. 实践平民化的绿色建筑——深圳建科大楼[J]. 建筑学报, 2010(1): 14~19.

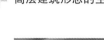

图5-7　中悬窗（左图）、利用立式转窗实现自然通风的报告厅（右图）

图片来源：网络下载

5.1.3.2　法兰克福商业银行大厦

 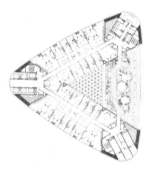

位于德国的法兰克福商业银行大厦，是现代建筑大师诺曼·福斯特的作品，也是生态高层办公建筑的经典之作。

商业银行大厦共53层，楼高300 m，选取了三角形平面，其三个顶点是三个独立的筒体形成的"巨形柱"，柱间以钢框架形成的"矩形梁"，构成了大楼的主体结构，每两柱间形成办公空间，三角形中央为一高大的中庭（图5-8）。为了使中庭组织自

图5-8　法兰克福商业银行大厦鸟瞰图（左图）、平面图（右图）

图片来源：网络下载

然通风的效果最佳，通过风洞试验辅助，设计师设置了四个四层高的空中花园，使得中庭在各个高度都有进风口和出风口，自然风分布更均匀，且中庭上部不至过热。空中花园的外表面是双层玻璃幕墙，内表面幕墙设可开启窗，室外气流经过外层通风口进入165 mm厚的空气间层，使室内不会受到高层风的影响。中庭内种植了大量花园植物，用以调节整个中庭内的局部环境，同时为使用者创造了能够与自然亲密接触的人性化空间。植物、双层幕墙、中庭、空中花园系统性地构成了办公大楼的"肺"，诺曼·福斯特称这一设计为"世界上第一个活着的、能够呼吸的高层建筑"（图5-9）。

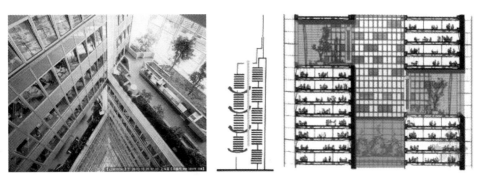

图 5-9　法兰克福商业银行大厦自然通风设计

图片来源: 网络下载

自然通风系统的智能控制由建筑管理中控系统(BMS Control)来实现,每个办公室的通风、照明、温度等均通过感应器反馈给中控系统,再由系统调整到最舒适的状态。

虽然建成和使用都已有一段时间,法兰克福商业银行大厦却依然是高技派、生态及可持续建筑的经典代表。

5.1.3.3　柏林 GSW 总部大楼

GSW 总部大楼位于德国柏林(北纬52.27°),由索布鲁赫·胡顿设计。这个基地原先有一幢 17 层的办公建筑和一幢 3 层的低层建筑,新建筑为扁形 22 层办公建筑。当地气候为夏热冬冷的大陆性气候,夏季最高温度 35℃,冬季极端气温可达−25℃。这一建筑在使用中验证,可实现全年 70% 时间的自然通风(图 5-10)。

新建筑位于原高层建筑的西面,因此缓解了原建筑存在的日照和风环境问题。新建筑的西立面安装了太阳能管,兼具能源利用和缓解风压的功能。平面布局形式为中央走廊。

该大楼的生态设计是以自然通风为核心的低耗能策略,主要构成是西立面的双层围护结构,它既能减少外墙的热能损失,又是热

图 5-10　柏林 GSW 总部大楼

图片来源:《智能建筑外层设计》

能管道,基于热压原理带动内部气流循环。西侧双层玻璃墙体中,装有底部固定、向外开启的窗扇,控制双层幕墙空腔和建筑内部的通风。空腔内侧装有可转动和竖直滑动的挡风板,18%的挡风板上留有气孔,以控制空气流速。东侧的围护结构为三层玻璃,中层为百叶窗。在寒冷的冬季,由高标准的风箱提供通风,中心的竖向挡风板允许向东侧分隔的办公室单向通风(图5-11)。

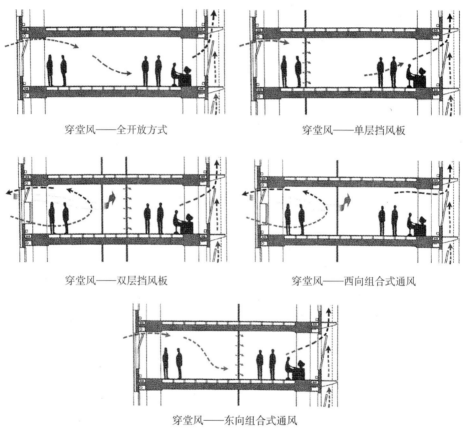

穿堂风——全开放方式　　　　　　穿堂风——单层挡风板

穿堂风——双层挡风板　　　　　　穿堂风——西向组合式通风

穿堂风——东向组合式通风

图5-11　柏林GSW总部大楼通风方式示意
图片来源:《智能建筑外层设计》

　　由于建筑较高,通风设计时需要考虑穿堂风过强和不可预测的高层紊流风流,因此设计师在建筑西侧外表面的玻璃幕墙系统中设计的缓冲器,太阳能管能在无风时刺激辅助通风装置开启,在风压较大时缓解流经办公室的气流。当室外气候处于极端天气时,窗户紧闭,机械通风装置可以满足空气交换需要。建筑空气通过楼层从中央控制室,流经竖向通风管垂直运输,向功能性房间流动,借助旋流式扩散设备进入高架楼板系统。每个楼层都即可以自然通风,又可机械化通风。选择哪种方式运转大厦的通风系统,由智能化中央管理控制,但于此同时,墙上还安装了简单的控制装置,使办公人员也能选择自己的工作区域的通风方式。

整个建筑没有使用制冷系统,当夏季极端天气出现时,建筑启动喷水装置和干燥热循环进行降温。干燥热循环所需热量是当地电网的发电副产品。

5.2　高层建筑自然通风设计策略

下文将以形态有利于对自然通风组织的基本评价为依托,运用CFD的Airpak软件分析模块,对不同的平面布局方式进行数学模拟分析和评价,提出高层建筑外部形态、平面组织模式、围护界面三个形态层面的优化设计策略。

5.2.1　利于组织自然通风的建筑外部形态优化设计

高层建筑单体的朝向、形体、裙房形态等是影响室外风环境和室内通风效果的基础因素,不同的选型会导致建筑四周和不同高度风的运动模式。

5.2.1.1　建筑高度与自然通风

流经建筑表面的风由于其本身的阻挡,流至背风面形成漩涡区域,即风影区。涡流区的范围与建筑高度与长度成正比,与建筑进深成反比。当建筑高度(H)与进深(a)相等时,涡流区长度为$3\frac{3}{4}a$;当建筑高度(H)是进深(a)的2倍时,涡流区长度为$8\frac{1}{4}a$;当建筑高度(H)是进深的3倍时,涡流区长度为$11\frac{1}{2}a$。涡流区的平面位置如图5-12所示。

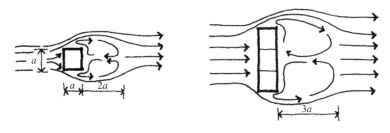

图5-12　建筑风影区平面位置

图片来源:《建筑环境控制学》

漩涡区会造成风速损失,严重影响后排建筑的通风条件。因此,从通风角度上来讲,如项目在其他高层建筑附近,选址时应注意尽量避开涡流区位置,如不能完全避免,就应考虑其他设计策略弥补风速的损失;另一方面,也应注意建筑的形态布局,避免高层建筑自身产生的涡流区对基地周边现有建筑产生负面影响;如果建筑位于相对空旷的郊区,原基地风速较大,可选择涡流区范围较大的布局方式,减小风速和风压。

另外如果建筑比位于其上风向的相邻建筑高,则其平均高度宜小于上风向建筑平均高度的2倍。

5.2.1.2 平面选型与自然通风

1. 点式

点式高层,指平面宽度与长度基本相同的高层建筑。由于高层建筑垂直梯度上风环境变化很大,建筑越往高处,其承受的风荷载越强,不规则、不对称的平面形状会因高空风的作用而出现扭转效应,对建筑结构造成极其不利的破坏。中心对称的点式高层受到的扭转作用最小,地震时的偏心现象也最小,因此成为高层建筑最常用的一种平面基本形式。

常用的点式高层的平面可以细分为方形、圆形、三角形等(图5-13)。美国学者Jong Soocho对这三种平面形状加矩形平面的能耗情况做了比较。假设几种平面的高层建筑具有相同的底面积、体积、核心筒大小以及空调系统。得出结论:圆形平面的高层建筑由于外表面面积最小,耗能最少,其次是矩形、方形;三角形平面的高层建筑外表面面积最大,耗能最多[1]。

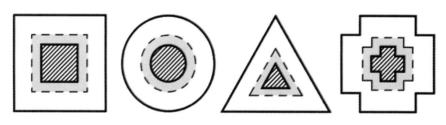

图5-13 点式平面类型

[1] Jong Soocho. Design Methology for Tall Office Buildings: Design Measurement and Integration with Reqional Character[D]. Partial Fulfillment of the Requirements for the Degree of Doctor of Philosophy in Architecture in the Graduate College of the Illinois Institute of Technology, 2002: 141.

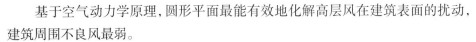

基于空气动力学原理,圆形平面最能有效地化解高层风在建筑表面的扰动,建筑周围不良风最弱。

点式高层其形态本身对组织自然通风没有太大影响,实现自然通风的重点在于表皮、中庭等的设计。

2. "一"字形及"一"字形组合平面

平面宽度和长度不等的高层建筑,其平面可以简化地视为"一"字形平面。"一"字形平面接触风和阳光的面积大,适于自然通风和采光。但需要避免的是进深过大、走廊过长过封闭,不易形成穿堂风,造成内部通风不畅。可以在"一"字形中段适当增加通风口,增加天井或利用楼梯间做通风井,改善内部风环境。

"L"形平面、"T"形平面、"Y"形平面、"工"字形平面、"王"字形平面等可以视为一字形平面衍生出的一字形组合平面。一字形组合平面与一字形平面相同,容易获得较好的通风和日照,南向房间多,不足之处在于组合平面的转角处容易出现不良紊流,造成通风不畅,可以通过在转角处设置长廊或增加开口面积加以改善。

3. "U"形和"口"形

"U"形的开口不宜朝向冬季主导风向,且不宜过大。最好使开口朝向夏季主导风向左右45°范围内;若需反向布置,则迎风面应尽量开敞。

"口"形平面的建筑内部形成了内院或天井,用地紧凑。这种布局需要额外考虑风的导入,否则封闭的内院不利于风压通风。高层中的内院有高度优势,可以形成较高的热压差,配合顶部的出风口抽风,能获得很好的热压通风。另外,可以适当选择将建筑迎风面的底层架空,引入的风可以通过中庭使后部房间获得流动的气流。

5.2.1.3　细节处理与自然通风

高层办公建筑宜有弧形的、适于气流流动的外形。削角、角部圆弧化的处理,能够有效降低高层建筑的"转角效应",降低风压,使建筑角部风速不至过强。减少极端风,会使进入室内的气流更易被利用。

诺曼·福斯特设计的德国法兰克福商业银行大厦,平面为三角形,角部削成弧形,有效降低了风速和风压,且在风环境较差的三个角筒设置电梯、服务等辅助空间,一则提高了空间利用率,二则提高了整个建筑的竖向刚度,减少偏心引起的扭转效应。(考虑到下冲涡流效应的影响,应避免将高层建筑迎风面设计为内凹的弧形。迎风面如呈外凹的弧形,能将更多的高层建筑周围的气流转移开来。而建筑的迎风面向内凹,会产生自上而下的更强的气流,对街道风环境极为不利。)

当建筑受基地限制,不能朝向夏季主导风向时,可以利用锯齿形平面导风,将主要立面的墙面做成锯齿状,使窗口朝向南或东南。也可以将房间分跨错开,利用挡风墙原理,组织正、负压力区,将风引导入室内。同理可结合建筑式样、立面绿化等进一步导风或减弱西晒。

5.2.1.4 建筑朝向与自然通风

日照和通风是决定建筑朝向的两个主要因素。对于上海地区来说,最理想的朝向选择,是使冬季时建筑的南向部分可以获得最多的太阳辐射,同时北向和西向不受冷风的不利影响。

具体的朝向选择参照以下原则:

(1)朝向的选择应优先考虑日照,其次才是通风。建筑可以采集到风的角度范围较为宽松(来风的左右45°角范围内),很多情况下,斜向进入建筑的风更有利于其在建筑内部的组织和均匀分布,且改变风的方向比改变阳光的方向容易得多,可以通过建筑形体和构件来导风。

(2)尽量使建筑的大立面朝向夏季主导风向,小立面朝向冬季主导风向,或与主导风向相对角的方向(呈20°～30°时最佳),可以最小化建筑热损耗,且明显地改变建筑周围的紊流气流流动方式,改善街道小气候。

(3)当主导风向与平面布置轴线呈0°夹角时,建筑内获得的穿堂风最大;呈45°夹角时,拐角风最大。

(4)当主导风向与平面布置轴线呈45°夹角时,环境风场中最大风速比0°夹角时的风速大20%～50%。

(5)当建筑基地被遮挡的现象比较严重时,朝向就不是节能设计的一个重要因素了。如果仅是下部被遮挡,那么上部依旧按照太阳能利用和自然通风的原则进行设计。

5.2.1.5 中庭设计与自然通风

中庭是一种简单实用的自然通风手段。由于高层建筑中的中庭高宽比大,类似一个被动式通风的大型烟道,可以在建筑内部形成烟囱效应,实现基于热压通风原理的自下而上的空气流动,改善通风效果;中庭能够明显改善建筑内向房间获得的日照;同时可以在办公建筑内部形成通透的共享空间,为人们的活动提供场所,同时开阔的视野配合绿植有助于缓和办公人员的心理压力。

建筑中面向中庭的房间通过独立的风道或可控通风窗的设置,结合可开启的中庭顶部,合理组织内部通风。点式平面、"一"字形平面也可与带有中庭的建筑平面相结合,各取所长。

1. 中庭的分类

中庭根据剖面形状,可分为上下垂直型、上宽下窄型(V字形)和下宽上窄型(A字形)。上宽下窄型,适用于靠近顶部的楼层,容易获得较佳的日照效果;下宽上窄型,上部的楼层能为下部的楼层提供遮蔽,同时这种剖面形式会使烟囱效应更强。

当建筑高度较高时,单一的贯穿上下的中庭在空间上会出现温度和气流的分层现象,且通高的中庭在一定程度上存在较为严重的消防问题,有利于通风的烟囱效应在此时反而加剧了烟气竖向蔓延,带来危险。从消防角度讲,中庭可分成以下几个类型(图5-14):[1]

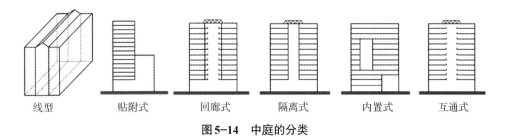

线型　　贴附式　　回廊式　　隔离式　　内置式　　互通式

图5-14　中庭的分类

(1)线型中庭

线型式中庭类似于一个有玻璃顶的街道,经常应用于商业步行街,办公建筑中也有采用,也被称为"长廊式"中庭。线型中庭的两端是敞开的,属于半室外空间,具有良好的自然通风。

这种中庭在防火设计上,要求室内设置自动喷淋灭火系统,屋顶的材料为不可燃材料(防火玻璃),且在玻璃顶上按面积要求设置可自动开启的排烟窗。

(2)贴附式中庭

这种中庭一般是封闭式的,与首层相通,贴附与建筑的一侧,与建筑其他楼层有外墙分隔。它通常设计为一个有良好采光和视野的门厅或四季厅,对建筑内部功能房间的通风状况影响较小,不能很好地改善大进深高层建筑的室内风

---

[1] 廖曙江,付祥钊,庞煜. 中庭建筑分类及其火灾防治措施. 重庆建筑大学学报,2001,23(2):7～10.

环境。

此类中庭由于相对独立，在火灾时与其他各楼层相互影响的可能性较小，只需在中庭内单独设置排烟系统，并注意中庭与建筑主体的玻璃隔墙的选择要满足防火要求。

（3）内嵌式中庭

内嵌式中庭是高层建筑中庭设计中可灵活运用的一种中庭形式，广泛应用在商务办公楼、商场、图书馆、医院、公寓、宾馆等公共建筑中。根据中庭与回廊、室内房间的关系，又可分为内置式、回廊式、隔离式、互通式。

① 内置式

内置式中庭处于建筑内部，中庭顶部是封闭的，不与室外直接接触。这种中庭通过房间或风道形成通风路径，不能获得较高的风速，但能通过与植物、辅助通风系统的配合形成局部小气候，灵活布置在建筑中需要的地方。

内置式中庭由于一般体积较小、相对封闭，在火灾时较不容易引起火势的大面积蔓延。

② 回廊式

回廊式中庭，是在上下贯通形式的中庭的基础之上，围绕中庭每层都设置环绕的回廊。这种中庭设计能过获得较大的公共空间，能为人的活动提供丰富的场所。此类中庭组织自然通风的可能性较大。

但回廊式中庭在消防要求下有很大的弊端，廊道在建筑中是非常敏感的部位，容易在火灾中使烟气和火焰蔓延到整个空间，它在防火分隔和材料耐火等级上都有很高的要求。在中庭高度比较高的设计中，应当谨慎使用这种形式的中庭。

③ 隔离式

隔离式中庭的形式，是首层与主体建筑连通，顶部与室外连通，建筑功能性房间与中庭具有外墙分隔。此类中庭组织自然通风的可能性较大。

这类中庭由于与建筑主体相对独立，中庭内部发生火灾时，烟气和火焰较难进入周围的房间。且由于与邻室有墙相隔，中庭可以充分利用自然通风时的烟囱效应进行排烟，或机械辅助排烟，即通风系统可以充分利用到消防中去。需要注意的是，联系房间的通风管道和开口应能够在火灾时关闭。

隔离式是高层建筑中庭设计中首选的一种形式。

④ 互通式

互通式中庭与四周的楼层区域是彼此连通的，中庭相对楼层敞开，整个建筑是一个统一的空间。这种形式自然通风的效果最好,最容易形成穿堂风,组织对流。同时功能空间通透,适合于大空间开敞式办公。

但是,这类中庭是所有中庭类型中最不利于火灾烟气和火焰控制的。如果要采用这种形式,需要设置明确的防火分区,在中庭各个层面设置防火卷帘,搭配自动喷淋灭火系统。因此,出于对消防的考虑,不应在建筑中大面积、大体积置入这类中庭。

为了组织通风,可以将互通式的设计方式应用在个别楼层,结合不需封闭的公共空间,即不会在火灾时造成灾难性影响,又利用这种形式辅助了通风。

(4)空中花园

严格意义上讲,空中花园是一种局部中庭。当建筑增加到一定高度时,中庭顶部的开口已经不能满足下部采光要求时,可将上下贯穿的中庭加以分割,设计成局部中庭,满足不同高度的采光和通风需求。这样形成的局部中庭,配合绿化,就被称为空中花园,从立面上表现为允许风通过的洞口(图5-15)。

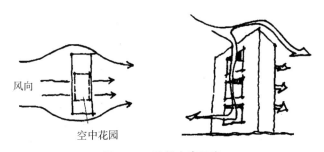

图5-15　局部中庭示意

图片来源:《建筑风环境——夏热冬冷气候区风环境研究与建筑节能设计》

沿夏季主导风风向在立面上开设通风洞口,可以使夏季风不受阻挡,一方面,改善了整个高层建筑的不良风环境,使一部分风通过洞口,减弱了气流受阻后向上、下、左、右四个方向的次生风风压,避免地面层出现强气流;另一方面,使得建筑上部和下部获得均匀的室内通风条件;同时,对于建筑组团来讲,前排建筑的空中花园减小了建筑风影区的范围,缓解了风速损失,保证了后排建筑的自然通风条件。

2. 可控制开启的采光顶

利用中庭组织自然通风的建筑,都需要设置可控制开启的采光屋顶,以适应几种时间下的通风模式(图5-16)。

夏天白天:中庭顶部侧向开敞,上部顶棚受太阳辐温度升高,混合了中庭中上

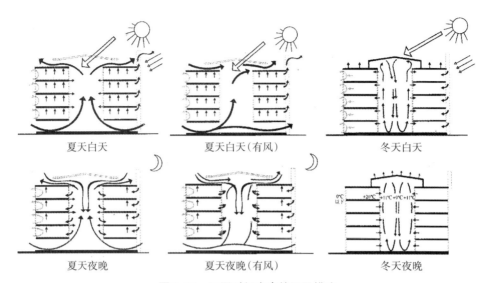

夏天白天　　　　　夏天白天(有风)　　　　　冬天白天

夏天夜晚　　　　　夏天夜晚(有风)　　　　　冬天夜晚

图5-16　不同时间中庭的通风模式

图片来源:《建筑风环境——夏热冬冷气候区风环境研究与建筑节能设计》

升的室内热空气,从开口排出,新鲜的室外空气从底部风道补充进来。这种气候条件下,中庭底部具有很好的降温效果,环境能够满足人体舒适度要求。但如纯粹依靠顶部开启进行空气置换,高度越高,庭内顶部气压越大,气流趋于复杂,容易向上部房间产生倒灌,降低房间空气质量,增加能耗。

夏天夜晚:夏天的夜晚,顶部开启。室外空气温度较低,冷空气因重力作用通过开启的顶部进入中庭内部,同时中庭下部仍会有空气上升。上下股气流会在一定高度处混合。因此,依靠自然通风,夏季夜晚的中庭上部和下部将能得到较好的降温效果,中庭高度越高,中部会出现分层,降温和空气流动效果减弱。

冬天白天:冬日为了保温,顶部开口关闭,太阳辐射使顶部加温,气流不能直接排出室外,而在内部与房间内空气形成循环,这时中庭就成为一个温室,通过热空气的循环为建筑其他部分带来热量。此时不能通过中庭获得新鲜空气,故可在建筑南向部位设置通风专用风塔,或利用楼梯井,补充新风。此时假设室外温度为0℃,中庭内部可以保持9℃～11℃的气温,房间内部为20℃。

冬天夜晚:顶部开口关闭,气流在中庭和房间内自行循环。这时中庭成为室内外环境的热缓冲层,减少了夜间辐射造成的热量损失。

3. 实例

位于瑞典的皇家工学院南校区的综合教学楼,就利用了中庭进行通风。其中庭为半封闭式,空气自室外引入地下室设置空气预处理房间,将空气温度和质量调节到适宜的范围后，再通过排风口放入中庭。这栋教学楼因为使用这种通风方式，在夏季不需要额外的冷却系统；冬季则启用辅助的热空气回收系统，利用楼梯间当做连接地下室的风道，将热空气在预处理房间混合新鲜空气后混合再利用。这栋建筑在使用期间，每平方米耗能只有常规建筑的一半。

由 Ruurd Roorda 设计，位于荷兰恩斯赫德的政府税务办公楼扩建工程，也采用了中央中庭来组织自然通风，同时建筑智能管理系统（BMS）来管理夜晚的通风状况。此建筑平面大致为"一"字形，外围护结构内设有智能通风分配器，将室外风导入室内。通风口位于靠近天花板的采光窗上部，另外每个工作台还设有两个可以手动控制的通风口。中庭的顶部设有六台排风设备，辅助负压效应，将空气从顶部排出室外（图 5-17）。

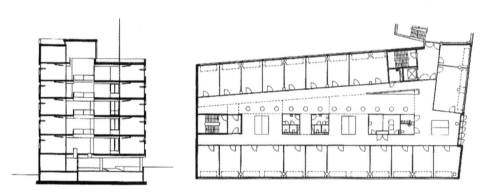

图 5-17　荷兰恩斯赫德政府税务办公楼扩建工程

图片来源：网络下载

5.2.2　利于组织自然通风的平面组织模式优化设计

针对不同的建筑使用性质、工作性质、工作模式、信息传递要求等，办公建筑平面会呈现出不同的平面组织模式。常见的平面组织模式有以下几种：通廊式平面、半开放式平面、开放式平面、景观式平面。平面组织模式会导致影响室内自然通风的主导因素不同。

5.2.2.1　通廊式平面的自然通风

通廊式的平面组织模式体现为：交通主要通过相对封闭的走廊来组织，走廊两侧布置功能房间（图 5-18）。

这种平面形式中，主要影响通风效果的因素有两个，一是房间的通风口；二是

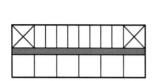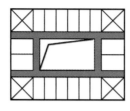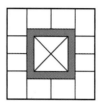

图5-18 通廊式平面组织模式

图片来源：作者编绘

地板、天花板内的辅助送风系统。

1. 通风口位置、大小

自然通风的主要手法是将室外风引入室内，到达人体作业空间。窗户相对于平面和立面的位置，均会影响室内气流的路径，决定了引入室内的风是否能够到达人体作业空间，最终达到提高人体舒适度的目的。

（1）平面开口布置对自然通风的影响

室内气流分布的均匀程度取决于房间进风口及出风口的平面位置、开口数量、进风口及出风口的大小、进风与开口的角度、室内隔断位置等。

下面将边界条件界定为进风口风速0.8 m/s，出风口风速为自由压力开口，重力加速度为9.8 m/s²，房间简化为长6 m、宽3.6 m、高3 m的常见单元式办公空间。模拟结果取1.5 m高处的等值线图。在此条件下，通过CFD软件airpak对上述不同条件下的房间进行通风模拟。通风模拟结果如表5-5至表5-8所示。

注：表5-5至表5-8图标如下所示：

风速（m/s）	空气龄（s）
0.80　0.60　0.40　0.20　0.00 0.70　0.50　0.30　0.10	180.00　135.00　90.000　45.000　0.000 157.50　112.50　67.500　22.500

表5-5　开口平面位置对自然通风的影响

开口示意	风速矢量图	空气龄分布图
A		

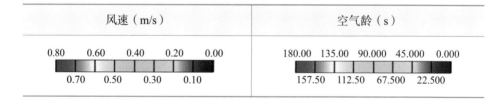

（续表）

开口示意	风速矢量图	空气龄分布图
B		
C		
D		
E		
F		
G		
H		

（续表）

开口示意	风速矢量图	空气龄分布图
结论	◎ 房间的进风口和出风口在平面位置上的连线，相对于入风方向呈一定角度时，房间内气流分布较为均匀； ◎ 进风口与出风口的相对位置如 E、F、H 所示时，室内气流的扩散最为均匀； ◎ 开口位置在墙壁中心时，比开口位置在墙壁一侧时更有助于室内空气快速更新	

表5-6　开口数量对室内通风的影响

开口示意	风速矢量图	空气龄分布图
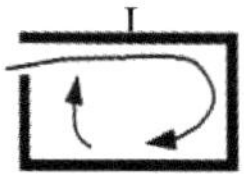	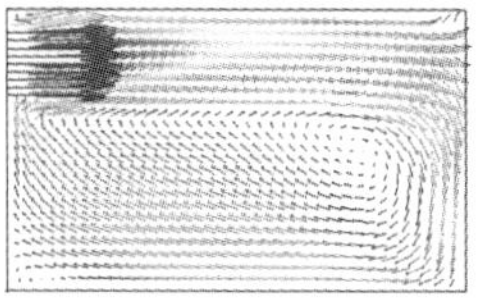	 注：此情况下室内空气龄平均在 8×10^5 s（近10天）以上。
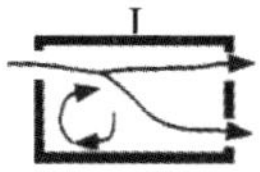	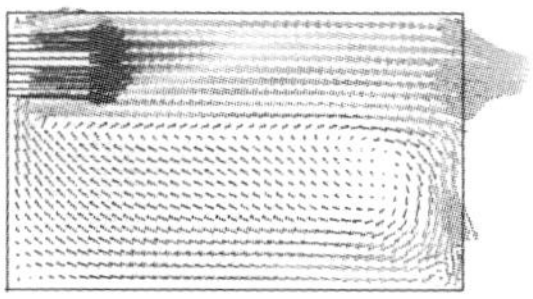	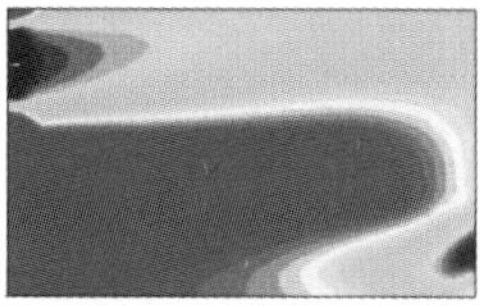
	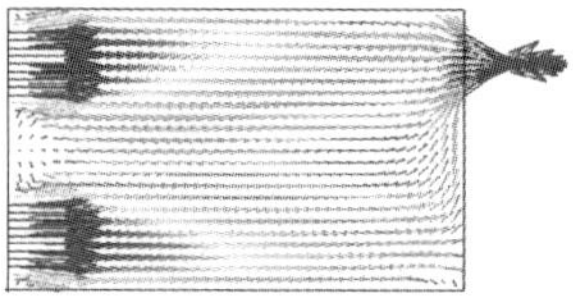	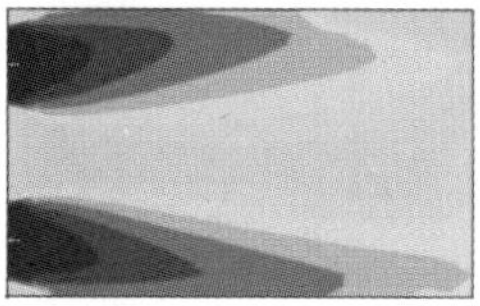
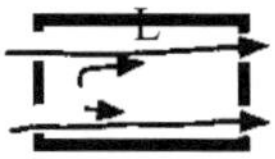	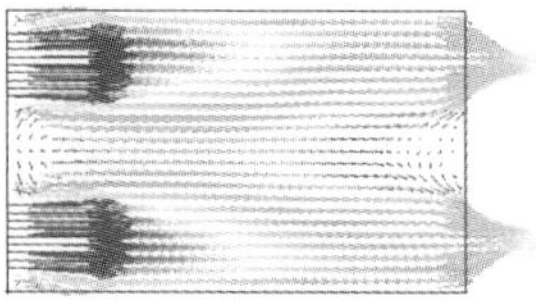	
结　论	◎ 当房间没有出风口时，室内空气更新速度非常缓慢； ◎ 增加入风口能明显增加自然通风效率； ◎ 增加出风口对自然通风效果没有显著影响	

表5-7　开口大小对室内通风的影响

开口示意	风速矢量图	空气龄分布图
M		
N		
O		
P		
结　论	◎ 扩大进风口面积会显著增加室内风速，加快室内空气更新速度； ◎ 扩大出风口面积对室内风速与新风更新速度没有显著影响	

表5-8　进风角度对自然通风的影响

开口示意	风速矢量图	空气龄分布图
Q		
R		
S		
T		
结　论	◎ 入风角度朝向墙壁时（如P类型所示），对室内气流速度及其均匀分布不利； ◎ 入风角度朝向室内大空间时（如R类型所示），对室内气流及均匀分布有利； ◎ 当入风角度与开口墙壁的角度为锐角时，对室内气流速度及其均匀分布不利	

（2）剖面开口布置对自然通风的影响

气流在竖直方向上，会受到重力的一定影响，气流呈下降趋势，因此来风在室内的分布会与平面有所不同。同时，在剖面设计时，应保证新风分布于人体工作的高度范围内。剖面开口布置对自然通风的影响如表5-9所示。

注：表5-9图标如下

风速（m/s）	空气龄（s）
0.80　　0.60　　0.40　　0.20　　0.00 　0.70　　0.50　　0.30　　0.10	180.00　135.00　90.000　45.000　0.000 　157.50　112.50　67.500　22.500

表5-9　剖面开口位置对自然通风的影响

开口示意	风速矢量图	空气龄分布图
A 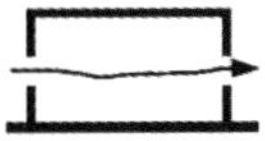	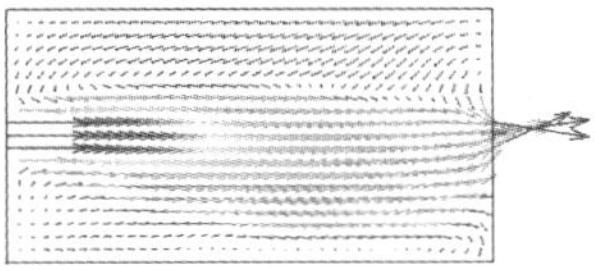	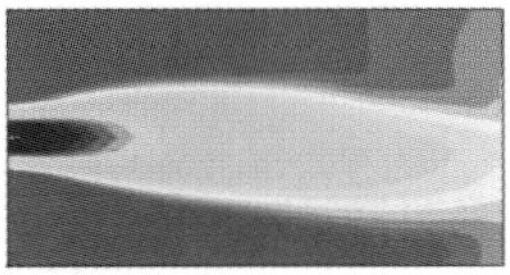
B 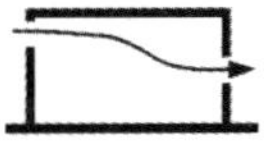	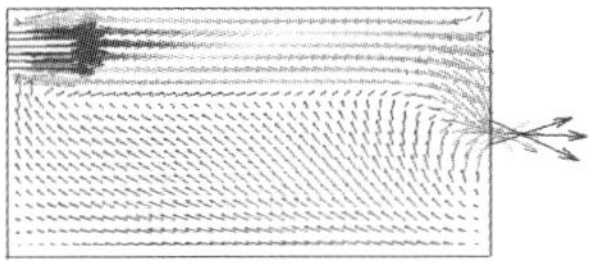	
C 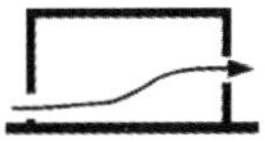	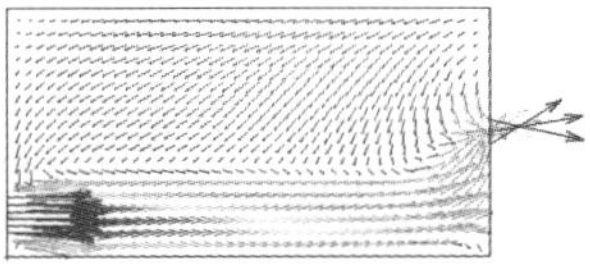	
D 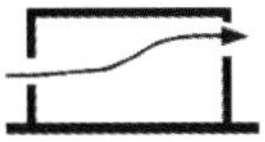	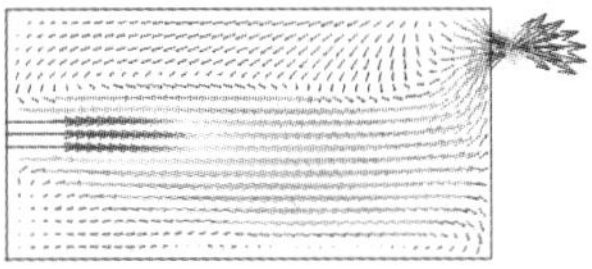	
E 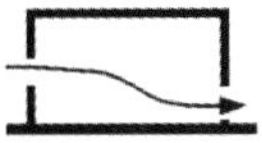	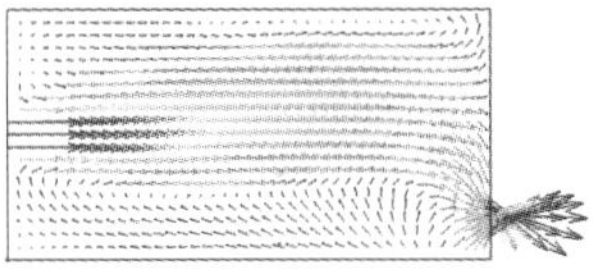	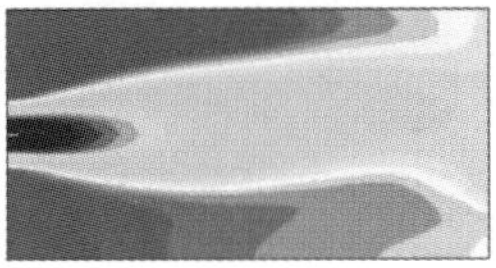

（续表）

开口示意	风速矢量图	空气龄分布图
结　论	◎ 在房间进深不大的情况下，气流受重力影响不大； ◎ 在剖面上，进风口应尽量覆盖0.8 m ～ 1.4 m高度（人处于坐姿时胸部至头部的高度），以保证气流路径流经人体主要活动空间。进风口为高窗或低窗都对室内空气更新极为不利； ◎ 出风口高度对风速及气流分布均匀与否影响不大； ◎ 剖面开口大小对室内通风的影响与平面开口大小的影响类似； ◎ 位于办公室与走廊的隔墙上的出风口，通常会结合通风百叶进行设计，一方面保证了房间私密性，另一方面百叶可由智能系统进行控制，调节室内风环境	

（3）剖面开口布置对背风面房间的影响

为了在通廊式平面的办公建筑中实现南北向的通风，设计时会考虑在贴近走廊的两面隔墙上开口，将南向迎风面的风引入北向背风面房间。此时影响背风面房间通风效果的主要因素在于隔墙上的开口位置。

下面将边界条件界定为进风口风速0.8 m/s，出风口风速为自由压力开口，重力加速度为9.8 m/s²，迎风面房间和背风面房间都简化为长6 m、宽3.6 m、高3 m的常见单元式办公空间，走廊宽2 m。模拟结果剖面等值线图。在此条件下，通过CFD软件airpak对不同开口高度的房间进行通风模拟。通风模拟结果如表5-10所示。

表5-10　剖面开口布置对背风面房间的影响

迎风面隔墙高开、背风面隔墙高开

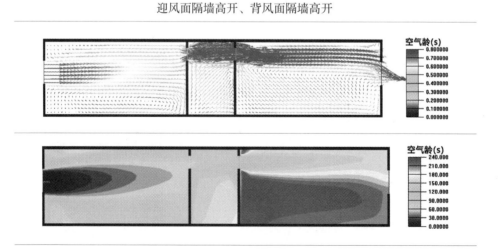

（续表）

迎风面隔墙高开、背风面隔墙低开

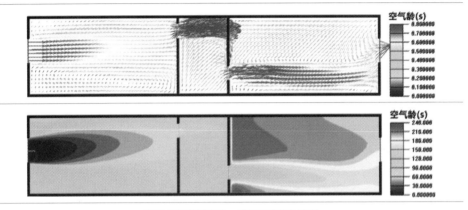

迎风面隔墙低开、背风面隔墙低开

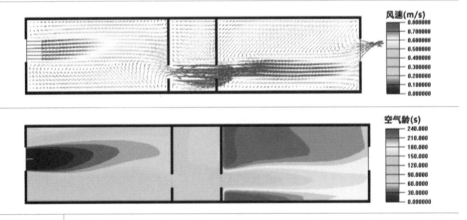

结　论	由模拟结果可以看出，背风面隔墙的位置是影响背风面房间气流分布的主要因素。其开口高度高时，气流大多流经靠近天花板处空间，风环境较差；其开口高度低时，气流流经人体作业高度，风环境较好

2. 架空地板通风系统

德国在20世纪60年代即开始在建筑中应用地板通风系统。1970年开始，欧洲国家将地板送风技术运用到了办公用房中。目前，地板通风系统在欧洲[1]、日本[2]、

[1] Sodec F, Cralg R. The Underfloor Air Supply System— the European Experience [J]. *ASHERAE Transactions*, 1990, 96(2): 690-695.
[2] 范存养. 办公室下送风空调方式的应用[J]. 暖通空调, 1997, 27(4): 30-39.

南非、北美等地均有使用,其中北美地区有40%办公楼的使用了这种通风技术手段。

架空地板通风的原理,即是在楼板上方再加设一层地板,形成通风通道,内部通常搭配静压箱、机械辅助通风设备帮助引导气流。气流从室外或双层幕墙中导入架空地板内部,根据室内工作区域送风,之后,基于热压原理,被加热后的空气上升到房间顶部,从天花板上的通风口进入上一层楼板内(图5-19)。

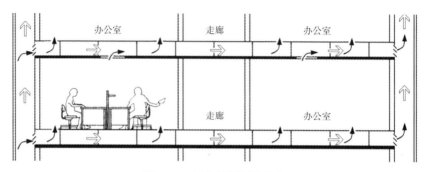

图5-19 架空地板通风示意

下面通过CFD软件Airpak,对架空地板通风系统的通风效果进行验证。下面将边界条件界定为进风口风速0.8 m/s,出风口风速为自由压力开口,重力加速度为9.8 m/s²,迎风面房间和背风面房间都简化为长6 m、宽3.6 m、高3 m的常见单元式办公空间,内隔墙不开窗,走廊宽2 m,架空地板厚度0.6 m。结果取剖面的风速等值线图、空气龄等值线图。模拟结果如图5-20所示。

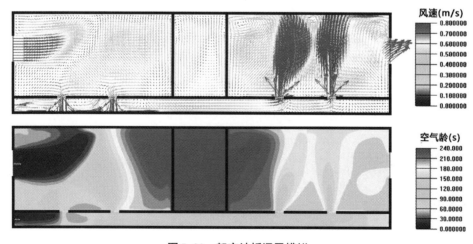

图5-20 架空地板通风模拟

架空地板通风系统具有以下几个特点：

（1）在采用通廊式平面的办公楼中，走廊的划分会造成南北向穿堂风受阻，且很多情况下房间只有进风窗没有出风窗，室内自然通风情况很差。架空地板通风系统能沿南北向形成通风路径，使自然通风成为可能。

（2）送风口布置灵活，造价较低。且现代办公建筑中需布置大量电缆和网线，可与通风系统一同布置，省空间、改造方便。

（3）地板通风口和天花板的通风口可自动调节或手动调节，方便使用者调整局部热舒适性，满足不同的需求。

既在背风面隔墙下方开通风口，又使用了架空地板通风系统的房间通风模拟如图5-21所示。（结果取剖面的风速等值线图、空气龄等值线图。）

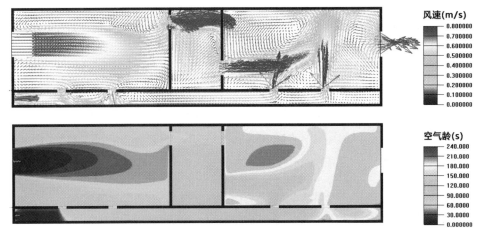

图5-21　采用隔墙开口与架空地板的通廊式办公楼通风模拟

图片来源：作者编绘

从模拟结果可以看出，对比前文没有采用两种通风设计手段的房间，这两种手段能够明显优化室内风环境。

5.2.2.2　半开放式平面的自然通风

半开放式平面组织模式，在美国被称为"bullpen office"。其形式是在办公用的大空间中，用隔板隔断出工作区单元，其中也有一定的会议、管理等辅助功能以封闭房间的形式出现（图5-22）。

这种平面形式中，主要影响通风效果的因素是交通核心筒、房间进深及隔断。

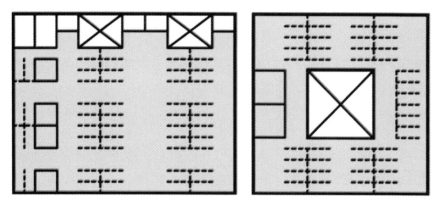

图5-22　半开放式平面组织模式

1. 房间进深对自然通风的影响

半开放式平面通常进深较大、隔断较高,室外风进入室内后会因此衰减。

下面将边界条件界设定为进风口风速1 m/s,出风口风速为自由压力开口,重力加速度为9.8 m/s²。建筑平面简化为面宽50 m、进深40 m的大型开放空间,在距离外窗5 m处开始设置1.8 m高的办公隔断,隔断平行于迎风面外墙,间隔3.5 m。在此条件下,通过Airpak房间进行通风模拟,取剖面风速等值线图进行分析(图5-23)。

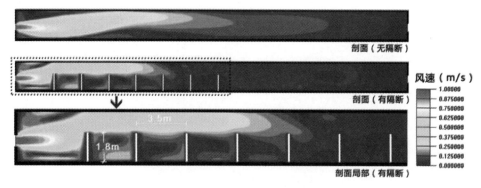

图5-23　半开放式剖面风速模拟

从模拟图中可以看出,隔断会造成风速衰减,且改变室内气流分布,使隔断内的人体作业空间风速很小。因此,在半开放式平面设计中,为了优化室内气流分布,应适当将隔断降低,或调整隔断的角度,尽量避免其平行于外墙。并由数字模拟软件辅助设计。

2.隔断平面位置对自然通风的影响

表5-11　隔断平面位置对自然通风的影响

开口示意	风速矢量图	空气龄分布图
U 无隔断		
V 通高隔断1		
W 通高隔断2		
X 通高隔断3		
Y 半高隔断		
结　论	① 在房间正中位置增加隔断(如类型U、V、X所示),有助于消除直接通风造成的通风死角,使新风均匀分布;② 通高隔断会形成局部涡流,使室内气流较为复杂,半高隔断则能缓和这种情况	

5.2.2.3　开放式与景观式平面的自然通风

开放式平面组织模式，是指在大面积开敞的办公空间中，按照不同的业务内容布置办公家具，将其划分成小型组团，再对应人员和信息的动向布置低矮隔板、橱柜、设备柜等进行局部空间划分，营造相对安静的办公空间和开敞的交流通道。

景观式平面组织模式，是一种进一步开放化的办公空间模式。它是由德国设计师库依克包纳姆首先提出的，采用的是风景观赏式的设计手法，脱离了开放式平面较为死板的布置形式，在大空间中不做固定隔断，利用家具、花木盆景划分局部空间，兼顾个人私密性和办公高效性，同时强调不同部门布置风格的可识别性。

这两种平面组织方式，在通风设计方面可纳为一大类。其原因在于，这二者不同点仅在家具布置手法，共同点在于都采用开敞的大空间，封闭处仅限于交通核心筒（图5-24）。因此核心筒位置和形状是影响这两种平面布局通风效果的最主要因素，除此之外家具布置方式也有一定影响。

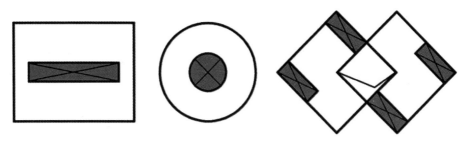

图5-24　开放式与景观式平面组织模式

高层建筑中的交通核心筒位置，决定了内部主要功能空间的布局，它往往是平面设计中最优先考虑的几个因素之一。由于交通核封闭、面积较大（最经济的面积比例为20%）的特点，它对室内风环境的影响十分显著，其平面位置往往决定了开放式办公建筑的整体通风效果。

高层交通核的平面布置常见以下几种类型：中央核筒型、贯穿核筒型、东西两侧核筒型、角部核筒型、单侧核筒型。

下面将研究条件界定为上海地区，风向为南偏东30°（夏季主导风向），风速3 m/s，建筑平面简化为正方形，建筑朝向为正北。在此条件下，通过CFD软件airpak对交通核位置不同的建筑平面分别进行通风模拟。而后，基于模拟分析结果，进一步对交通核以外的主要空间和附属空间的分布做简要阐述。结论如表5-12所示。

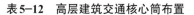

表5-12　高层建筑交通核心筒布置

分类	中央核筒型	贯穿核筒型
核筒型	A　　　　　B	C　　　　　D
特征	标准层面积： A：1 000 ～ 2 500 m² B：1 500 ～ 3 000 m² （标准层面积较大时使用）	标准层面积： C：1 000 ～ 2 500 m² D：1 500 ～ 3 000 m² （D 型适用于必须获得大房间的情况）
通风模拟		
优势	◎ 从结构稳定性上讲，是最为理想的形式； ◎ 立面设计自由； ◎ 办公空间有效率高，使用方便，可设计出最经济的出租大楼； ◎ 主要功能空间日照条件较好； ◎ 各方向视野均不受遮挡	◎ 结构体系较为稳定； ◎ 房间可达性较好； ◎ D 型室内风环境较好（与单侧核筒型类似）
劣势	◎ 核心筒一定程度上阻碍了气流通往建筑北部的路径；在进一步设计时，大空间会被划分为小空间，因此最终会导致西北角通风严重不良； ◎ 整体制冷负荷较高	◎ C 型对通风极为不利。南区无法形成穿堂风，易在室内形成风速较高的涡流，北区则难以达到通风的目的
通风设计要点	◎ 沿南北方向的墙壁或隔断上需开通风门窗；或设楼板通风系统； ◎ 会议室等次要房间布置在西北角	◎ 不建议使用 C 型核心筒布局

（续表）

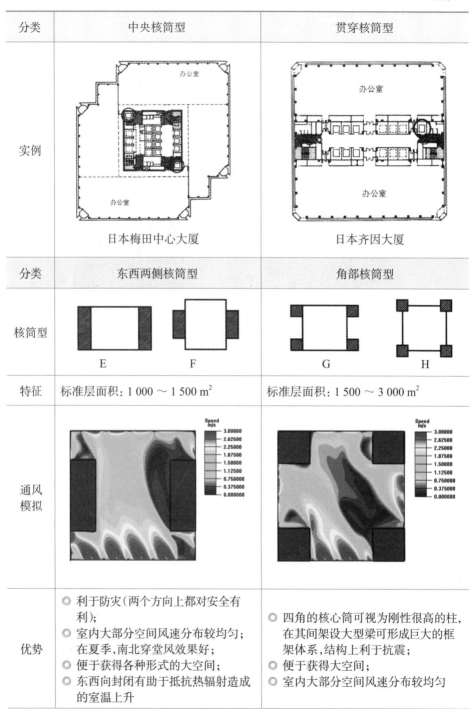

分类	中央核筒型	贯穿核筒型
实例	日本梅田中心大厦	日本齐因大厦

分类	东西两侧核筒型	角部核筒型
核筒型	E　　　　　F	G　　　　　H
特征	标准层面积：1 000～1 500 m²	标准层面积：1 500～3 000 m²
通风模拟		
优势	◎ 利于防灾（两个方向上都对安全有利）； ◎ 室内大部分空间风速分布较均匀；在夏季，南北穿堂风效果好； ◎ 便于获得各种形式的大空间； ◎ 东西向封闭有助于抵抗热辐射造成的室温上升	◎ 四角的核心筒可视为刚性很高的柱，在其间架设大型梁可形成巨大的框架体系，结构上利于抗震； ◎ 便于获得大空间； ◎ 室内大部分空间风速分布较均匀

（续表）

分类	东西两侧核筒型	角部核筒型
劣势	◎ 当进深较大时,平面中心部分的通风、采光条件都较差; ◎ 在冬季,南北贯通增加了热损失; ◎ 当东西向距离较长时,必须分析中央部分的抗震性能	◎ 在冬季,南北贯通增加了热损失; ◎ 如夏季主导风方向刚好布置有核心筒,一定程度上会影响室内的气流分布
通风设计要点	◎ 平面中心宜布置会议室等次要功能房间; ◎ 平面中心如布置夏季通透、冬季封闭的可活动隔断,节能效果最佳; ◎ 平面中心宜结合中庭设计,以改善光照条件	◎ 平面中心如布置夏季通透、冬季封闭的可活动隔断,节能效果最佳; ◎ 平面中心宜结合中庭设计,以获得更好的室内风环境; ◎ 如要获得最好的通风效果,应通过调整朝向使核心筒不位于室内大空间与夏季主导风来风方向的连线上; ◎ 为获得最佳通风条件,在结构允许的情况下,可考虑不在夏季主导风方向布置核心筒
实例	 日本东京波拉五反田大厦 日本福冈大同生命大厦	 日本东京本田青山大厦

分类	单侧核筒型			
核筒型	 I	 J	 K	 L

（续表）

分类	单侧核筒型
特征	标准层面积：I、J：500～2 000 m² K、L：500～1 000 m² （一般在楼层面积不太大的情况下使用）
通风 模拟	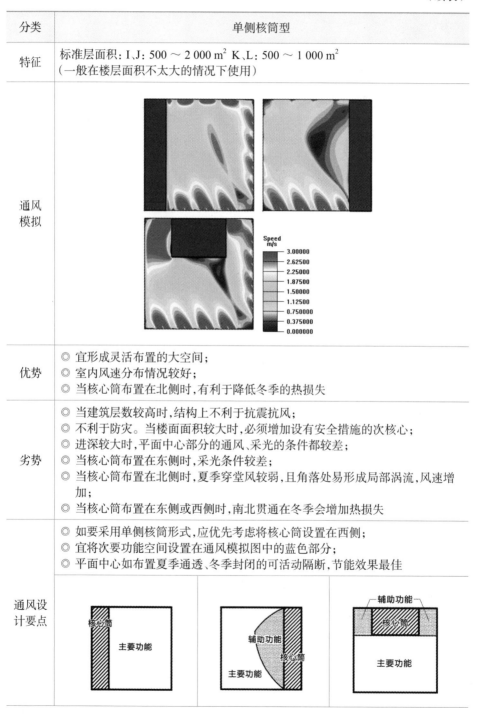
优势	◎ 宜形成灵活布置的大空间； ◎ 室内风速分布情况较好； ◎ 当核心筒布置在北侧时，有利于降低冬季的热损失
劣势	◎ 当建筑层数较高时，结构上不利于抗震抗风； ◎ 不利于防灾。当楼面面积较大时，必须增加设有安全措施的次核心； ◎ 进深较大时，平面中心部分的通风、采光的条件都较差； ◎ 当核心筒布置在东侧时，采光条件较差； ◎ 当核心筒布置在北侧时，夏季穿堂风较弱，且角落处易形成局部涡流，风速增加； ◎ 当核心筒布置在东侧或西侧时，南北贯通在冬季会增加热损失
通风设 计要点	◎ 如要采用单侧核筒形式，应优先考虑将核心筒设置在西侧； ◎ 宜将次要功能空间设置在通风模拟图中的蓝色部分； ◎ 平面中心如布置夏季通透、冬季封闭的可活动隔断，节能效果最佳

（续表）

分类	单侧核筒型
实例	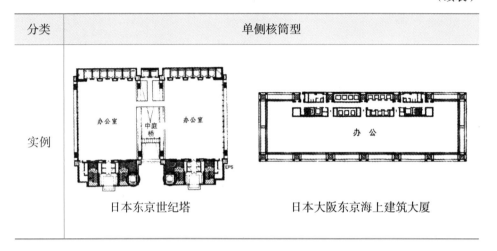 日本东京世纪塔　　　　日本大阪东京海上建筑大厦

5.2.3　利于组织自然通风的建筑外围护界面优化设计

5.2.3.1　通风双层幕墙

通风双层幕墙是一种建筑表皮的生态构造手法,也称敞开式外循环呼吸幕墙(与之相对的是封闭式内循环呼吸幕墙,依赖暖通机械系统,偏重调节建筑内部气温),一般应用在高层办公建筑中。根据材质、空气层厚度等方面的不同,双层表皮能呈现出许多不同的形式,以适应不同的设计要求。

通风双层幕墙之所以适用于高层办公建筑,一是由于高度越高风压越大,导致高层建筑不能直接对外开窗,而双层表皮使高层建筑开窗通风成为可能;二是传统高层办公建筑高度依赖机械手段维持内环境,而合理设计的双层幕墙能够降低空调和通风系统负荷;另外,办公楼大多位于噪声、污染严重的市区,双层幕墙能够有效隔绝外部有害环境,改善办公空间品质。

这种外墙构造本质上是一种热缓冲区,即在室外与有采暖和降温要求的房间之间,增加一个没有采暖和降温要求的空间对新鲜空气进行缓冲和调节,使室内获得温度、速度适宜的气流。冬季时,双层表皮的空气间层处于封闭状态,在受到太阳辐射后成为保温层,以内循环的方式维持室内舒适度。

双层幕墙由传统立面层(内表皮)、附加的外表皮、内外表皮之间的空气层三部分组成。空气间层内通常需要附加遮阳构件、控制气流的百叶、机械辅助通风系统、能量回收装置等。基于热压和风压通风原理,外表皮下部设进风口,上部设排风口,空气及热量在间层中与内表皮交换,内表皮上设可开启窗。其通风组织的成功与否关键取决于空气间层的分隔形式。

有实验表明,双层玻璃幕墙在不同朝向上均有较好的热工性能,在辐射强烈的西向放热优势最明显,南向次之。有通风功能的外循环式幕墙,有较强的控制室外与空气腔温差的能力。当室外有适宜风压时,幕墙可采用通风口全开的风压通风模式;当室外为静风环境时,幕墙可采用上下风口的热压通风模式[1]。

5.2.3.2 单层外墙界面

1.窗墙比

建筑窗墙比、围护结构上开口的尺寸、窗户的形式及开启方式的不同处理,能够直接影响建筑内部最终获得的通风效果。根据测定,窗地比为15%～25%范围内、开口宽度为开间宽度的1/3～2/3时,获得的室内通风效果最好。开口在平面上的相对位置对室内气流分布起决定性影响。

2.开窗形式

(1)外窗开启方向

外窗的种类有很多,如固定窗、平开窗、下悬窗、中悬窗、上悬窗、立式转窗、多向开启窗、平行外推窗等。不同的外窗开启方向、窗扇形式,对导风效果会产生不同的影响。

窗扇迎向来风方向开启,能为室内导入风速较快的气流;窗扇背向来风方向开启,对导风最为不利。当室外来风方向与建筑外墙面呈一定角度时,宜选择左开或右开的平开窗、立式转窗;当室外来风方向垂直于建筑外墙面时,宜选择下、中、上悬窗;当需要从下方向上引入气流时(如整体式双层幕墙的内表皮开窗),宜选择下悬窗。

深圳建筑科学院办公大楼的设计,就特别注意了不同立面的外窗开启方式。具体见章节3.2.2。

(2)空气流动窗

空气流动窗的原理是,通过增加空气借助建筑外表面的面积、加长气流流动路径,从而达到预热空气的目的,使空气可以不通过导风管道和换热装置就能被房间利用。这种窗同时还具有回收排出室外的空气的余热的作用。其大小需根据风荷载来确定。

[1] 王振,李保峰.双层皮玻璃幕墙的气候适应性设计策略研究——以夏热冬冷地区大型建筑工程为例[J].城市建筑,2006(11):6—9.

阿尔瓦·阿尔托设计的位于芬兰的帕米欧结核病疗养院,就利用了空气流动窗这种构件(图5-25)。室外空气被带入玻璃夹层之中,迂回后进入房间。同时,空气在此过程中的热损失可以用来加热后续引入的空气。

另一种构造较为复杂的空气流动窗,也称为"进气通风窗"。这种窗使空气在多层玻璃板中流动(图5-26),从而将空气温度提升到接近室内气温。与之相对的,在排风方面可以使用"排风通气窗",或者通过管道将需要排出的空气带到换热器所在的区域。排风通气窗能够减少整个建筑的导热热损失。

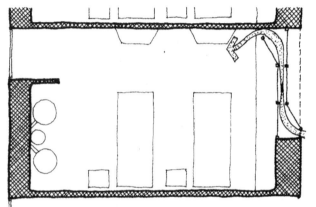

图5-25　帕米欧结核病疗养院的病房外窗

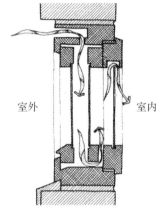

室外　　　　　室内

图5-26　进气通风窗构造

图片来源:《太阳辐射·风·自然光——建筑设计策略》

3. 导风板

由于场地条件、建筑朝向、开口位置等原因,建筑开口不能面向主导风向而使风速受限时,在围护结构上的开口周边设置片墙能改变建筑周围的正压区和负压区,引导气流流入房间,且能明显增加进入室内的气流速度。

导风板设计要点:

(1)导风板长度与位置一定时,室外来风方向与墙面夹角为30°～60°时,室内风速最高。

(2)导风板出挑长度至少为窗户宽度的0.5～1倍、导风板之间的距离至少为窗户宽度的2倍时,导风效果最佳(图5-27)。

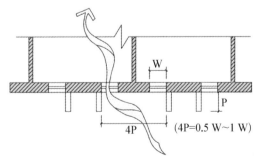

W

P

4P　　(4P=0.5 W~1 W)

图5-27　导风板推荐尺寸

图片来源:作者改绘自《太阳辐射·风·自然光——建筑设计策略》

（3）当导风板超过一定长度后，导风板增加带来的风速增加不明显。

5.2.3.3 屋顶界面

在高层建筑的屋顶构造，有时会结合屋面采光通风器进行设计。通风器连通的是贯穿建筑内部的气井、烟囱，它通常同时承担着通风、采光、太阳能集热的复合功能（图5-28）。这种井道的狭长形态，与上海里弄住宅的梯间井十分类似，且同是利用了热压原理实现通风。

由伊东丰雄设计的日本仙台媒体中心，就将这种井道运用得极为精彩。贯穿七层建筑的13根形态各异的管道，一直延伸到屋顶。管道综合了交通核心、通风、采光、信息传递、外部形象表达等多重功能，完美地体现了建筑界面的生态效应、技术性及艺术性的结合。

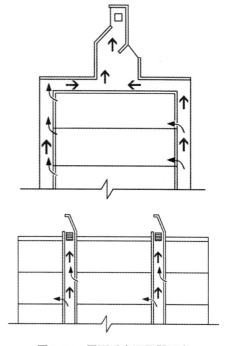

图5-28 屋面采光通风器示意

5.2.3.4 绿植辅助通风

1. 原理

利用现代技术条件把绿植的配置与建筑的围护结构结合起来设计，不但可以达到防风和建筑节能的目的，还可以取得独特而简洁美观的效果。与传统砖石材料外围护结构相比，植物墙（意指设置覆土层的小型植株或生长在铁丝网上的爬藤植物）修建起来更加经济，对调节室内外环境起到积极的作用，而且能为钢铁森林的现代城市提供野生动物栖息的场所。研究发现，利用植物对建筑的热工性能进行调节，在暴露的墙壁外覆盖植物屏障，可以使墙壁的能量效率提高8%[1]。

2. 设计原则

当建筑优先考虑夏季降温时，应选择藤叶茂密、生长期与夏季时间相应的多年生植物；当建筑优先考虑冬季保暖时，应选择遮挡较少的枝状植物。注意，无论如何不要使植物遮挡住太阳能收集洞口，除非植物能够根据季节变化被移开。

---

[1] ［英］布赖恩·爱德华兹. 可持续性建筑［M］. 北京：中国建筑工业出版社,2003：223.

外围护界面利用植物的弊端是后期维护复杂,一旦维护不利,不仅达不到预期的效果,更会造成经济损失,恶化办公室内环境。因此,在选择植物的时候要特别注意,优先选择不需或少需维护的物种。

5.3　小　　结

高层建筑的平面形态、核心筒的布局、内部空间的组织、围护界面形式等,是高层建筑设计的初始阶段影响建筑形态走向的重要因素,也是建筑空间内部有效组织自然通风的前提条件。自然通风作为一种实现建筑室内降温换气的传统手段,对降低高层建筑运行过程中的自身建筑能耗,营造健康工作环境具有积极的意义。

本章从对自然通风的形成机制的分析入手,依照高层建筑形态设计的逻辑秩序,从高度、朝向、平面形状等相关的外部形态,到内部形态的平面组织模式,乃至于细部设计相关的外围护界面。结合 CFD 软件进行通风模拟分析,提出自然通风效能的评价和形态设计的优化策略。研究过程同时可以得出以下几个方面。

(1)自然通风是降低高层建筑的自身建筑能耗的生态性(被动式)手段之一;高层建筑形态的设计对自然通风的利用具备可行性和有效性,在气候越温和的地区,应用潜力越大。

(2)自然通风设计需要结合计算机模拟分析加以评判,仅凭经验和感觉不足以做出合理的设计判断,在不同的环境条件和形态特征下,借助软件模拟更易做出适宜的通风设计。

(3)高层建筑的自然通风设计是一个尚未成熟的领域,也是一个颇具两面性的议题,形态设计和优化的切入点是一重要的研究路径。同时,随着环境模拟技术的进步将更有效地促进高层建筑的设计创作。

第 *6* 章

高层建筑形态生态效益的优化策略之三
—— 改善室外风环境设计专题研究

　　高层建筑对室外风环境的影响客观存在，其形态和布局的特征与周围气流运动轨迹关系密切，是影响场地生态环境的重要因素，并成为高层建筑形态的生态效益评价的主要内容之一。如何在形态设计阶段把握周围气流运动规律，改善和提高室外风环境的品质，是高层建筑形态的生态性设计中需要关注的普遍性和针对性问题。

　　本章以高层建筑形态特征和周围风环境形成机理为依据，分析归纳出高层建筑室外风环境所产生的主要问题以及对风环境舒适度带来不利的影响，在针对性的评价原则为导向，结合案例研究，运用CFD数值模拟分析技术，在形态与生态效益评价的框架下，重点探讨消减高层建筑对室外风环境不利影响的一系列设计策略。设计策略既包括削弱"边角强风"、化解"迎风面涡旋"、减小"建筑风影区"等各种形态的优化设计，也涉及建筑表皮界面形式的适应性措施，更包含形态优化和风能利用一体化的设计。为高层建筑形态的生态性优化设计提供整体性、针对性的评价方法和设计指导。

6.1　高层建筑和室外风环境

6.1.1　高层建筑室外风的类型

　　现代城市高层林立，使得城市的风因高层建筑产生了改变而形成了自己的一些风的形式，根据楼群的布局不同，高层建筑风根据气流流动方向大体可分为两大类型：分流风和回流风。其中分流风又可分为边角侧风、下冲风、开口部风、穿堂风。回流风又可分为迎风面逆风和风影区涡流。

6.1.1.1　分流风

表6-1　分流风列表

类　型	图　示	备　注
分流风 边角侧风	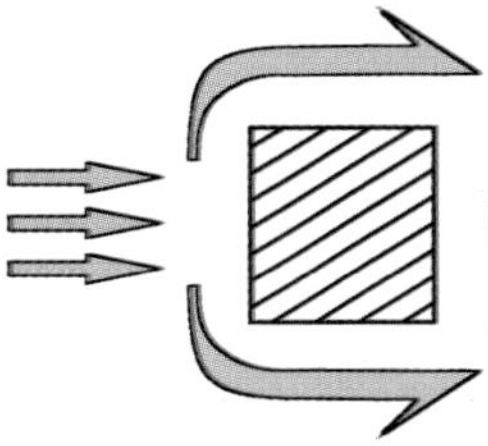	风遇到拐角处就分流离去,分流离去的风速高于周围的风速
下冲风	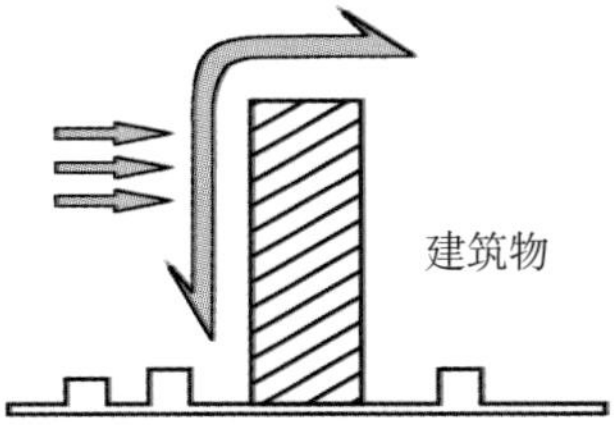	在建筑物高度的60%～70%处分为上下、左右的风,其中左右方向的风由于受建筑物表面低压区的吸引,变成从上往下冲的劲风
开口部风	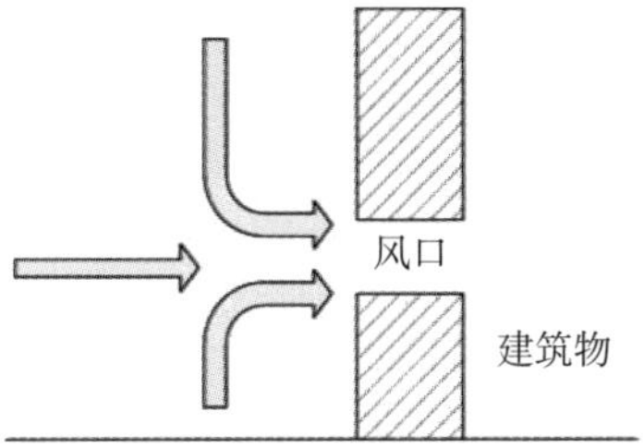	在建筑物下层的开口部分,上侧风与下侧风纠缠在一起,使这个部分成为风口,来自各个方面的风在此汇集,快速流过
穿堂风	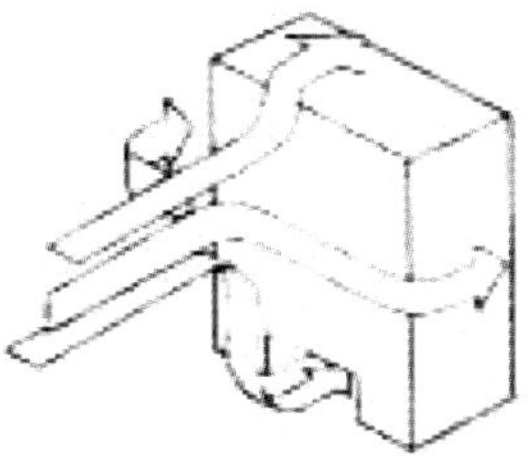	穿堂风通常产生于建筑物间隙、高墙间隙、门窗相对的房间或相似的通道中,由于在空气流通的两侧大气温度不同,气压导致空气快速流动

6.1.1.2 回流风

表6-2 回流风列表

类 型	图 示	备 注
回流风 迎风面逆风	建筑物	迎风遇到建筑物,部分风向下形成回旋逆流
风影区涡流	风向 建筑物	垂直于高层背风向一定距离内产生很长的风影区涡旋气流

6.1.2 高层建筑室外风环境的形成机理

在高楼林立的大都市,当我们漫步街头或高层建筑附近时,常会遇到奇怪的风,随着楼群的布局不同,风忽强忽弱,忽上忽下,令人难以捉摸;穿过高楼之间时,常会受到一股强烈阵风的袭击,时常会看到商铺的广告牌之类的被大风吹下来,这种变幻莫测的风和当今高层建筑林立密切相关。

高层室外风形成机理(图6-1):由于高层建筑阻挡了主要风向的流动,在和高层建筑碰撞时,一部分风越过高层顶部和侧边,流向建筑后部。另外一部分风向下流动,形成下冲风,下冲风风速较快,会对地面人行高度处风环境产生影响,同时形成迎风面涡流区。同时建筑周边不同区域形成了风压差:在迎风面上由于空气流动受阻,速度降低,风的部分动能变为静压,使建筑物迎风面上的压力大于大气压,从而形成正压;在背风面、侧风面(屋顶和两侧)由于气流曲绕过程形成空气稀薄现象,该处压力小于大气压从而形成负压,这两种气压差造成气流快速

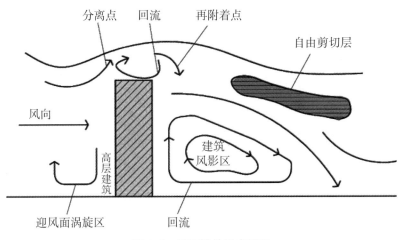

图6-1　风环境的形成机理

流动产生高楼风。换句话说,高层建筑物较大程度地改变了建筑物周围的局地风场,从而形成高层风[1]。

　　高层建筑数量的急剧增加,给城市的室外风环境带来更加多的问题,比如"风振效应""噪声污染""涡流区污染"等,特别是建筑底部人行高度处风环境的复杂程度增加,给人行环境造成影响。高层风的产生是不可避免的,但其对环境的影响并不是不可解决,可以通过各种手段和措施减轻。随着建造技术的发展和科技水平的提高,高层风对环境的影响可能会有负面转为正面,从而造福人类。

6.1.3　高层建筑底部风环境

　　在全年静风区较大的城市,高层建筑的底部采用架空处理能够改善底层风速流动过缓的状况,促使底层空间气流畅通,增加建筑室内外之间的换气率,这对于带走城市中心底部空间污染的热气流有一定的益处(图6-2)。但在风速过大的区域,即便是在夏季,过大的风速所也会给人带来一定的不舒适性。建筑物复杂的布置造成一定的乱流,紊流等,底层架空带来了建筑物的下沉气流与穿越气流在建筑背风面的混合,风向复杂,且风力增强,使风速在原有基础上增加3倍。如何化解过大风速及复杂的气流运动成为设计中必须考虑的因素;首先,在减小建筑面宽及建筑高度以减小建筑背风面负压区范围时,底层的封闭可化解建筑迎风面上风向建筑的遮挡所造成的下沉气流与穿越气流的混合;第二,建筑的平面形态

[1] 马剑著. 群体建筑风环境的数值研究. 浙江大学硕士学位论文,2006(8).

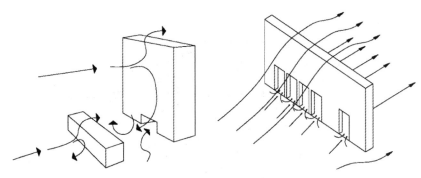

图6-2　高层建筑底部及架空部分气流运动示意

图片来源:《The Climate Dwelling》

处理上,粗糙的表面处理或增加立面连续的凹口空间,可增加高层建筑的外围护界面的阻尼;第三,建筑外墙材质的使用上,质地粗糙的石材较光滑的玻璃对建筑周围风环境的改善能起到更好的调节作用,化解风速过大对地面造成的影响;第四,底部软质景观的处理将有利于减弱高层建筑下行风的速度及风量,增加气流到达地面后的缓冲;第五,建筑立面造型中尽量避免尖锐的竖向尖角,因为这会造成强有力下沉气流;第六,形体的退台缓解上部下行风对地面影响程度。

高层建筑底部风环境因素的形成是建筑底部空间的构成所形成的各种因素综合作用的结果。空间越无序,形成的风环境也相应越复杂。建筑设计中,任何针对风环境的设计策略制定都是适时适地的对各种问题综合分析结果,而非简单的照搬照用,任何作用都具有有利及不利的一面,关键在设计中如何把握,从而达到各种因素的平衡与统一[1]。

6.1.4　高层建筑对室外风环境的不利影响

影响建筑物四周气流形态及速度的因素相当多,包括有来流风的特性、风向、风速、建筑物本身的大小、几何外型以及邻近的建筑群等。所以先从一栋高层建筑入手分析,发现单体情况下会产生的问题。

单体建筑本身对风来说就是一个阻碍物,气流可以因为高楼存在而改变方向造成下冲、涡漩、尾流、穿堂风、角流、遮蔽、渠化等效应与现象,在街面行人高度上造成一定的风环境混乱,给人们的活动造成不舒适性。

---

[1] 陈飞著. 建筑与气候——夏热冬冷地区建筑风环境研究. 中国建筑工业出版社,2009(3).

6.1.4.1 迎风面涡漩

当风遇到高层建筑物时,部分气流会由
建筑物上方与两侧加速地绕过去,部分气流
碰到建筑物会改变流动方向,沿建筑物的迎
风面向下切,在建筑物的前方与迎风面吹来
的气流共同作用形成涡漩。高层建筑相比多
层更容易形成强烈的下冲气流,下冲的气流
碰到地面,风速是低层建筑的4倍,板式建筑
的这种现象尤其明显,会对街面行人高度上
造成行人活动的不舒适、尘土纸屑飞扬或雪
堆积等问题(图6-3)。

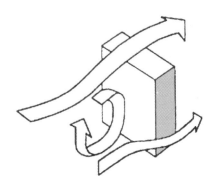

图6-3 迎风面涡漩

图片来源:改绘自《建筑与气候——夏热
冬冷地区建筑风环境研究》

6.1.4.2 建筑物风影区

垂直于高层外界面气流遇到障碍物后在建筑的背风向一定距离内产生很长
的风影区(图6-4),风影区的长度相当于建筑高度的15倍左右。在风影区内,风

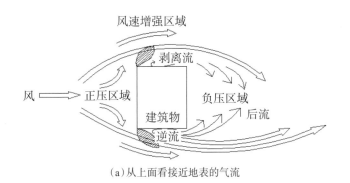

(a)从上面看接近地表的气流

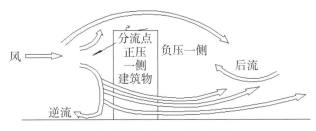

(b)从侧面看中央剖面内的气流

图6-4 风影区平面和竖向范围

图片来源:《建筑与气候——夏热冬冷地区建筑风环境研究》

速减小到约为遇到障碍物前风速的一半,且风向改变,形成涡流。这对于炎热干旱地区的夏季及寒冷非潮湿地区室外活动比较理想,但在夏热冬冷湿热地区,风影区会造成一定距离内下风向建筑通风降温及除湿效果不理想。

建筑风影区平面范围与高层建筑的平面特征、面宽、来流方向及周围建筑的间距和高度的比值有关。来流方向不同,建筑负压区范围及风速大小也不同。在相同的建筑底面积的情况下,假定建筑外维护完全封闭的情况下,圆形体量对气流运动具有一定的引导作用,使气流沿圆形建筑外围平滑移动,在背风面形成的风影区范围及风压最小。另一方面,建筑外维护的渗透性程度决定建筑迎风面与背风面的压力差,并与建筑背风面形成的风影区范围及风速呈反比关系。

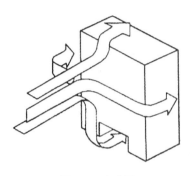

图6-5　穿堂风

图片来源:改绘自《建筑与气候——夏热冬冷地区建筑风环境研究》

6.1.4.3　穿堂风

穿堂风也叫过堂风,是气象学中一种空气流动的现象(图6-5)。

穿堂风通常产生于建筑物间隙、高墙间隙、门窗相对的房间或相似的通道中,由于在空气流通的两侧大气温度不同,气压导致空气快速流动,又由于建筑物等阻挡,间隙、门窗、走廊等提供流通通道使大气快速通过。风向一般为有阳光一侧至背阴处一侧,风速根据两侧温度差决定,温差越大,风速越大,以春、秋季居多。

建筑物迎风面与背风面之间有气压差,以致当有前后贯通的通道或开口打开时,大楼内的通道会形成气流的快速流动,此现象称之为穿堂风。冬季季风气流吹过时,引起局部风速过大,由建筑物下方门洞穿过的气流使自由风速扩大3倍,会对进出大楼及出入口的行人构成不舒适的情形。

6.1.4.4　边角强风

当气流要由建筑物两侧绕过去,流体会有加速的现象,同时在边角处,会产生涡漩分流的现象,造成建筑物边角两侧有较强的风速。越高越宽的建筑越容易产生这种现象,这种影响还会影响建筑背风面与建筑宽度相等的一片区域,产生一种螺旋的无确定方向的向上气流。(图6-6)

另外,在群体布局中,"狭管效应"和"风漏斗效应"也会形成过大的流速。

"狭管效应"即当气流由开阔地带流入地形构成的峡谷时,主导风向和街道平行,由于空气质量不能大量堆积,于是加速流过峡谷,风速增大。当流出峡谷时,空气流速又会减缓。这种峡谷地形对气流的影响,称为"狭管效应"。

"风漏斗效应"是在进行高层布局的时候,高度相近的建筑排列在道路两侧,如果建筑的宽度是高度的 2 ~ 3 倍,那么这种组合就会形成"风漏斗"。风漏斗可以造成风的高提速,提高风速30%,同时,会改变建筑的流向,造成风环境

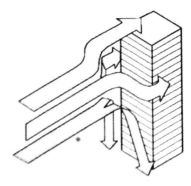

图6-6　边角强风

图片来源:改绘自《建筑与气候——夏热冬冷地区建筑风环境研究》

的紊乱,对于道路两边建筑的风环境有较大的影响,并且加剧建筑的热损失,所以在规划设计中需尽量避免这种布局。

6.2　改善室外风环境的高层形态设计策略

高层建筑对风环境的不利影响可以通过形态的优化设计加以消减和利用,这是形态的生态性设计的价值所在。以下将从削弱"边角强风"、化解"迎风面涡旋"、减小"建筑风影区"、修正表皮界面形式和风能利用五个方面,从高层建筑形态的特征要素,如平面、立面、剖面形式和特殊的形态操作措施,结合案例研究和计算机模拟分析以获得具体的优化设计策略。

6.2.1　削弱"边角强风"优化设计

6.2.1.1　平面形式

边角强风发生在建筑的边角处,会产生涡漩分流的现象,造成建筑物边角两侧有较强的风速。边角强风的强度和建筑物的平面选型有密切的关系。

高层建筑平面形体特征多样,对周围微气候环境的影响也是复杂多样的。图6-7为不同的平面形式在相同的气候条件及周围环境中所形成的室外风环境CFD计算机模拟状况简图,结合不同平面形式形成的风环境状况分析可知,在相同的气流运动情况如下。

从上面的CFD风环境模拟来看,气流运动与不同建筑形体的结合存在对外和对内两种方式,从对外界微气候环境最小影响程度来说,相同基底面积的状况下,

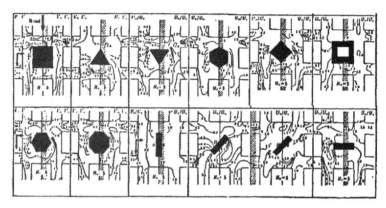

图6-7　高层建筑的平面形状和周围风速分布关系

图片来源:《建筑学报》,1995年11月,v46

平面呈圆形,建筑边界越光滑,建筑背风向形成的压力越趋于稳定,边角强风影响程度也就越小,但上风向处风压及风速相对于方形体量稍微复杂,凹口平面特征比凸口平面特征更容易形成向上或向下的强气流。

　　高层建筑应具有符合空气动力学的圆弧状轮廓,并尽可能将窄边面向冬季的主导风向或与其成一定的角度。杨经文、罗斯福、福斯特等利用生物气候原理进行设计的建筑师,他们常用的高层平面形式大都呈圆形、椭圆形等,这并不是巧合。图6-8为RWE AG Headquarters大楼,采用了圆形的平面。

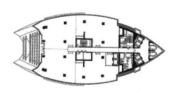

图6-8　RWE AG Headquarters

图片来源:《高技术生态技术》

图6-9　巴林世贸中心

图片来源:网络下载

图6-9为巴林世贸中心,采用了尖劈的平面,这种形体使朝向冬季主导风向的外表面避免了垂直关系,将风在建筑体型的"尖劈"作用下得到削弱。

6.2.1.2　立面和剖面形式

1.设置遮风板

为化解高层建筑角部的强气流,可以在转角部位阳台的角部设置遮风板,可以有效地减弱边角风的强度。图6-10为未设置遮风板和在在建筑的转角部位设置遮风板时的效果的气流模拟比较。图中可以看出,未设置遮风板时阳台内出现强风,而在设置遮风板后,建筑转角附近的风速大幅度下降,设置遮风板是非常有效的防强风对策[1]。

另外,需重视建筑细部的处理。如建筑物的墙面利用、阳台或线脚的凹凸变化等,也可以减弱边角强气流的干扰。

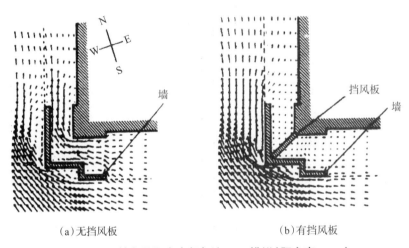

（a）无挡风板　　　　　　　　　（b）有挡风板

图6-10　转角处阳台内部气流CFD模拟（阳台高50 M）

图片来源:《CFD与建筑环境模拟》

2.扭转的形体

扭转的形体可以引导边角强气流的走向,依附于形体盘旋上升,从而化解周边的强气流对于建筑的冲击。通过剖面风速模拟(图6-11、图6-12),可以看到,经过扭转后的形体风速明显小于未扭转的形体,同时,越是表面圆滑,越是能化解边角强风。

---

[1] 村上周三. CFD与建筑环境设计［M］. 中国建筑工业出版社,2007(4).

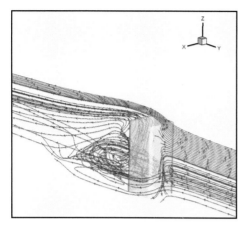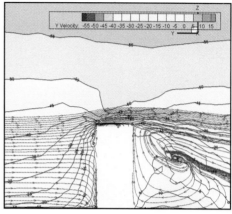

（图a）室外气流分布图　　　　　　　　　（图b）剖面流速分布图

图6-11　正方体CFD室外风环境模拟图

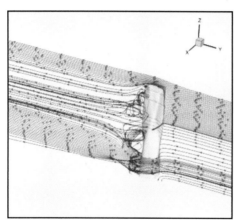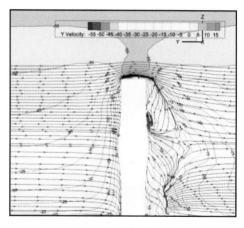

（图a）室外气流分布图　　　　　　　　　（图b）剖面流速分布图

图6-12　扭转的形体CFD室外风环境模拟图

　　比较典型的案例是上海中心的形体设计（图6-13）。上海中心位于浦东陆家嘴中心区域，与金茂大厦、环球金融中心两者的空间关系形成较大的风压。在风洞试验的技术的支持下，经过多方案的测试、比较和分析，以不同的风向角度与建筑扭转角度为变量，测得风荷载数值，并将之拟合为函数关系曲线。可以得出结论，上海中心的主体部分的扭转可以减小三者之间的风阻影响。具有柔和轮廓的120°的扭转形态不仅具有动态的美感，同时和通常的方椎体相比，还可减少24%的风荷载，不管对于上海中心本身化解边角强风还是和其他两个建筑之

图 6-13　上海中心
图片来源：网络下载

图 6-14　芝加哥螺旋塔图
图片来源：网络下载

间的风环境关系，都是比较好的形体
选择。

芝加哥螺旋塔（图 6-14）高
610 m，有 160 层，也同样采用了这种螺
旋式扭转的形体特征，螺旋式的形体
表现得更加彻底，外层幕墙从上到下
随板边线螺旋上升旋转 360°。主体结
构轴向对称，核心筒垂直上升。该大
楼也是经风环境模拟后，得出的优化
的形体。

图 6-15　瑞典马尔默扭转大厦
图片来源：网络下载

卡拉特拉瓦设计的瑞典马尔默扭
转大厦（图 6-15）也采用了扭转的形体，扭曲度达到 90°，由 9 座立方体组成，每一
座立方体都稍稍有所扭曲。

3. 切割的形体

根据风环境的研究结果显示，折线的切割的方式比直线更能有效地缓和风
速，切割的形体能使迎面吹来的强风折向不同的方向，化解气流的过于集中，切割
的形体同时也具有一定的导风作用，化解边角强风比较有利。

Al Hamra Firdous Tower（图 6-16）高度达 412 m，是目前科威特最高的建筑。
功能包含了办公空间、健身俱乐部、剧院、美食广场的高端商业中心的商业综合
体。Al Hamra 塔地处科威特半岛中心的黄金地段，超高层塔楼的形象强烈地凸出
于城市的天际线。

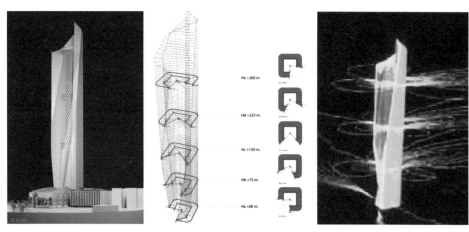

图6-16　Al Hamra Firdous Tower 及风环境模拟图

图片来源:《建筑技艺》2011/05-06

图6-17　上海国金中心

图片来源: 网络下载

在规划阶段,设计师沿边长为60 m的广场边界对建筑跨度进行了试验,结果表明:需要减少约25%的楼板以满足面积需要。由朝向水面的景观最大化的要求又可推导出:建筑减小的部分应与广场的南边有所呼应,朝向城市。同时,设计团队分别进行了太阳能和风环境分析以评测不同删减方案下的建筑性能。太阳能分析的结果表明建筑应切掉西南转角,而风环境的研究结果显示折线的切割方式能有效地缓和风速,化解强气流的干扰。因此,建筑的最终形式是在底层平面西南角切除楼板四分之一的面积,并渐变至顶层平面的东南角,这是由风环境模拟分析过程推倒而来的最优化设计。

位于上海陆家嘴地区的国金中心(图6-17)高260 m,61层,由世界著名建筑师西扎·佩里设计,也采用了类似的形体切割处理手法,整体雕塑感强。

6.2.2　化解"迎风面涡旋"优化设计

6.2.2.1　平面形式

建筑迎风面的平面形式是外凸(图6-18)或者内凹(图6-19),将会产生不同的涡旋气流走向。

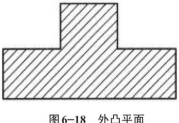

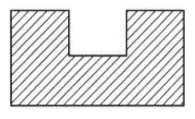

图 6-18　外凸平面　　　　　　　　　图 6-19　内凹平面

如果高层建筑迎风面的平面是外凸的形式,将把更多的高层建筑周围的气流转移开来,化解一部分迎风面涡旋的气流。高层建筑最好有带弧形的形体特征,如 KPF 设计的 DG 银行(图 6-24),适于空气流动的外形,并且最好能使其窄端的立面朝向冬季风或与风向成斜角。

如果是内凹的形体,便将产生自上而下的更强的气流,反而加剧了涡流的速度,造成建筑底部风环境恶化。凹口平面特征比凸口平面特征更容易形成向上或向下的强气流。通过 CFD 模拟,可以很容易地看出这两种平面形式室外气流的走向(图 6-20、图 6-21)。

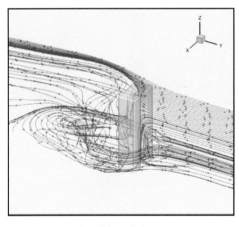

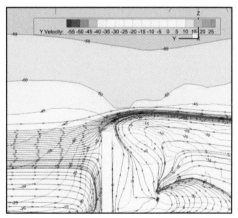

(a)室外气流分布图　　　　　　　　　(b)剖面流速分布图

图 6-20　内凹平面 CFD 室外风环境模拟图(50 m 高度)

福斯特设计的德国法兰克福商业银行大厦(图 6-22)建于 1997 年,高度 258.7 m,56 层。作为商业银行的总部大楼,大楼提供 121 000 平方英尺楼面面积,共 53 层。底部裙房是一弧形外凸的形体,可以有效的化解迎面而来的涡流。

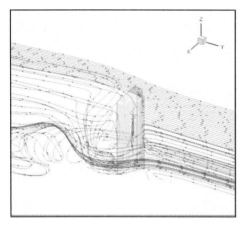 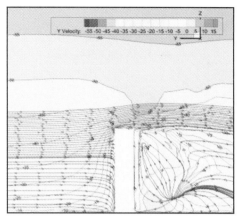

(a)室外气流分布图　　　　　　　　　　(b)剖面流速分布图

图6-21　外凸平面CFD室外风环境模拟图(50 m高度)

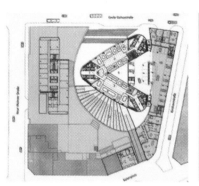  

图6-22　德国法兰克福商业银行大厦　　　　**图6-23　DG银行外观**

图片来源:网络下载　　　　　　　　　　　图片来源:网络下载

6.2.2.2　立面和剖面形式

1. 台阶形体

为了减小上部风受到高层建筑界面阻挡后下行,对地面及街道造成的影响,高层建筑的形体还可以依据高度做退台处理(图6-24)。相关城市规划法规中规定,沿街建筑高度应依据街道宽度而定,满足一定的比例关系。随着建筑不断增高,形体上应做退台处理,减小高层建筑对街道形成的压抑感。这种退台处理缓解了高层建筑迎风面涡漩气流,下风向的能量,在退台处风力不断地受阻,进而能量逐渐衰竭。高层上部退台后,街道底部峡谷风力有所减弱,并化解了街道上不

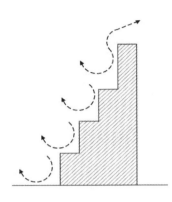

图 6-24　退台处理和风环境　图 6-25　世界超高层建筑的　图 6-26　上海金茂大厦
"退台"处理　　　　　图片来源：网络下载

图片来源：网络下载

利的风环境状况。

　　图 6-11 和图 6-27 用正方体和台阶状形体室外风环境模拟对比，模拟结果较为清晰地反映出台阶状形体迎风面涡旋气流明显减弱，建筑底部风速减小。

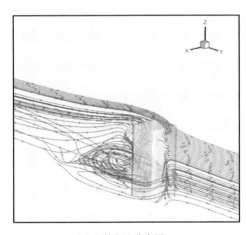

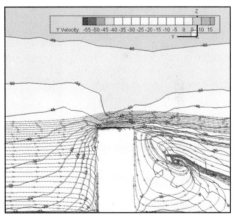

（a）室外气流分布图　　　　　　　　　（b）剖面流速分布图

图 6-11　正方体 CFD 室外风环境模拟图

　　在超高层建筑设计中，风力的影响极为重要，因此如何解决风荷载成为最大的难题。排名世界前几位的超高层建筑（图 6-25）都有采用"退台"处理的手法，整个主塔外观呈流线型，下粗上细，顶部有一个光滑的竖茎作为收头，手法较为一致。上部体型的容量的减少，可以创造城市比较开阔的天空面积、空透感强的

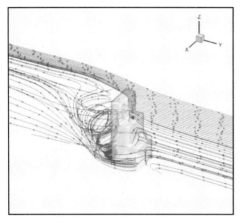 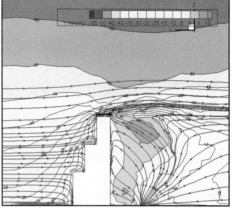

(a)室外气流分布图　　　　　　　　　　(b)剖面流速分布图

图6-27　台阶形体CFD室外风环境模拟图

 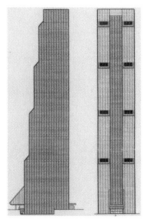

图6-28　韩国汉城综合贸易中心

图片来源：网络下载

"城市天际线"，为城市发展及生态环境创造提供有利的条件。

金茂大厦（图6-26）位于上海浦东陆家嘴金融区，由主楼和一裙房建筑组成。主楼高420.5 m，宽55.5 m，通过走廊与其连接的裙房高约40 m。金茂大厦是上海浦东标志性建筑之一。对于这样的超高层建筑来说，风环境是最大的一个问题。上海金茂大厦同样是采用"退台"设计，整体形成"尖塔"的体型，可以满足建筑越向上拔高的同时以越来越小的的外墙面积，来降低"超风速"对建筑风环境的影响，消弱室外风流对墙面的风速压。另外，这种体型可有效削弱高层建筑在抵抗水平力（位移）所产生的"鞭梢效应"，对建筑的抗震也有利。

韩国汉城综合贸易中心（图6-28）是单面台阶体形的实例。作为综合贸易中心主体建筑的贸易大厦，高达228 m，建筑面积约10.8万 m²。建筑的形态设计采用了一侧为阶梯状的设计造型，并将阶梯部分分为两条，该立面面向城市主干道，从风环境的角度，弱化了高层下冲气流对于主要街道的干扰，同时建筑的退台状设计也不会让街道显得压抑。深圳发展银行(图6-29)也用了类似的形体处理手法。

2. 半室外竖向绿化

半室外竖向绿化(图6-30)作为软质景观引入建筑，形成多方位、多层次的绿化系统。绿化的引入增加高层建筑表面对气流的阻尼，粗糙的建筑表面质感增加了建筑对气流运动的摩擦阻力，使气流朝各不同方向反射，对高层建筑上部水平向强气流具有一定的缓冲作用，化解部分迎风面涡流(图6-34)，使风速及风压在室内空间满足人的生活及工作需求。半室外竖向绿化的引入也赋予了高层建筑特定的外形特征，立面强烈的虚实对比，大平台的出现等。如今这种类型的建筑越来越多。

夏季，植物绿化的蒸发作用使进入建筑室内空间的气流在此过滤，降低夏季进入室内空间的空气温度，为蒸发散热提供水份。冬季，气流运动速度与建筑失热量成正比关系，植物绿化缓冲层降低了气流运动速度、阻挡寒冷气流对建筑室内空间热工的影响(图6-33)。绿化在建筑中的配置降低了建筑能源消耗。杨经文的很多高层运用了此类的方法(图6-31)。图6-32为MVRDV的设计竞赛"天空村"。

图6-29　深圳发展银行
图片来源：网络下载

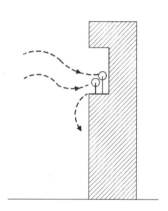

图6-30　半室外竖向绿化剖面

福斯特设计的位于德国法兰克福的商业银行大厦堪称世界第一座摩天楼(图6-35)，平面是三角形的，以其竖向绿化的引入和拔风效应为整座建筑提供自然通风。福斯特自称这一设计是"世界上第一座活着的，能自由呼吸的高层建筑"。

建筑共有53层，高达300 m，主入口配置在北侧。52层的建筑被划分为四个组，每组包括12个单元——"办公村"，每个办公村都带有一个四层高的空中花园，作为建筑之肺，如果整个中庭从上到下不加分隔，在很多情况下中庭内部将产生令人无法忍受的紊流。因此福斯特只得将每12层作为一个单元。这些竖向的庭院空间为建筑内部提供自然通气。建筑的外层"皮肤"上有开口供新鲜的空气

图6-31　杨经文作品

图片来源：网络下载

图6-32　MVRDV设计竞赛"天空村"

图片来源：网络下载

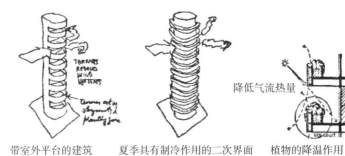

带室外平台的建筑　　夏季具有制冷作用的二次界面　　植物的降温作用

降低气流热量

图6-33　竖向绿化和气流

图片来源：*TRHamzah and Yeang：ecology of the sky*

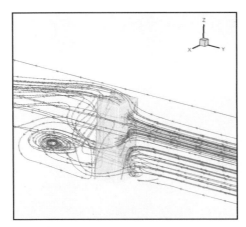 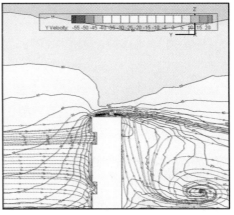

（a）室外气流分布图　　　　　　　（b）剖面流速分布图

图6-34　半室外竖向绿化CFD室外风环境模拟图

进入两层外墙之间的空腔,可
开启的窗户设置在内层的墙壁
上,这样即使是最高层办公室
的窗户打开,也不会受到强风
的吹袭而能获得自然通风。朝
向中庭一侧的窗户也是可以开
启的。在寒冷的冬天,计算机
系统将关闭内层的"皮肤"上
的窗户,通过中庭来进行自然
通风。夏季,窗户可以打开以
获得穿堂风。

竖向的空中庭院也是由外
层"皮肤"保护起来的,竖向的
空中庭院提供了大部分时间的
自然光照。设计过程中,建筑
模型经过了多次风洞试验,以
验证在当地气候条件下各季节
的风对建筑内部的影响。

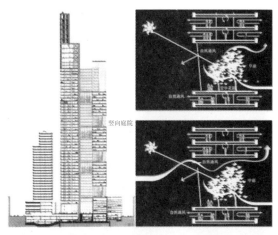

图6-35 商业银行大厦

图片来源:《高技术生态技术》

6.2.3 减小"建筑物风影区"优化设计

6.2.3.1 平面形式

1. 基本平面形式的比较

通过基本形体的CFD模拟分析,圆形、正方
形、三角形的平面比较,圆形是所有基本几何形
中风影区范围最小的。

位于德国的莱茵集团总部(图6-36)采用
圆形平面的形式,尽可能地减小风的阻力,圆筒
形的体量可以将外表面积减到最小,体型系数
也很小。

另外,建筑的形式,朝向和平面的宽度的变
化会形成不同范围的风影区。

图6-37显示了不同建筑造型和朝向产生的

图6-36 莱茵集团总部大楼

图片来源:《高技术生态技术》

模式。通过这些基本模式,就可以使设计根据气候条件以及建筑物的通风和挡风的需要,做出基本的选择。同样也可以预测室外空间在不同季节的风效应。

图6-38显示了当建筑物宽度相同时,不同高度产生的效应。当风影区的长度随着宽度而增加时,同样的模式也发生在扁而宽的建筑上,但却不是直接按照比例变化的。建筑物的宽度需要增加很多才会使涡流区的长度增加一点[1]。

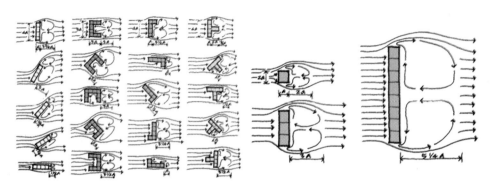

图6-37　建筑平面形式、朝向和风影区的关系　　　　图6-38　建筑平面宽度和风影区的关系

图片来源:《太阳辐射·风·自然光》　　　　　　　图片来源:《太阳辐射·风·自然光》

2. 平面形式的优化设计

表6-2　针对基本的几何形体关系,可以进行的优化策略

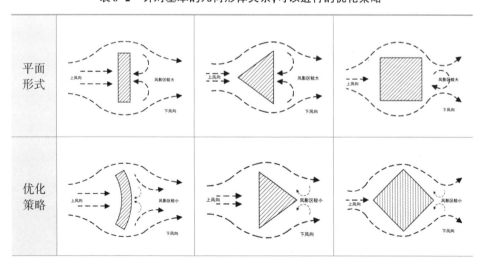

[1] G·Z·布朗,马克·德凯. 太阳辐射·风·自然光[M]. 中国建筑工业出版社,2008.

（续表）

特点 说明	曲线型展开使气流发生流线型平滑移动,规定着气流的运动方向,减小建筑负压区风速及风影区面积,引导气流朝有利方向发展	三角形平面呈反向后,风顺着建筑的表面呈内聚的趋势运动,风影区变小	正方形平面旋转一定角度后,风被尖角所减弱,沿着建筑界面转向背风处,风影区较前者小

6.2.3.2　立面和剖面形式

1.倾斜面形体

利用倾斜面造型也是高层建筑体形塑造的常用手段。斜面所带来的动感和韵律感可以使建筑外观舒展、流畅而富有个性。高层建筑高度较高,但是考虑到消防分区的面积要求,标准层平面尺寸相对较为固定,所以利用一定的斜面处理可以减小高层建筑的体量感。倾斜面体形一般采取下大上小,随着高度的增加逐渐减小平面的特点,整个形体的形体形成内收的特征,这样所形成的建筑物风影区范围也相应的减小。图6-39为CFD室外风环境模拟图,和正方体相比,倾斜面形体的风影区面积较小,迎风面的风速也较慢,同时该形体的造型感也很强。

根据斜面在建筑外观上的数量与位置的关系,可以分为单面倾斜、双面倾斜、四面倾斜、下部倾斜等几种构成方式(图6-40)。倾斜面造型奇特,容易形成一定的标志性。

高层建筑中四面倾斜的实例如旧金山泛美大厦(图6-41)、吉隆坡马来西亚

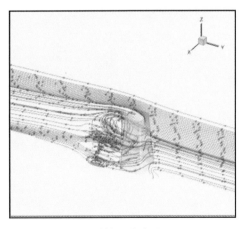
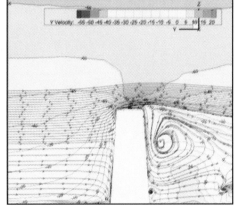

（a）室外气流分布图　　　　　　　　　　（b）剖面流速分布图

图6-39　倾斜面形体CFD室外风环境模拟图

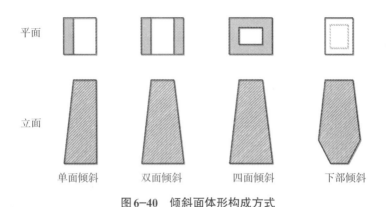

平面

立面

单面倾斜　　　双面倾斜　　　四面倾斜　　　下部倾斜

图6-40　倾斜面体形构成方式

图6-41　旧金山泛美大厦	图6-42　横滨标志性塔楼
图片来源：网络下载	图片来源：网络下载

银行大厦、横滨标志塔楼。旧金山泛美大厦是一个48层、高260 m的方尖塔。建筑平面为正方形，自下而上每一层的楼板都向中间缩进，形成直线形的倾斜外墙。其类似金字塔的锥形体形缩小了主体在地面上的投影面积，减小了建筑风影区地范围，改善了周边的风环境，有利于街道获得更多的阳光和空气，也因此成为20世纪60—70年代国际式方盒子建筑在美国盛行以来的第一栋在形式上有所创新的高层建筑。

　　横滨标志性塔（图6-42）楼高70层，它的倾斜方式又有所不同，由正方形平面再四个边的中间挖槽，切割形成平面上突出的四个角，方形的塔身分三段向中心退台,每段的标准层平面不变,底下一、二段的四个凸角向内收进,形成倾斜面。这一组合减小了建筑的风影区的范围,同时在造型上形成收束的效果,简洁中有变化。

2. 贯通的洞口

高层建筑随着高度和宽度的加大,会受到风振效应和背部涡流区等众多不良风环境的影响。为了避免高层建筑由于过于封闭的形体而造成强大气流的互相混合、交汇,给高层建筑本身带来巨大的冲击力,可以在高层建筑形体处理上预留出贯通整个建筑的洞口,又可称之为"掏空"的处理,化解从正面各个方向吹来的风力,弱化强风对高层建筑的破坏力。由于形体被洞口所打破,一定程度上减小了高层的体积,同时也缩减了高层建筑背面风影区的范围,加强了空气的流动。开敞空间的设置也增加了高层建筑公共空间的活力,改善了局部微气候环境(图6-43)。

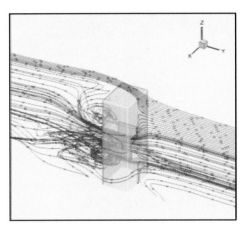
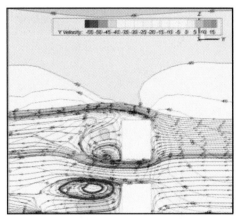

(a)室外气流分布图　　　　　　　　(b)剖面流速分布图

图6-43　贯通的洞口CFD室外风环境模拟图

这种手法常用于室外气流比较突出的环境中,如海边、开阔地及超高层建筑中(不排除有许多建筑"掏空"的处理是纯美观目的)。该方法同时要解决好洞口处本身部分的风流加强问题。

上海环球金融中心(KPF事务所设计)(图6-44)高460 m,由95层主体大厦和3层裙楼组成。造型特征为正方形平面,从对角线分为两个三角形,其余两个对角自下而上逐渐收分,至460米高处呈一对平行的直线。顶端开圆洞,减小了风荷载,缩小了风影区的范围,又可作为屋顶观光的开口部。

日本的NEC总部大楼(图6-45)是一个很好的案例。该大楼由日本现代主义建筑师丹下健三设计,建于20世纪70年代的日本电信大厦形体经过反复推敲,

图6-44　上海环球金融中心
图片来源：网络下载

图6-45　NEC外观
图片来源：网络下载

对风环境的考虑成为建筑方案最终敲定的关键因素，建筑体量关系分为上下两部分，以斜面形体过度处理上下体量之间的联接，上部体量的缩小是在综合评定几种体量关系所造成的风环境状况后做出的最后选择，中部斜面的处理成为上部气流下行的缓冲并顺势改变了气流运动方向，减弱上部气流对下部体量中屋顶带来的压力（图6-46）。方案中最为典型的是在建筑的下部体量中部挖出一个极大的透空门洞（图6-47），透空处理一方面相当于减小了建筑垂直于迎风面的跨度，减小体量过大造成的风影区范围及对下风向建筑通风带来的影响，通过建筑底层下部空间的屋顶开洞，创造了一个有顶光的多层地下大厅，使建筑物地下空间通风更加通畅。

中庭空间的设计也是该建筑的另外一个亮点。建筑中间的开口风道不仅可以降低风对于建筑底部的干扰，也为建筑下部中庭空间创造了采光的条件，中庭空间45 m高，30 m宽，整体呈正方形，12层的办公区域面向中庭，中庭本身就具有调节室内温度，气流的作用，在享受到良好办公环境的同时，也加强了办公室的通风。中庭上部的玻璃顶是可移动的，当温度适宜，气候较舒适的时候，玻璃顶可以打开，使中庭暴露于室外，有利于建筑的整体通风。当夏天的晚上，玻璃顶的开启可以给炎炎夏日带来一丝丝凉意，室内中庭就好比一个可呼吸的绿肺，为整个建筑带来良好的环境。

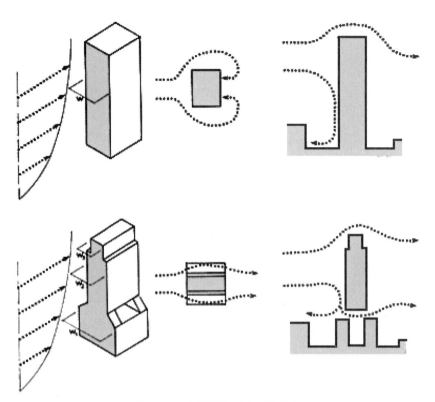

图 6-46 高层形体周边气流走向

图片来源：网络下载

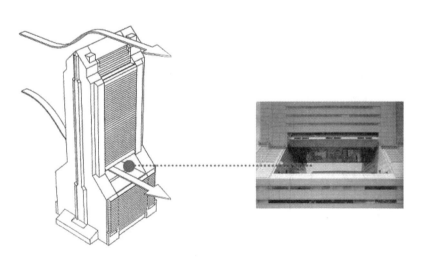

图 6-47 贯穿建筑的洞口

图片来源：网络下载

6.2.4 修整建筑表皮界面形式的优化设计

6.2.4.1 界面双层化

1. 单层化向双层化发展

图6-48 界面对气候的调节

（资料来源：Eberhard Oesterle. Double Skin Facades Integrated Planning（Architecture）. Prestel Publishing, 2001.）

建筑界面与气候环境之间的关系体现了建筑物与环境之间的共生关系。建筑物通过调节自身的各种机能及行为方式来表达对环境的反应。建筑的行为方式通过建筑界面的变化表达了对环境的适应与不适应，并根据环境变化表现出一定的应变性。界面的应变性与使用者在使用过程中的行为方式变化是同步的（图6-48）。在室外公共空间，人穿上厚重的棉衣抵御寒冷，在逐渐向半公共空间、私密空间行进中，人对衣服的需求也相应降低。空间及身体对环境的承受能力未变，随着环境的变化，衣服的作用由建筑界面所替代，衣服逐渐减少，界面也由单层向多层发展。层与层之间的中间物质，是建筑与外界环境实现物质与能量交流的媒介，内与外属于物质空间的界定。层与层之间的中间物质，是建筑与外界环境实现物质与能量交流的媒介，内与外属于物质空间的界定。有内外，则必有中"间"，中"间"为介于内外界面之间的第三种物质，"间"物质的存在使界面内不同物质的组成部分得以剥离，使原本抽象两维的面向三维体发展。

双层建筑界面会引发构造方式和结构上的变化，从而导致建筑形态上的改变。双层建筑界面之"间"的空间改变了建筑和环境的关系，对于室外风环境来说，双层建筑界面可以被赋予更多的内部结构、界面厚度等物理特性及使用方式的改变，这些可以改变之处就是优化室外风环境的设计手段[1]。

2. 双层化界面的形式表达

双层墙面的应用对于调节建筑与室外风环境的关系具有一定的优势。外层墙面的做法灵活性强，既可以通过不规则外表皮的处理，加大建筑表面的阻尼，化解迎

---

[1] 陈飞. 建筑与气候——夏热冬冷地区建筑风环境研究［M］. 中国建筑工业出版社,2009.

面而来的强风,优化室外风环境,而且建筑的外形更加
自由,不受内部空间的制约,为设计师提供了更加丰富
的造型设计余地。

　　双层的界面减小了建筑窗户的直接开启带来的
风速过大及建筑能耗增加等问题。双层墙面可控制
性自然通风方式的选择适应高层外围护界面设计,按
照使用者舒适性需求灵活开启及关闭,根据室内物理
环境状况间接调节由室外进入室内空间的气流量大
小。双层墙面的可调节性,在满足高层建筑自然通风
的同时,化解不利风的影响,通过外围护界面的可变
性满足不同时间内人在室内空间的舒适性需求。

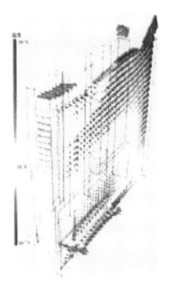

**图6-49　双层界面温度分布
及风速状况**

图片来源: Low-Tech, Light-Tech,
High-Tech P112

　　双层外围护结构的构造方式及类型多样,不同规
模及空间特征形成不同的风环境状况。图6-49为汉
诺威某高层办公楼的整体式双层外围护界面内的风
环境计算机模拟图,根据模拟图判断出整体式双层界
面内不同高度及位置的风压、风速状况。上部空间温
度较高,温度的差异使双层墙面上下空间气压变化,气流向上部移动,且相同高度
气压、温度及风速存在差异性。

　　图6-50、图6-51建筑为迪拜商业海湾而设计,高22层,双层墙面,最外层的

图6-50　迪拜0-14塔

图片来源: 网络下载

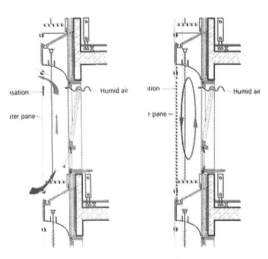

图6-51　通风示意

图片来源:《高技术生态建筑》

图 6-52 阿格坝大厦
图片来源：网络下载

图 6-53 马德里的建筑
图片来源：网络下载

墙面用 0.4 m 厚的穿孔混凝土浇筑而成。两层墙面之间一米的间距创造出一种灯罩的效果，可为整个建筑降温。不规则的外表皮处理，等同于增加了建筑表面的阻尼，可以减小周围的风速，优化了风环境。

阿格坝大厦（图 6-52）是巴塞罗那的地标建筑。这幢建筑的以双层表皮来设计，有如一种水的特性：生机而通透。

西班牙马德里这栋建筑（图 6-53），由著名建筑团队 Foreign Office Architects 所设计，运用竹材包裹走道来创造层次空间的变化，呈现出一种时尚而淳朴的质感，自然的竹子疏密之间，流露出强烈的纹理变化，阳光、空气。

6.2.4.2 建筑立面开口处理

自然界中许多物体的形体是自然力作用的结果，风、雨及阳光是构成自然力作用的原始动力，体现出对自然气候的适应性反应。建筑形体的选择规定着气流的运动方向，使其朝着对室内及室外环境有利的方向发展。高层建筑由于结构的原因不可能通过大的形体变化来优化室内外风环境状况，如果通过形体表面的局部处理如阳台（图 6-55）、遮阳板（图 6-56）、百叶等韵律性开口将会有效地阻尼高层建筑迎风面涡流的冲击，化解掉一部分不利气流，使气流在遇到不同的开口及不规则的建筑构件时，在水平方向上的作用力逐渐得以消解，涡旋气流风力有所减弱，减少对于底部风环境的影响（图 6-54）。

2004 年，福斯特设计的伦敦 180 m 高的瑞士再保险公司大楼（图 6-57）被称作当地的生态螺旋塔，建筑在形体上类似梭状，从塔体中央向上向下两个方向逐渐收分，设计进行了计算机模拟分析和风洞测试，对于矩形和圆柱形两个体量进行比较分析，研究两者和周围建筑的关系和风向在建筑物周围的流动模式，最终确定采用圆柱形体量并进而将其优化为非常优美的螺旋状曲线形态，圆柱形建筑

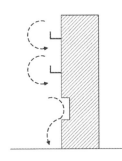

图6-54　立面开口和风环境

图6-55　出挑的阳台

图片来源：网络下载

图6-56　遮阳百叶

图片来源：网络下载

图6-57　瑞士再保险公司大楼

图片来源：《高技术生态技术》

图6-58　瑞士再保险公司大楼底部开口

图片来源：《高技术生态技术》

体量的选择以最大可能的方式节约城市土地资源及建筑的能源消耗。

建筑形体的选择是基于建筑底层地面室外风环境的考虑（图6-58），旋转向上的开口使气流沿建筑表面向上运动，避免了气流在高大建筑前受阻后在建筑周边产生下降气流和强风，应对街道及城市空间适宜性风环境做出充分考虑。

福斯特在为伦敦设计摩天楼绿鸟设计图（图6-59）中，采用了类似的立面开口处理手法，来解决大楼的风环境问题。高层的体型考虑了空气动力学的特性，采用椭圆形的平面，双曲线形立面。较高的楼层是开敞的，可以很好的适应任何方向吹来的风，减小了风振破坏。立面上分成五段，分隔段和段之间的过渡层配置有光电转换装置，在化解迎风面涡流的同时，也把风能转化为其他能源。

武汉绿地中心（图6-60）高度达到606 m，它包括一个独特的流线型的形式，结合三个主要的形态理念：一个锥形的形体，柔和圆形的边角和一个圆顶，这种形

图6-59　伦敦绿鸟
设计图

图片来源：《高技术生
态技术》

图6-60　武汉绿地中心
"额外通道"

图片来源：网络下载

态能解决高层中经常出现的风阻力和迎风面涡流等问题。建筑在空气动力学方面表现非常高效，减少了建造过程中结构材料的使用。塔楼的三个角落将从三脚架形的基底缓慢上升，不断锥形化，最后形成顶部拱形的圆顶。角落开始会是光滑弧形的玻璃，与质感更强的幕墙塔身形成对比。幕墙将包裹合成的带有钢铁框架的混凝土主核。幕墙上按规律排布的孔径将帮助排出风的压力，它还能在机械楼层内容纳擦窗系统，进风口系统和废气系统。

塔楼主体上的多个开槽提供给风穿过塔楼的额外通道，可以有效减少塔楼迎面吹来的风。艾德里安·史密斯说，这一技术是目前风压解决方案中最为优化的一种。

6.2.5　利用风能的优化设计

6.2.5.1　风能转化构件

在自然界的能源中，风能是极其丰富的。据粗略估计，可以利用的风能总功率为106 ～ 107兆瓦，这个数值比全世界可以利用的水力资源大10倍。但是，这笔巨大的自然财富还有待人类去大力开发。图6-61、图6-62均为风能转化工具。

现在很多建筑中，对风能的直接及间接利用与建筑的结合也产生了新颖的建筑形态。风能的利用产生的建筑形式起源于气候的现代演绎，结合风环境资料的分析研究形式产生的意义。

风能的利用模式有两种：一是流速带来的动能；二是气流本身所包含的热能。

在巴林的世界贸易中心（图6-63）的双子塔设计中，实现了这一转化，真正地利用形体来引导风流，最后通过安装在双塔之间的风能构件，把风能转化成其他能源来利用。

图6-61 风力发电工具

图片来源: 网络下载

图6-62 芬兰风车

图片来源: 网络下载

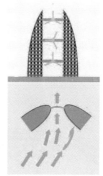

图6-63 巴林世贸中心双塔

图片来源: 网络下载

该建筑通过双塔朝向上的设计,形成双塔之间的狭窄的风道,利用"狭管效应"来增加风的速度。在双塔之间安装有三部大型风轮机,风轮机由上而下顺次排列,接受迎面而来的强风,同时把这些风能转化为能够提供该建筑使用的能源的15%的其他能源,充分地利用风能构件设计,实现风能向其他能源的转化,同时也形成了比较独特的外观效果。

把风能利用与建筑形体相结合的考虑不仅仅局限于建筑的高度及进深,更重要的是场地周围是否具有充分稳定的风速、风向及风环境利用的信息及数据。如果不顾及场地的风环境条件,而机械地在建筑中采用风能,则会导致投资不经济,达不到预期的能源利用效果。

6.2.5.2 导风构件

导风板一直是强化自然通风,有效利用风能的建筑构件。一般来说,屋顶、阳台、遮阳板等一些水平构件,可以视为"水平导风板",具有良好的导风与冷却效果。导风板可以因形式、位置的不同,给建筑带来丰富的立面表现(图6-64)。

杨经文先生的建筑设计大多是基于当地的气候条件进行,UMNO大厦(图6-65)就是一个很好的例子。UMNO大厦位于马来西亚槟榔屿州,基地呈瘦长的平行四边形,塔楼为21层。看似怪异的建筑形体实则经过了仔细的推敲与分析,目的是使墙体能够从各个角度吹来的微风进行导流,产生最大的气流降温作用。这一构思来自建筑师对当地风向资料的分析。实践证明,这种"风墙"与"空气锁"的设置效果很好[1]。

图6-66利用计算机(CFD技术)模拟了大楼周边不同的风压。吹响大楼的高压风经过鱼鳍状的墙端呈漏斗状穿越大楼。导风墙增加了该阳台处地风压,加强了通风,效果明显。

图6-64 导风墙外部形态

图片来源:《节能建筑设计与技术》

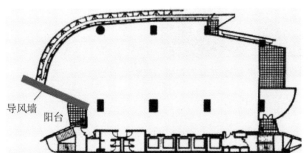

图6-65 Menara UMNO大楼平面图

图片来源:《节能建筑设计与技术》

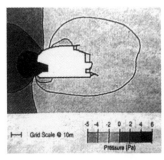

图6-66 大楼周边风流的气压等高线图

图片来源:《节能建筑设计与技术》

---

[1] 宋德萱. 节能建筑设计与技术[M]. 同济大学出版社,2003.

6.3 小　结

高层建筑形态与周边风环境的专题研究,是高层建筑形态的生态效益评价内容之一,是形态与场地生态环境关系的一个重要方面。高层建筑形态和布局对周边风环境的不利影响难以回避,并越来越多受到关注社会、业界包括设计技术层面的关注。从生态效能的视角加以评价,建立形态与生态相关联的以基本概念评价为基础,结合计算机模拟分析和数学模型预测相结合的综合评价框架,从而有针对性地支撑高层建筑形态的生态性设计,改善环境品质,将充分体现设计的价值。

本章以高层建筑形态特征和周围风环境形成机理为依据,分析归纳了高层建筑对室外风环境所带来的不利的影响,结合案例研究,运用CFD数值模拟分析和评价,提出消减高层建筑对室外风环境不利影响的一系列设计策略。问题分析清晰、理论依据明确、评价方法整体性和针对性兼具,优化比较方法和策略符合形态设计基本逻辑,并具有很强的实践应用价值。

虽然由于高层建筑形态的多样性、周边风环境的问题复杂多变,文中提出的优化设计策略无法涵盖所有风环境问题,形态优化策略限于技术手段难以精准和全面,更有创造性的优化设计值得期待,但在研究的理论框架和方法论层面是适用和有效的。

第 **7** 章

高层建筑形态生态效益的优化策略之四
——形体扭转设计专题研究

扭转是高层建筑形态设计中一种比较特殊的形态操作类型,其动势的形态特征和视觉冲击力,不仅具有良好的美学价值,而且连续扭转的形态能够引导风向沿着形体上下流变,从而减轻水平方向上的风荷载,在结构抗风设计中也具备积极的意义,因而成为高层建筑形态创作中的一种重要选型倾向。

高层建筑形体扭转后,对场地周边影响最大的是周边风环境,同时由于建筑表面各向风速,特别是分压分布的变化,为不同高层区段的自然通风利用提供了可能,因此高层建筑形体扭转具有节能降耗的生态性优化设计潜质。

本章以高层建筑扭转形态为研究对象,在确定风环境模拟的高层建筑扭转的形态类型与可变参数的基础上,建立扭转形态的计算模型和风环境模拟的分析方法与评价方法,从扭转角度、平面形状、建筑朝向和建筑高度四个形态参数方面,针对不同类型的高层建筑扭转形态对室外风环境影响分别进行CFD数值模拟计算,分析扭转后的形态在不同的高度区段对风环境影响的变化趋势,进而总结归纳不同风环境导向下的改善形体对室外风环境的不利影响、积极利用风压进行自然通风的扭转形态设计优化策略。

7.1 高层建筑形体扭转的风环境模拟计算与分析

7.1.1 确定高层建筑形体扭转的形态类型

扭转形式以扭动和旋转为其基本特征,以富有动态感的形态特点而给人以非常强烈的视觉感受。自然界中具有扭转形式的物体非常普遍,例如,生物学领域中的DNA是双螺旋形的扭转结构;植物界的藤蔓植物也是以螺旋扭转的形式攀援生长。但是,自然界中的扭转物体体现的是一种自发的、有规律的内在组织关系。

扭转是指物体的构成元素沿着某一方向或某一固定的轴以某一角度进行的旋转。建筑的扭转形式则可以理解为对基本几何形体或建筑的部分构件，如外围护结构或主要构件等，沿着某一方向或固定的轴施加垂直于法线方向的旋转力之后所形成的建筑物整体（图7-1），强调建筑的构成元素按特定的旋转轴有规律地旋转之后所表现出来的扭转、流动的整体态势。其中，旋转和扭曲是形态构成中最重要的形态操作手段，是构成扭转形式不可或缺的因素，扭转与旋转、扭曲具有密切的内在

图7-1　英国皇家芭蕾舞学院的灵感之桥外观

图片来源：New Project，2006

联系。对于高层建筑来说，由于其高度的特殊性，形态的比例更为修长，建筑的外围护结构沿旋转轴旋转之后得到的形体扭转的规律性更为突出。高层建筑的扭转形态用曲线的形式突破了传统高层建筑强调垂直和高度的直线特征。

根据风环境对高层建筑扭转形体的作用机理，建筑的扭转形态的构成规律和形态特点，对高层建筑的扭转形态进行构成逻辑层面上的分类，以获得适用于风环境数值模拟的形态分类方法。根据高层建筑扭转形态的自身构成特点及其对周围风环境的影响，本文将扭转形态分为连续型扭转和间断型扭转。

7.1.1.1　连续型扭转

连续型扭转形态是高层建筑形体Z方向的边整体向某一方向旋转一定角度，得到的空间曲线放样围合而成的形态整体。围合建筑形体的外表皮呈连续、平滑过渡的空间曲面，形态整体表现平滑、渐变的特点。这种连续的扭转形态是高层建筑整体沿旋转轴朝某一方向进行的扭曲与旋转，形态的整体性较强，构成元素融于整体之中，并不强调构成元素的独立性。连续型扭转是扭转形式的一种最基本和最常见的表现类型（图7-2）。

图7-2　连续型扭转形态

　　西班牙著名建筑师圣地亚哥·卡拉特拉瓦设计的芝加哥螺旋塔和瑞典HSB扭转大楼，都是连续型扭转形态的典型实例。芝加哥螺旋塔（图7-3）高610 m，共150层，建成后将成为全美最高建筑，芝加哥的新地标，整座大厦呈螺旋上升形状，每一层平均比下一层扭转2.44°，整个外立面共旋转360°，整个形态呈现连续的螺旋型扭转。形体的扭转设计也有风环境上的考虑，连续扭转的形态能够引导风沿着形体的外立面上下移动，从而减轻水平方向上的风荷载对大楼整体结构的影响。大楼共有七个扭转立面，风压被均匀分布在各个侧面，因此这栋螺旋形摩天大厦与同样高度的非扭转超高层相比，水平侧移减轻许多。

　　位于瑞典马尔摩的HSB扭转大楼（图7-4—图7-6），高190 m，平面形式近似为一个四边形与三角形的组合形式。设计的灵感正是源于这些对人体骨骼结构进行解析和模仿的素描和雕塑作品[1]。该建筑的共有9个区段，每个区段有5层，共54层，每一层平面都旋转一定的角度，从塔底到塔顶共旋转90°，是欧洲最高的住宅建筑，并以其新奇的造型成为马尔默市的标志性建筑。该建筑采用了悬挑的结构形式，建筑全部的荷载只由核心筒承担，平面围绕核心筒在各个方向上出挑，除了核心筒外再无竖向结构支撑。这样的结构形式在一定程度上赋予了平面形式的灵活性，有利于扭转形态的实现。扭转的建筑形态不仅是造型创意的需要，同时也为建筑自身带来生态环境方面的利处。扭转的形态使建筑表皮倾斜，增大了太阳光的入射角，有利于地处北欧的住宅房间的采光。

 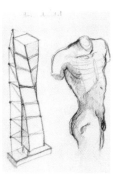 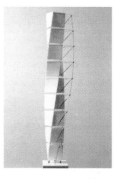 

图7-3　芝加哥螺旋塔　　**图7-4　扭转大楼意向**　　**图7-5　扭转大楼模型**　　**图7-6　扭转大楼主体**
图片来源：网络　　图片来源：《世界建筑》　　图片来源：《世界建筑》　　图片来源：网络
　　　　　　　　　　2004（10）：48-45　　2004（10）：48-45

[1] 王东海. 建筑的扭转形式研究 [D]. 哈尔滨工业大学学位论文,2007.

7.1.1.2 间断型扭转

间断型扭转形态被认为是若干相同或相似的独立单元叠合在一起,这些单元以Z方向为轴进行有规律的旋转。这种间断的扭转形态是个体沿旋转轴的旋转复制,它在整体上表现扭转的态势,而各个构成单元仍然相互独立(图7-7)。当构成间断型扭转形态的独立单元厚度无限趋近于零时,

图7-7 洛杉矶某城市雕塑

图片来源:http://www.greatbuildings.com

其形态外观就表现出一种趋于连续型扭转的状态。这时候间断型扭转形态就转化成了平滑型扭转形态,因此间断型扭转形态与连续型扭转形态在内在构成规律上具有一定的关联性。

意大利建筑师大卫·费舍尔设计的正在建设中的迪拜旋转塔(图7-8)是世界上第一幢运动式可机械旋转的高层建筑,也是间断型扭转形态的典型实例,它的出现彻底颠覆了高层建筑静态稳定的传统观念。这幢大厦集办公、住宅、酒店于一体,高420 m,共有80层,每一层都是一个独立单元,建筑的中心轴即为旋转轴,将独立的各层建筑联系成一个整体,并通过控制系统使得每一层都能独立自如地旋转360°。在旋转过程中每一层都错落开,呈螺旋上升状的扭转趋势,它们

图7-8 迪拜旋转塔的外观和运作原理

图片来源:http://house.focus.cn/news

之间体量间断相错会带来不同于连续型扭转形态的生态效益，体量之间互相遮挡会为下层形成自遮阳，同时也会因为体量错位造成风向的改变，从而利用建筑周边风环境加强室内的自然通风。这座旋转的大厦还能利用风能，是世界首个利用风能发电的超高层建筑，不仅旋转完全依靠风力完成，同时还能利用多余的风力为楼里全部用户提供足够的能源。

7.1.2 高层建筑形体扭转对风环境影响的可变形态参数

7.1.2.1 扭转角度

扭转角度是高层建筑扭转形态最为重要的形态参数，它决定了形体外观的扭转程度。由于扭转之后的形体表面不再与地面垂直而成为双曲面，作用在形体外表面的气流方向受表面形态的引导也随之改变。随着扭转角度的增大，形态的扭转程度加剧，形体外表面对风环境的影响也更为显著。对于连续型扭转形态而言，扭转角度是标准层平面从底部到顶部所扭转的角度，扭转角度不同，形体呈现的形态特点完全不同，例如，扎哈·哈迪德设计的哈迪德大厦（图7-9）仅是形体的中下部扭转45°，科威特贸易中心（图7-10）整体扭转了90°，而莫斯科进化之塔（图7-11）则整体扭转了360°。对于间断型扭转形态而言，扭转角度则是每两个扭转单元之间的角度差。

图7-9　米兰哈迪德大厦	图7-10　科威特贸易中心	图7-11　莫斯科进化之塔
图片来源：扎哈哈迪德事务所	图片来源：http://wwwbig5.hinews.cn	图片来源：http://cache.baiducontent.com

7.1.2.2　平面形状

平面形状即为标准层形状,平面形状决定高层建筑体量特征,是决定扭转建筑形态的重要形态参数。高层建筑平面形状多样,对周边微气候环境的影响也复杂多变。水平气流在经过建筑形体时在高层建筑的两侧形成边角强风,不同形状的平面对气流的阻碍作用不同,形体扭转后外表面对气流的引导作用也不同,因此对形体周围以及形体两侧的风环境的影响并不相同。

7.1.2.3　建筑朝向与风向的角度

建筑的朝向不仅影响着形体表面接受的太阳辐射,朝向与风向的角度还影响着形体周围的风环境。建筑的朝向与风向的角度的改变不仅会直接影响建筑表面的气流组织,还会影响迎风面面积、风影区长度、室内风速、室内通风量等。对于扭转之后的高层建筑形体,其表面气流运动更为复杂,建筑朝向与风向的角度决定着风在吹向建筑表面时与形体表面所成的角度,决定着气流在扭转形体表面的流动方向,因此建筑朝向与风向的角度对高层建筑室外风环境和室内自然通风的影响更为显著。而对于夏热冬冷地区的高层建筑扭转形体,夏季与冬季风环境导向不同,不同的风环境响应目标下的朝向与风向的角度趋向也不相同。

7.1.2.4　建筑高度

根据城市高度梯度风效应,一定高度限定内,随着建筑高度不断的增加,作用在建筑外表面的室外风速、风压也相应增大[1]。对于扭转建筑形体,随着建筑高度增加,扭转形体对风环境的影响也随之增大,形体表面气流运动方式更为复杂剧烈,因此建筑高度作为风环境模拟的可变形态参数之一,建立不同高度的扭转模型,并在不同截面高度处模拟计算周边风环境,力求得出有利于扭转形态风环境的建筑高度范围。

7.1.3　风环境模拟分析方法设定

7.1.3.1　建立形体扭转计算模型

在确定风环境模拟的高层建筑扭转形态的形态类型与可变参数的基础上,在

---

[1] 陈飞. 建筑风环境——夏热冬冷气候区风环境研究与建筑节能设计［M］. 北京:中国建筑工业出版社,2009.

Rhinoceros平台上,运用Grasshopper参数化建模软件,将扭转角度、平面形状以及建筑高度作为可以修改调整的形态参数,分别建立连续型和间断型两种类型的高层建筑扭转形态的分析模型,并以具有相同平面、相同高度的非扭转形体模型作为对比模型,为风环境模拟计算提供数学模型。

对于连续型扭转形态,标准层平面面积以2 000 m²为基准。其中,设定模型扭转角度的取值范围为90°～180°,设定标准层平面形状为三角形、四边形。世界高层都市建筑学会(CTBUH)将300 m以上的高层建筑定义为超高层,300 m成为高层建筑高度的重要节点,因此将计算模型的标准高度设定为300 m。由于高层建筑集中的城市区域的边界层厚度为420～600 m,在此高度以下的风环境变化与城市环境密切相关,而且,现阶段建筑设计实践中的高层建筑高度多集中在200～400 m区段,因此设定建筑高度研究的取值范围为200～400 m。扭转参数设定过程见图7-12。对于每种形态参数的研究,本章选取三至四个典型数据建立计算模型,虽不能尽可能完全列举所以形态参数,但已经能够通过计算结果分析形态参数对风环境的影响规律,进而总结出形态优化策略。

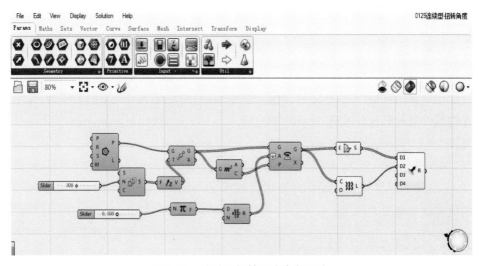

图7-12　连续型扭转形态参数设定

对于间断型扭转形态,标准层平面面积仍以2 000 m²为基准,设定标准平面形状为四边形。其中,设定模型整体扭转角度范围为90°,每个单元扭转角度设定范围为9°～15°,建筑高度取值范围为200～400 m。扭转参数设定过程见图7-13。

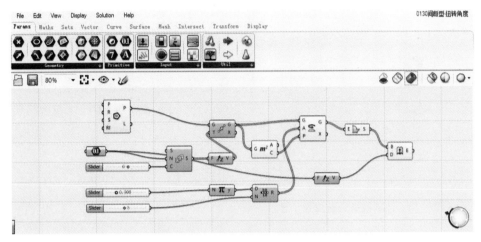

图7-13　间断型扭转形态参数设定

7.1.3.2　设定截面位置

根据高层建筑室外风环境的形成机理,风在经过高层建筑时,当直吹到高层建筑总高度的2/3 ~ 3/4处,气流遇到建筑的阻挡后顺着建筑表面分别向上、向下移动,而气流的运动情况及其对高层建筑的影响由形体自身形态特征决定。因此,高层建筑不同高度区段的风环境特点并不相同,不同的高度区段也有不同的环境相应目标,因此,分截面高度研究十分必要。高层建筑在不同的高度区段面临的风环境问题表现为以下几种。

(1)高层建筑上部气流速度过大,造成建筑表面风压过大,不利于建筑表面开口进行自然通风和热量交换,过大的风速在夏季可以带走部分热量,达到降温目的,而在冬季热量交换后对保温不利。

(2)高层建筑中部由于风速风向的变化造成气流向上、向下及建筑两侧移动,其中下行风风速过快,到达地面后对底部风环境造成不利影响,向建筑两侧移动的气流会加强建筑角部的风环境,形成边角强风,使得风压过大,不利于自然通风,同时建筑表面的过大风速造成能量交换加剧,夏季有利于通风和降温,冬季不利于保温御寒。

(3)高层建筑底部风速过大不利于地面处的人行活动的舒适度,建筑背风面风影区范围过大,风影区内风速过小不利于建筑自身自然通风。

由此可见,在高层建筑的不同高度区段,具有不同的气流运动特点,面对不同的风环境问题,需要应对不同的环境导向,因此,分区段、分截面研究高层建筑扭转形态的风环境特点、选择不同高度区段内具有代表性的截面高度进行模拟

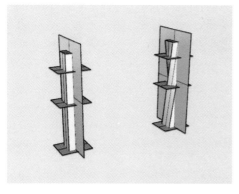

图7-14　计算模型截面位置示意

计算,是行之有效的风环境模拟研究方法。

在截面高度的选择上,选取的模型标准高度为300 m,总高度的2/3 ～ 3/4处即为200 ～ 225 m,在此区段内高层建筑受风的作用分别上下移动,因此在此区段的上下选择截面作为上部和中部的计算截面。150 m作为计算模型300 m高度的中间值,其高度位置、形态特点、周围风环境状况都具有典型代表性,因此在高层建筑的中部区段选择150 m作为风环境模拟计算的截面高度。250 m作为计算模型的5/6高度,不仅其风环境特点具有一定典型性,也是高层建筑顶部造型开始考虑的位置,因此选择250 m作为上部区段模拟计算的截面高度。对于高层建筑底部,距离地面2 m以内的区域被称为大气底层,这一高度区域与人的行为活动关系最为密切,因此选择2 m高度处作为高层建筑底部风环境模拟计算的截面高度。模型截面位置见图7-14。

7.1.3.3　确定边界气候条件

夏热冬冷的双极气候特征是我国多数地区的典型气候特点,而对建筑而言,需同时满足夏季降温隔热、冬季保温防风的需求。解决了夏热冬冷地区双极气候特点的设计问题,其他各不同地区的建筑问题也可以迎刃而解。因此,本文以我国夏热冬冷气候特点为例,将上海地区的风环境气候参数作为模拟研究的气候依据。在建筑方案设计初期阶段,当地的气象数据是建筑节能设计的一项重要指标。

上海地区属于亚热带季风气候,在热工分区中属夏热冬冷地区,上海地区呈现季风气候特点,全年主导风向随季节变化(图7-15)。上海市气象局测量所得上海地区10 m高度处全年

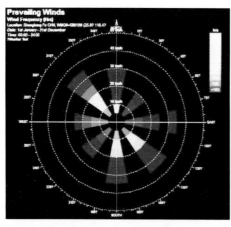

图7-15　上海市全年风向

图片来源:Weather Tool 软件

平均风速4.4 m/s,根据风速与高度关系的变化公式可以计算出不同高度处的风速情况。

7.1.3.4　软件模拟计算

CFD数值模拟法包含三个基本环节,即前处理、求解、后处理,其中求解是数值模拟过程中最为重要的环节。首先,在几何建模软件平台中创建高层建筑扭转形态的实体几何模型,同时,寻求高效率、高准确度的计算方法,即建立针对控制方程的数值离散化方法。然后,将实体模型导入Gambit软件中对模型进行流道提取,创建网格模型。接着,启动Fluent流体计算软件,导入建立好的网格模型,选择运行环境,设置初始条件和入口边界条件,即上海市气象局测量所得上海地区10 m高度处年平均风速4.4 m/s,并通过风速与高度变化公式设置风速变化规律,最后调整用于控制求解的有关参数,初始化流场,开始模拟计算,计算完成后对求解结果进行后处理,调整计算结果的显示特性,完成后保存计算结果。

7.1.3.5　确定评价内容和依据

对高层建筑形体风环境影响程度的评价需要建立相对完善和准确的评价方法。风环境评价体系是绿色建筑评价体系中重要的一部分,它为建筑设计实践的风环境要求建立标准,同时也为城市规划中对风环境的考量制定规范,并对建筑建造管理中对风环境的影响进行制约。

国外许多国家和大型城市要求建筑在建造前对其进行风环境评价,以避免建筑物对周边风环境产生极为不利的影响,造成安全隐患,并尽可能为满足周边风环境的舒适性创造有利条件。然而目前,我国并没有相关的设计规范对室外风环境的合理标准做出规定,只是指出建筑的间距应满足自然通风的需要,建筑师在设计中可以参考国际上绿色建筑评价体系中关于风环境评价标准的部分。

本文对高层建筑扭转形态对风环境的影响进行计算机数值模拟,对模拟计算结果的分析与评估同样需要建立相应的分析方法与评价依据。根据高层建筑风环境的形成机理、影响因素以及存在的风环境问题,高层建筑形体在不同的高度上具有不同的风环境特点和风环境导向,面临不同的风环境问题。评价一个高层建筑形体对风环境的影响是否有利,应该在不同的计算截面高度根据不同的风环境导向进行具体分析,因此,本文从减小高层建筑对周边和自身风环境的影响以及利用方面入手,以实现高层建筑底部、中部和上部的不同的风环境导向为目的,对扭转形态的形态参数进行分类研究,建立风环境计算机数值模拟计算的分析方法,并以此作为对计算结果进行评价的依据。

1. 减小对周边风环境的不利影响

高层建筑处于风场中,迎风面受到风的作用后气流的方向、大小等受到形体自身特点的影响,在形体的背风面风速减弱形成风影区,然后风场逐渐恢复到原来的风速状况。通过平行风场的计算结果,可以看到高层建筑扭转形体在风向上迎风面、背风面的风速变化情况,通过背风面风场恢复速度可以看出形体对周边风环境的影响程度,背风面风场恢复越快,对周边风环境的影响越小。

2. 积极利用风压通风

高层建筑利用风压进行自然通风,主要依靠前后表面的风压差,风压差越大,对自然通风越有利。通过风压的计算结果可以判断前后表面风压差的大小,并比较出扭转形态策略对自然通风的影响。

3. 减小对自身风环境的不利影响

(1)高层建筑底部

高层建筑底部风速受底部气流和下行风的共同作用,当建筑处于高层建筑群体中,周边高层建筑的风环境会对底部风环境产生较大的影响,当建筑之间距离过近时,可能会产生"峡谷风"等极为恶劣的风环境,高层建筑底部风速过大不利于地面处的人行活动的舒适度,避免高层建筑底部风速过大是高层建筑形态设计中需要重点考虑的问题。建筑背风面风影区范围过大,风影区内风速过小,也不利于建筑背风面房间的自然通风。

对于高层建筑底部,满足人们进行室外活动时安全性与舒适性的要求是高层建筑风环境设计需要重点考虑的问题。室外风环境对人的舒适度的影响主要表现在对人的行为的影响和对人的舒适性的影响两个方面,创造安全舒适的风环境需要建立起相应的风环境评价标准,以对建筑设计方案进行评价[1]。

在气象学上,通常用蒲福风级来表示风力的大小,人行高度处蒲福风级不同强度对应的风效应见表7-1。日本研究学者Murakami等曾在大型风洞里与高耸建筑底层,对2 000多行人的步行动作进行了连续的观察,得到风速与风效应对应关系[2](表7-2)。建筑底部适宜的风速范围可以此为参考。

---

[1] 杨丽. 绿色建筑设计——建筑风环境[M]. 上海:同济大学出版社,2014.

[2] Murakami S. and Deguchi K. New Criteria for wind effects on pedestrians[J]. Wind engineering & industrial aerodynamics,1981(1):289～309.

表7-1　行人高度蒲福风级不同强度对应的风效应

蒲福风级	气象风	平均风速		风效应的定性描述
		km/h	m/s	
0	无风	0—1	0—0.28	烟垂直向上
1	软风	1—4	0.28—1.12	烟能表示方向
2	微风	4—9	1.12—2.52	面部可以感受到风、树叶沙沙作响、风向标转动
3	和风	9—15	2.52—4.2	扰动头发、衣襟飘动、轻质旗帜招展、树叶移动
4	弱风	15—22	4.2—6.16	尘土扬起、纸片飞动、头发吹乱、小树枝摇动
5	清风	22—30	6.16—8.4	小树开始摇摆、身体可以感觉到风力
6	强风	30—38	8.4—10.64	大树枝摇动、举伞困难、稳步行走困难
7	弱飓风	38—48	10.64—13.44	整个树摇动、行走觉得不便
8	飓风	48—58	13.44—16.24	前行困难、在风中保持身体的平衡极度困难
9	强飓风	58—68	16.24—19.94	人被阵风吹倒

资料来源：Wind environment around buildings, Building Research Establishment Report

表7-2　风速与行人舒适度的关系

风　速	人 的 感 受
V < 5 m/s	舒适
5 m/s < V < 10 m/s	不舒适，行动受影响
10 m/s < V < 15 m/s	很不舒适，行动受严重影响
15 m/s < V < 20 m/s	不能忍受
20 m/s < V	危险

资料来源：New Criteria for wind effects on pedestrians

　　由此可见，高层建筑底部的风环境导向：① 降低高层建筑底部风速，在舒适度适宜的风速范围内；② 减小高层建筑底部风影区范围，使建筑背风面没有风速极小的区域。

　　（2）高层建筑中部

　　根据高层建筑中部的风环境问题，高层建筑中部迎风面上下行风风速过快，到达地面后与底部气流混合增加底部风速,在局部形成风速较大的区域,向建筑两侧移动的气流会增加建筑外表面周围的风速,过快的风速使得建筑表面的风压过大,不利于外表面开窗通风,同时建筑表面的过大风速造成能量交换加剧,带走室内的热量,夏季有利于降温,冬季却不利于保温。高层建筑背风面如有较大的风影区范围,风影区内风速过小,则不利于建筑背风面房间的通风,会造成污染在背风面风影区内聚集,为建筑带来卫生隐患。

由此可见,高层建筑中部风环境导向:① 减小高层建筑迎风面的下行风风速;② 减小高层建筑外表面的风速;③ 减小形体周围以及形体两侧的风速;④ 利用迎风面和背风面的风压差实现自然通风;⑤ 减小背风面风影区范围,提高背风面风影区内的风速。

(3)高层建筑上部

风速随高度升高而升高,根据风速随高度变化公式,200 m高度处风速已达14.58 m/s,而300 m高度处的风速达到17.15 m/s,高层建筑上部风速已经很大。高层建筑上部迎风面上向上的气流速度过大,流向建筑两侧的气流会使得上部外表面周围的风速过大,都会造成建筑外表面风压过大,对于建筑表面开口进行自然通风极为不利。背风面的风影区范围越大,风速越小,对背风面房间的自然通风越不利。

由此可见,高层建筑上部的风环境导向:① 减小高层建筑外表面的风速;② 减小形体周围以及形体两侧的风速;③ 防止建筑上部风压过大;④ 减小背风面风影区范围,提高背风面风影区内的风速。

7.2　高层建筑形体扭转对室外风环境影响的模拟计算与形态设计策略

7.2.1　连续型扭转形态对室外风环境影响的模拟分析

7.2.1.1　整体扭转角度

扭转角度决定高层建筑形态的扭转程度和形态特征。首先,在Rhino软件平台中,运用grasshopper软件,建立连续型扭转形态的扭转角度模拟分析的计算模型,设定模型标准层平面形状为正方形、标准层面积为2 000 m²、正方形边长44.72 m、建筑高度为300 m,整体扭转角度分别设定为从建筑底部到顶部整体扭转90°、135°和180°,并建立具有相同的标准层平面和建筑高度的非扭转形体作为对比计算模型(图7-16)。

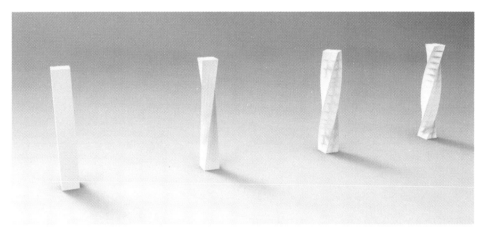

图 7-16　连续型扭转角度计算模型

　　将四个实体模型导入 CFD 分析软件 Gambit 中进行流道提取,建立分析网格和计算模型,设定入口边界条件模拟风速和风向,根据上海地区平均风速和风速随高度变化规律设定风速,风向设定为垂直于模型底部正方形平面的一边。然后运行 Fluent 求解器进行风环境模拟求解,最后对求解结果进行后处理,调整其显示特性,使各个形体的风环境情况显示结果清晰明确。对于求解结果,在流场模型中选取纵向截面,可以获得平行风场的速度云图和压力云图,由此可以看出建筑形体对周边风环境的影响和前后表面风压差的变化,选取水平截面并改变位置,根据第三章中建立的分析评价方法,将截面高度设定为 2 m、150 m 和 250 m,分别可以获得高层建筑形体底部、中部和上部的速度云图,可以看出不同的截面高度处风速的变化情况,将不同扭转角度的扭转形体的计算结果与未扭转形体的计算结果进行对比,分析其扭转后的形体周围的风影区、风速和风压如何变化,以及扭转角度的变化对于室外风环境的影响有何差别。

　　在连续型扭转形态的扭转角度模拟计算中,四个计算模型为非扭转形体、整体扭转角度为 90°、135° 和 180° 的连续型扭转形体。通过 Fluent 模拟计算结果可以得出以下结果。

　　1. 高层建筑形体对周边风环境的影响

　　根据平行风场速度云图(图 7-17),建筑形体扭转后,扭转形体改变气流方向,更多的气流沿扭转形体表面向上或向下移动,水平方向移动的气流减少,使得建筑中下部背风面风速增大,而上部背风面风速减小形成风影区。随着扭转角度

扭转角度平行风场速度云图

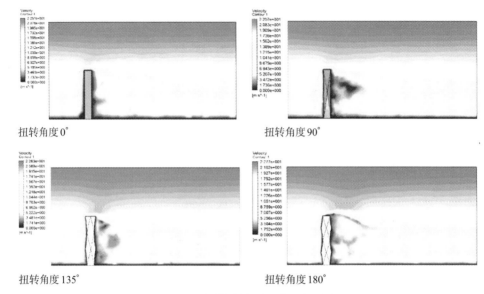

扭转角度0°   扭转角度90°

扭转角度135°   扭转角度180°

图7-17　连续型扭转角度平行风场速度云图

的增加,建筑背风面的风速增加,更多的气流沿扭转形体表面到达地面而非建筑背后,因此建筑背风面的风速更快恢复至气流未吹向建筑时,对高层建筑周边风环境的影响随着扭转角度的增加而减弱。

2.高层建筑形体对自然通风的利用

根据平行风场压力云图(图7-18),随着扭转角度的增加,建筑前后表面风压差随之增大,扭转对建筑的自然通风有利。其中,当形体的扭转角度为90°时,建筑的中部和上部前后表面风压差最大,对自然通风最有利,当扭转角度为135°和180°时,建筑的上部前后表面风压差最大,对自然通风最有利。

扭转角度平行风场压力云图

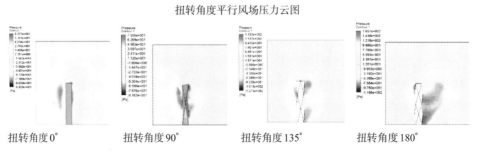

扭转角度0°　　　扭转角度90°　　　扭转角度135°　　　扭转角度180°

图7-18　连续型扭转角度平行风场压力云图

3.高层建筑形体对自身风环境的影响

根据不同截面高度的速度云图,在建筑近地面2 m高度处(图7-19),当形体未扭转时,建筑周围风场中整体风速最大,背风面风影区并不明显,形体扭转后,建筑周边风速降低,背风面出现风速较低的风影区,随着整体扭转角度的增加,形体周围风速增加,由于扭转程度的加剧,更多的气流沿着扭转形体表面到达近地面处,因此建筑两侧高风速区和背风面风速显著增加,对建筑底部的人行活动不利。对于扭转形体,当形体的扭转角度为90°时,建筑周围风速最小,建筑背风面有风速较小的风影区,由于风直吹到建筑上后气流向形体两侧移动,在建筑两侧形成边角侧风,扭转后迎风面下沉气流沿扭转形体表面向形体一侧移动,并与底部气流混合,在建筑底部两侧形成风速较大的区域,其中一侧区域内风速更大;当形体的扭转角度为180°时,建筑背风面无明显风影区,建筑周围风速提升最为明显,由于扭转角度最大,扭转造成高层建筑下行风沿扭转形体表面下降到建筑底部时移动到建筑两侧,在建筑两侧出现极为明显的高风速区,此处过高的风速对行人活动不利。

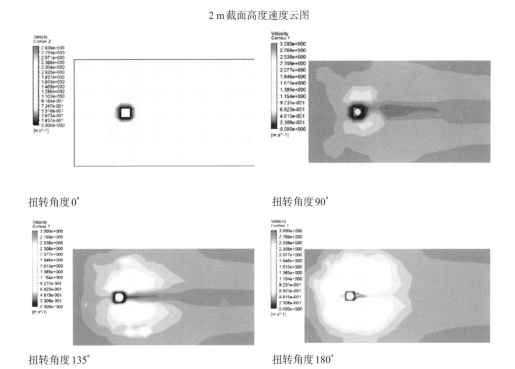

2 m截面高度速度云图

扭转角度0°　　　　　　　　　　　扭转角度90°

扭转角度135°　　　　　　　　　　扭转角度180°

图7-19　连续型扭转角度建筑底部速度云图

150 m 截面高度速度云图

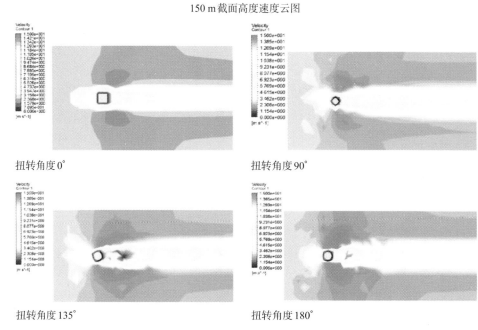

扭转角度 0°

扭转角度 90°

扭转角度 135°

扭转角度 180°

图 7-20 连续型扭转角度建筑中部速度云图

在建筑形体中部 150 m 高度处(图 7-20),当形体未扭转时,建筑外表面周围风速最小,气流遇到建筑的阻碍后向建筑两侧移动形成边角侧风,在形体两侧产生高风速区。形体扭转后,建筑外表面风速增大,扭转使迎风面沿形体表面移动的下沉气流流向建筑侧面,使得迎风面风速降低,背风面风影区范围增大,背风面风速减小。对于扭转形体,当形体的扭转角度为 90° 时,由于在建筑中部扭转形体的平面扭转角度是 45°,正方形平面角部对着来流方向,对气流有较好的引导作用,能够弱化边角侧风,使得建筑两侧风速小于未扭转形体,高风速范围和风速最小,而扭转使下沉气流沿形体表面偏向一侧,因此两侧高风速区内的风速并不相同。同时,背风面风影区范围最小,风影区内风速最大。当形体的扭转角度为 135° 时,建筑背风面风影区的范围和宽度最大,风影区内有明显的低风速区。当形体的扭转角度为 180° 时,形体扭转最为剧烈,垂直方向的气流随扭转的形体表面螺旋式移动,建筑形体两侧高风速区范围最大,建筑背风面风影区宽度较大但长度较小,风影区内风速较低。

在建筑形体上部 250 m 高度处(图 7-21),当形体未扭转时,建筑外表面周围风速最小,建筑两侧风速较大,形体扭转后,建筑外表面风速增大,由于扭转使迎风面沿形体表面的上升气流流向建筑侧面,使得迎风面风速降低,建筑两侧风速

250 m截面高度速度云图

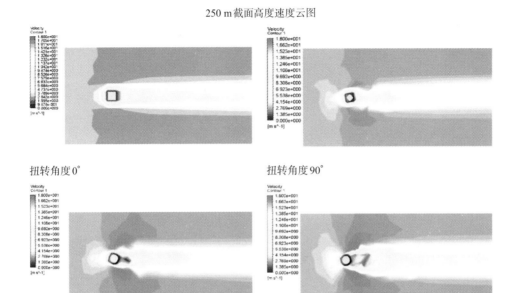

扭转角度0°

扭转角度90°

扭转角度135°

扭转角度180°

图7-21　连续型扭转角度建筑上部速度云图

增加,随着扭转角度的增加,背风面风影区范围增大,风速降低。对于扭转形体,当形体的扭转角度为90°时,建筑背风面几乎无风影区,背风面风速较未扭转形体有所增加,建筑两侧整体风速较未扭转形体有所减小,由于直吹向建筑迎风面的气流在高层建筑的上部沿着形体外表面向上移动,形体扭转后气流不在垂直方向移动,而是沿着扭转形体的外表面向建筑一侧移动,因此平面边长在风的来流向上的投影长度较小的一侧出现风速较大的区域;当形体的扭转角度为135°时,建筑两侧出现风速较大的区域,且其中一侧风速更大,背风面有明显风影区,风影区内风速较小,且有明显风速接近于零的区域;当形体的扭转角度为180°时,形体扭转程度最大,上升气流沿形体表面向建筑两侧和建筑背面移动,因此建筑两侧高风速区范围最大,风速最大,建筑背风面风影区宽度和范围最大,风影区内风速最小。

　　综上,根据不同截面高度处的的不同风环境导向,对自身风环境影响的计算结果进行归纳(表7-3),可以表示出不同扭转角度对不同高度处的风环境问题的影响利弊。从结果可以看出,扭转角度越小,对于其自身风环境越有利。

表7-3 连续型整体扭转角度自身风环境影响计算

		0°	90°	135°	180°
底部	降低底部风速	☆	★★★	★★	★
	减小风影区	★★★	★	★★	★★★
中部	减小迎风面下行风	☆	★	★★	★★★
	减小外表面风速	★★★	★★	★	★
	减小两侧风速	★★	★★★	★	☆
	减小风影区	★★★	★★	★	☆
上部	减小外表面风速	★★	★★★	★	☆
	减小两侧风速	★★	★★★	★	☆
	减小风影区	★★	★★★	★★	★

7.2.1.2 平面形状

平面形状决定高层建筑的体量特征和气流在经过建筑时水平方向的气流走势。在Rhino软件平台中运用grasshopper软件建立平面形状模拟分析的计算模型,设定模型标准层面积为2 000 m²、建筑高度为300 m、从建筑底部到顶部整体扭转90°,模型的标准层平面形状分别为正方形、三角形,并建立与扭转形态模型具有相同平面形状、标准层面积和建筑高度的非扭转形态模型作为对比计算模型(图7-22)。

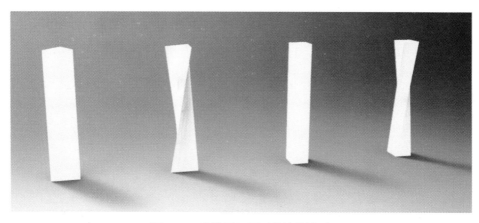

图7-22 连续型平面形状计算模型

将四个实体模型导入CFD分析软件GAMBIT中进行流道提取,建立分析网格和计算模型,设定入口边界条件模拟风速和风向,对于三角形平面,风向分别设定为模型底部三角形平面的角部和一边对着来流方向,而正方形平面的风向则设定为与模型底部正方形平面一边垂直。然后运行fluent求解器进行风环境模拟求解,最后对求解结果进行后处理。对于求解结果,选取流场中的模型的纵向截面,可以获得平行风场的速度云图和压力云图,由此可以看出建筑形体对周边风环境的影响和前后表面风压差的变化,选取水平截面,将其截面高度设定为2 m、150 m和250 m,分别可以获得高层建筑形体底部、中部和上部的速度云图,可以看到不同的截面高度处风速的变化情况,分别将不同平面形状的扭转形体的计算结果与具有相同平面形状的未扭转形体的计算结果进行对比,分析不同的平面形状的形体扭转后周围风环境的风影区、风速和风压如何变化。

在连续型扭转形态的平面形状模拟计算中,六个计算模型分别为朝向不同的三角形平面非扭转和90°扭转形体、正方形平面非扭转形态和90°扭转形体,将模拟计算的求解结果分三组进行对比分析。通过fluent模拟计算可以得出以下几个方面的结果信息。

1. 高层建筑形体对周边风环境的影响

通过对平行风场速度云图(图7-23)的比较,对于三角形平面形状,当三角形的一边对着来流方向时,迎风面宽度最大,对气流的阻碍作用最强,扭转后形体表面改变了气流方向,形体的阻碍作用减弱,建筑背风面的风速恢复至气流未吹至建筑时更快,因此90°扭转形体对周边风环境的影响较小;当三角形的一角对着来流方向时,迎风面宽度最小,对气流的阻碍作用最弱,扭转后形体对气流的阻碍作用增强,建筑背风面的风速恢复至气流未吹至建筑时的速度变慢,因此90°扭转形体对周边风环境的影响较大。对于正方形平面形状,形体扭转后建筑两侧的气流沿扭转形体表面向上或向下移动,水平方向移动的气流减少,造成中下部背风面风速增大,上部风速减小形成风影区,因此非扭转形体背风面风速恢复较快,对周边风环境影响较小。

2. 高层建筑形体对自然通风的利用

通过对平行风场压力云图(图7-24)的比较,对于三角形平面形体,对于两种建筑朝向,未扭转形体前后表面的风压差均大于扭转形体,对自然通风更为有利,而对于扭转形体,上部1/4高度区段风压差最大,对形体上部的通风最为有利。对于正方形平面形体,形体扭转后前后表面风压差增大,有利于建筑的自然通风,其中,建筑上部1/2高度区段风压差最大,对形体中部和上部的自然通风最有利。

平面形状平行风场速度云图

三角形非扭转形体（边对着来流方向）　三角形90°扭转形体

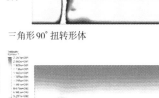

三角形非扭转形体（角对着来流方向）　三角形90°扭转形体

正方形非扭转形体　　　　　正方形90°扭转形体

图7-23 连续型平面形状平行风场速度云图

平面形状平行风场压力云图

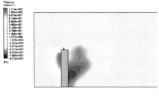

三角形非扭转形体（边对着来流方向）

三角形90°扭转形体

三角形非扭转形体（角对着来流方向）

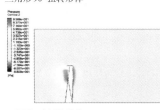

三角形90°扭转形体

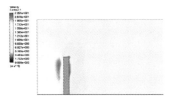

正方形非扭转形体

正方形90°扭转形体

图7-24 连续型平面形状平行风场压力云图

3.高层建筑形体对自身风环境的影响

通过对不同截面高度速度云图的比较可以看出,在建筑近地面2 m高度处(图7-25),对于三角形平面形体,当三角形的一角对着来流方向时,迎风面面积最小,形体对气流的阻碍作用最小,扭转使得迎风面气流在垂直移动过程中向两侧移动而到达地面处迎风面风速略有降低。扭转后建筑外表面风速增加,但由于形体表面扭转,迎风面向下移动的气流向两侧移动并与地面处气流混合而造成两侧

2 m截面高度速度云图

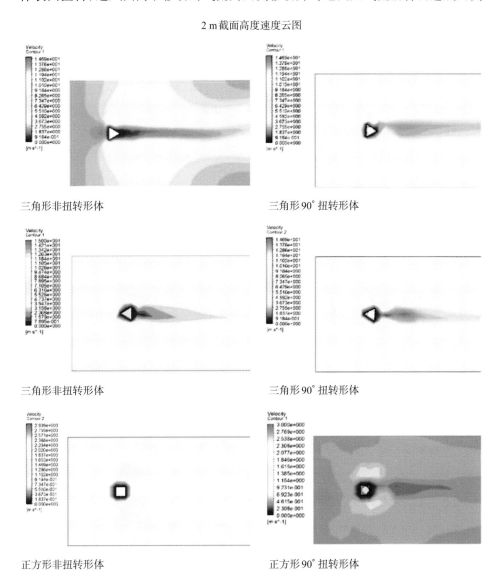

三角形非扭转形体　　　　　　三角形90°扭转形体

三角形非扭转形体　　　　　　三角形90°扭转形体

正方形非扭转形体　　　　　　正方形90°扭转形体

图7-25　连续型平面形状形体底部速度云图

风速增加,建筑两侧出现局部风速较大的区域,区域内风速大于未扭转形体;扭转后更多气流在移动过程中流向建筑背风面,提高了背风面靠近建筑处风速,风影区范围有所消减。当三角形的一边对着来流方向时,迎风面面积最大,形体对气流的阻碍作用最强,沿水平方向移动的气流在建筑两侧形成的边角侧风风速明显大于三角形的一角对着来流方向时,其中,未扭转形体两侧出现风速最大,背风面风速很低,扭转后迎风面面积减小,对气流的阻碍作用减弱,扭转后形体两侧高风速区范围减小,扭转后更多气流在移动过程中流向建筑背风面,使得背风面风速有所增加。对于正方形平面形体,形体未扭转时建筑两侧有风速较大的区域,形体扭转后建筑周围风速降低,迎风面风速降低,背风面有较长的风速较低的风影区,由于风直吹到建筑上后气流向形体两侧移动,在建筑两侧形成边角侧风,扭转后迎风面下沉气流沿扭转形体表面向形体一侧移动,并与底部气流混合,在建筑底部两侧形成风速较大的区域。

在建筑形体中部150 m高度处(图7-26),对于三角形平面形体,当三角形的一角对着来流方向时,形体对气流的阻碍作用最弱,形体未扭转时建筑两侧的风速较小;形体扭转后气流方向改变,沿扭转形体表面向形体两侧移动,使得建筑周围整体风速降低,迎风面风速降低。由于扭转后三角形的角部不再对着来流方向,边角侧风增强,因此建筑两侧高风速区范围增大,风速有所增加;由于扭转后沿表面移动的下沉气流向扭转的一侧移动更多,因此建筑两侧高风速区内风速并不相同。同时,背风面风影区范围减少,风影区内风速增加,但背风面建筑表面风速减小。当三角形的一边对着来流方向时,形体对气流的阻碍作用最强,未扭转形体两侧风速最大,背风面风影区范围很大,风速很低,扭转后形体的阻碍作用减弱,建筑两侧风速明显降低,背风面风速增加。对于正方形平面形体,当形体未扭转时,建筑外表面周围风速较小,形体扭转后外表面周围风速增加,迎风面周围风速减小,背风面风速减小,风影区长度增加,风速较小。平面角部对着气流吹来的方向,对气流有较好的引导作用,能够弱化建筑角部的边角侧风,因此扭转后该区域内风速降低。直吹向建筑迎风面的气流在建筑形体中部沿着扭转的形体外表面向建筑一侧移动,因此建筑两侧风速不同,驻点高度处平面边长在风的来流向上的投影长度较小的一侧风速较大。

在建筑形体上部250 m高度处(图7-27),对于三角形平面形体,当三角形的一角对着来流方向时,形体对气流的阻碍作用最弱,形体未扭转时建筑两侧风速小,随着高度增加此区域范围减小。形体扭转后气流方向改变,沿扭转形体表面向形体周围移动,建筑周围整体风速降低,迎风面风速降低;由于扭转后三角形的

150 m截面高度速度云图

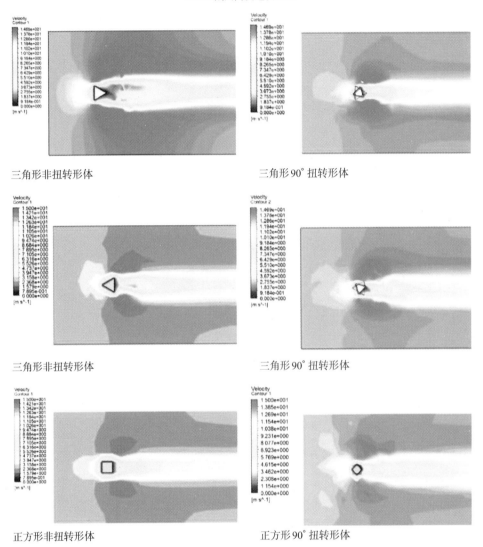

图7-26 连续型平面形状形体中部速度云图

角部不再对着来流方向,边角侧风增强,建筑两侧高风速区范围增大,由于扭转后沿表面移动的上升气流向扭转的一侧移动更多,因此建筑两侧高风速区内风速并不相同。背风面风影区内风速增加,但背风面建筑表面风速减小。当三角形的一边对着来流方向时,形体对气流的阻碍作用最强,未扭转形体两侧风速最大,背风面风影区范围很大,风速很低,扭转后形体的阻碍作用减弱,建筑两侧风速明显降

250 m截面高度速度云图

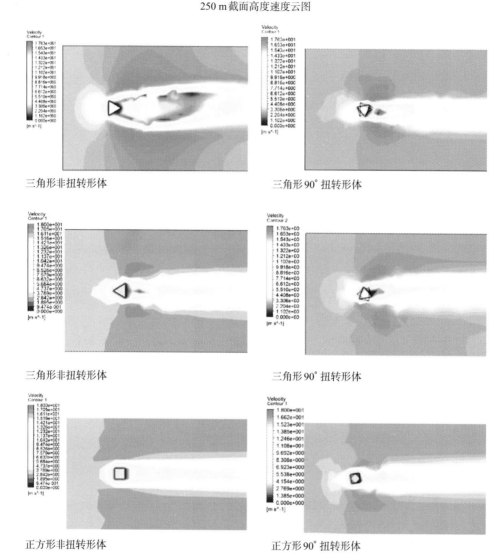

三角形非扭转形体　　　　　　　　　　　　三角形90°扭转形体

三角形非扭转形体　　　　　　　　　　　　三角形90°扭转形体

正方形非扭转形体　　　　　　　　　　　　正方形90°扭转形体

图7-27　连续型平面形状形体上部速度云图

低,背风面风速增加。对于正方形平面形体,形体扭转后外表面周围风速增加,迎风面周围风速减小,背风面风速增加,几乎没有风速较小的区域。形体未扭转时,建筑两侧并没有风速较大的区域,但由于直吹向建筑迎风面的气流在高层建筑的上部沿着建筑外表面向建筑一侧移动,因此在建筑两侧风速不同,驻点高度处平面边长在风的来流向上的投影长度较小的一侧出现风速较大的区域。

　　综上,根据不同截面高度处的不同风环境导向,对自身风环境影响的计算结果进行归纳(表7-4),可以表示出不同平面形状形体对不同高度处的风环境问题的影响利弊。从结果可以看出,正方形平面形状比三角形平面形状对自身风环境更有利。

表7-4　连续型平面形状自身风环境影响计算

		正方形 0°	正方形 90°	三角形 0°	三角形 90°
底部	降低底部风速	☆	★★★	★★	★
	减小风影区	★★★	★★	★	★★
中部	减小迎风面下行风	★	★★★	★	★★
	减小外表面风速	★★	★	★★	★
	减小两侧风速	★★	★★★	☆	★
	减小风影区	★★★	★	☆	★★
上部	减小外表面风速	★	★★★	☆	★★
	减小两侧风速	★	★★★	☆	★★
	减小风影区	★★★	★★	★	☆

7.2.1.3　建筑朝向与风向的角度

　　建筑朝向与风向的角度影响建筑表面的气流、迎风面面积、风影区范围、室内风速、室内通风量等。对于夏热冬冷地区,夏季和冬季主导风向不同,研究扭转形体与风向之间的关系有利于寻找建筑朝向的最佳方位和形态策略,能够利用不同季节的气候特点和环境导向在设计阶段考虑风环境问题以达到适应环境、生态节能的目的。建立标准层面积为 2 000 m², 标准层平面形状为正方形、正方形边长为44.72 m、建筑高度为 300 m,从建筑底部到顶部的整体扭转 90° 的高层建筑模型为朝向与风向角度模拟分析的计算模型,并建立与扭转形态模型具有相同标准层面积、平面形状和建筑高度的非扭转形态模型作为对比计算模型(图7-28)。

　　将两个实体模型导入CFD分析软件GAMBIT中进行流道提取,建立分析网格和计算模型,设定入口边界条件模拟风速和风向,由于模型平面与风向所成的角度有一定的对称性,因此将模型的一边与风向的角度分别设定为0°、22.5°、45°,然后运行FLUENT求解器进行风环境模拟求解,并对求解结果进行后处理。对于求解结果,选取流场中的模型的纵向截面,可以获得平行风场的速度云图和压力云图,由此可以看出建筑形体对周边风环境的影响和前后表面风压差的变化。选取水平截面,将其高度设定为2 m、150 m和250 m,分别可以获得高层建筑形体底部、中部和上部的速度云图,由此可以看出不同的截面高度处风速的变化情况。在不同的风向角度下,分别将扭转形体的计算结果与未扭转形体的计算结果进行对比,分析不同的风向角度下形体扭转后周围风环境的风影区、风速和风压的变化规律。

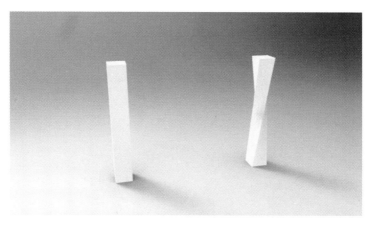

图7-28　连续型建筑与风向角度计算模型

连续型扭转形态的建筑朝向与风向角度计算选定扭转角度为90°扭转形体与非扭转形体两个计算模型,改变入口边界条件中风向的角度,进行三次模拟计算。通过fluent模拟计算可以得出以下几个方面的结果。

1. 高层建筑对周边风环境的影响

根据平行风场速度云图(图7-29),当风向与建筑底面一边平行时,形体扭转后上半部建筑两侧的气流沿扭转形体表面向上移动,水平方向移动的气流减少,造成上半部背风面风速降低,形成风影区,因此风场在未扭转形体的背风面恢复至未吹向建筑时较快,未扭转形体对高层建筑周边风环境的影响更小。当风向与建筑底面一边的夹角成22.5°时,形体扭转后在上半部背风面风速降低,形成风影区,未扭转形体的背风面风场恢复较快,对周边风环境影响更小。当风向与建筑底面一边的夹角成45°时,正方形的角部对着风场的来流方向,形体对气流的阻碍

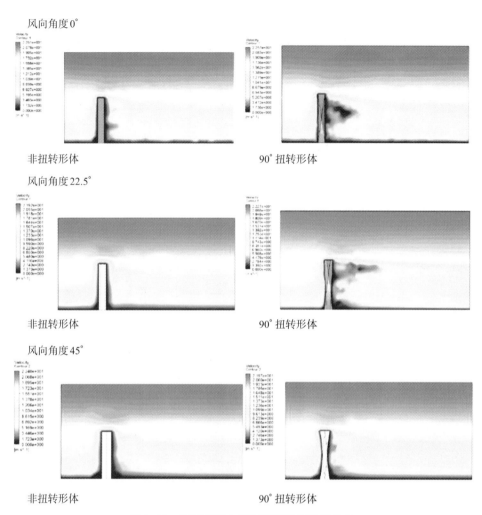

风向角度 0°

非扭转形体　　　　　　　　　　　90°扭转形体

风向角度 22.5°

非扭转形体　　　　　　　　　　　90°扭转形体

风向角度 45°

非扭转形体　　　　　　　　　　　90°扭转形体

图 7-29　连续型风向角度平行风场速度云图

作用最小,扭转使得背风面风速增加,风场在扭转形体的建筑背风面恢复较快,因此 90°扭转形体对周边风环境影响更小。

2. 高层建筑对自然通风的利用

根据平行风场压力云图(图 7-30),当风向与建筑底面一边平行时,建筑形体扭转后前后表面风压差增大,扭转有利于自然通风。其中,形体上部 1/2 部分风压差最大,对形体中部和上部通风最有利。当风向与建筑底面一边的夹角成 22.5°时,建筑形体扭转后前后表面风压差增大,扭转有利于自然通风,其中,形体中部至上部 1/3 处风压差最大,对形体上部通风最有利。当风向与建筑底面一边的夹

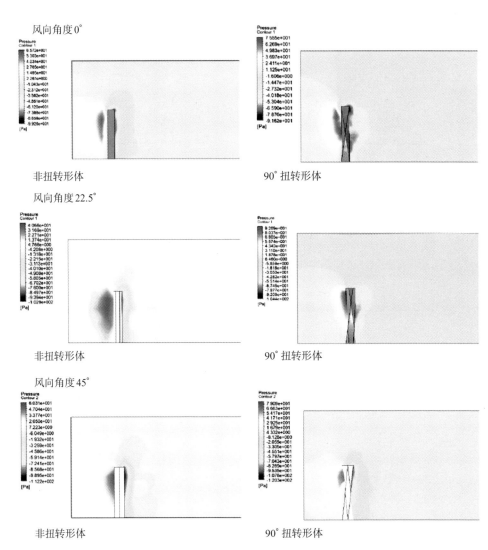

风向角度0°

非扭转形体   90°扭转形体

风向角度22.5°

非扭转形体   90°扭转形体

风向角度45°

非扭转形体   90°扭转形体

图7-30　连续型风向角度平行风场压力云图

角成45°时,建筑形体扭转后前后表面风压差减小,扭转不利于自然通风,而未扭转形体上1/4部分风压差最大,对形体上部通风最有利。

3.高层建筑对自身风环境的影响

根据不同截面高度的速度云图,在建筑近地面2 m高度处(图7-31),当风向与建筑底面一边平行时,形体扭转后建筑周围风速降低,迎风面风速降低,建筑两侧高风速区范围减小,风速增加,背风面有较长的风速较低的风影区。由于风直吹到建筑上后气流向形体两侧移动,在建筑两侧形成边角侧风,扭转后迎风面下

2 m 截面高度速度云图

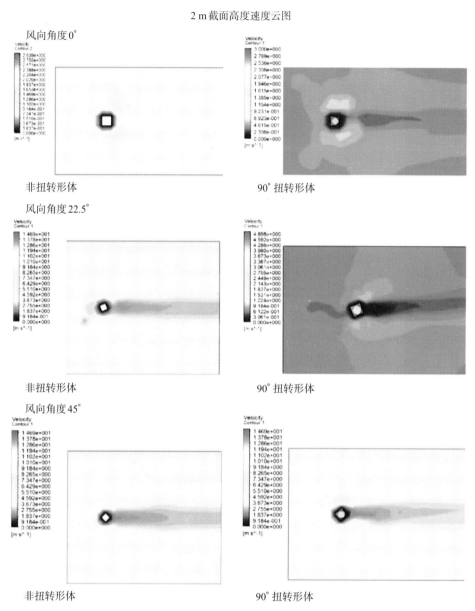

图7-31 连续型风向角度建筑底部速度云图

沉气流沿扭转形体表面向形体一侧移动,并与底部气流混合,在建筑底部两侧形成风速较大的区域。

当风向与建筑底面一边的夹角成22.5°时,形体未扭转时建筑周围风速较大,由于与风向之间的角度,建筑两侧风场并不对称。形体扭转后建筑周围整体风速明显降低,迎风面风速降低,建筑两侧风速降低,但出现风速较大的区域,背风面风速明显减小,风影区范围增加。

当风向与建筑底面一边的夹角成45°时,形体未扭转时正方形平面的对角线与风向平行,迎风面面积最小,形体对气流的阻碍作用最弱,形体两侧风速较小。形体扭转后,由于沿扭转形体表面运动的下沉气流下降到地面处与底部气流混合,使得建筑的迎风面和建筑两侧风速增加明显,而建筑底部背风面风速情况则无明显变化。

在建筑形体中部150 m高度处(图7-32),当风向与建筑底面一边平行时,形体扭转后外表面周围风速增加,迎风面风速减小,背风面风速减小,风速较小的风影区长度增加。由于风直吹到建筑上后气流向形体两侧移动,在建筑两侧形成"角流区",形体未扭转时建筑形体两侧有高风速区,由于在建筑中部扭转形体的平面扭转角度是45°,平面角部对着气流吹来的方向,对气流有较好的引导作用,能够弱化建筑的边角侧风,因此扭转后该区域内风速降低。由于直吹向建筑正面的气流在高层建筑的中部沿着形体外表面向下移动,气流沿着扭转的形体外表面向建筑一侧移动,因此建筑两侧风速不同,一侧偏大。

当风向与建筑底面一边的夹角成22.5°时,形体未扭转时,由于风向与底边夹角22.5°,建筑两侧风场并不对称,平面边长在风的来流向上的投影长度较小的一侧风速较大。形体扭转后建筑两侧风速显著增加,出现明显的高风速区,平面边长在风的来流向上的投影长度较小的一侧风速较大,因此风速较大的一侧与未扭转形体相反。同时,气流在形体两侧集中形成边角强风,使得建筑背风面气流停滞,风速降低,风影区范围增加。

当风向与建筑底面一边的夹角成45°时,形体未扭转时,建筑周围风环境状况基本对称,形体两侧风速较小。形体扭转后,由于形体中部正方形平面的一边与风向平行,角部气流增强,建筑两侧风速增加且有范围较大的高风速区,直吹向建筑正面的气流在高层建筑的中部沿着形体外表面向下移动,形体扭转后气流沿着建筑外表面向建筑一侧移动,因此形体一侧风速更大,此侧平面边长在风的来流向上的投影长度较小。

在建筑形体上部250 m高度处(图7-33),当风向与建筑底面一边平行时,形体扭转后外表面周围风速增加,迎风面周围风速减小,背风面风速增加,几乎没有风速较小的区域。形体未扭转时,建筑两侧并没有风速较大的区域,但由于直吹向建筑正面的气流在高层建筑的上部沿着形体外表面向上移动,形体扭转后气流不在垂直方向移动,而是沿着建筑外表面向建筑一侧移动,因此在建筑两侧风速

150 m截面高度速度云图

风向角度0°

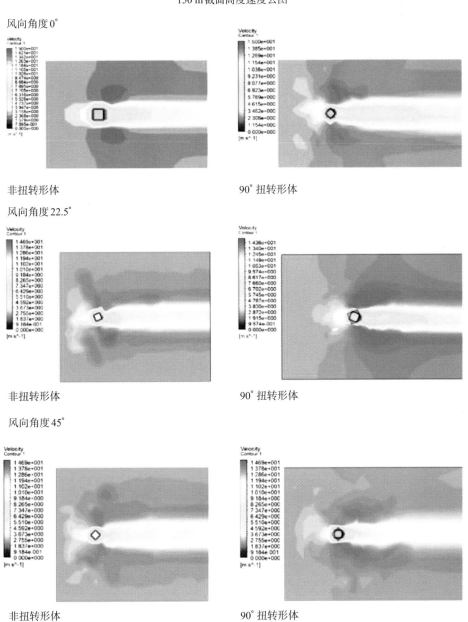

非扭转形体　　　　　　　　　　　　　90°扭转形体

风向角度22.5°

非扭转形体　　　　　　　　　　　　　90°扭转形体

风向角度45°

非扭转形体　　　　　　　　　　　　　90°扭转形体

图7-32　连续型风向角度建筑中部速度云图

250 m截面高度速度云图

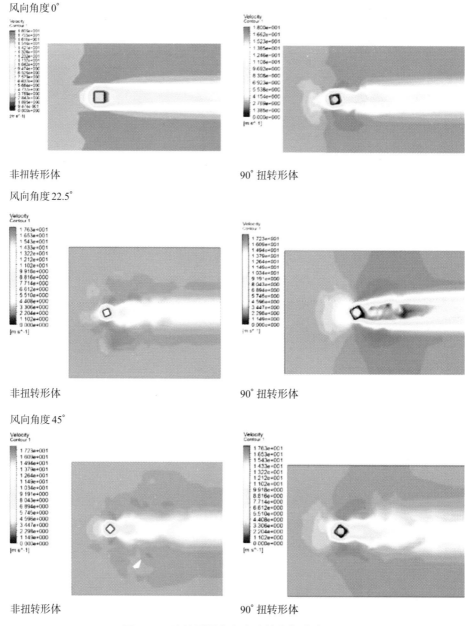

风向角度0°

非扭转形体　　　　　　　　　　90°扭转形体

风向角度22.5°

非扭转形体　　　　　　　　　　90°扭转形体

风向角度45°

非扭转形体　　　　　　　　　　90°扭转形体

图7-33　连续型风向角度建筑上部速度云图

不同,平面边长在风的来流向上的投影长度较小的一侧出现风速较大的区域。

当风向与建筑底面一边的夹角成 22.5°时,形体未扭转时,建筑两侧风场并不对称,平面边长在风的来流向上的投影长度较小的一侧风速较大。形体扭转后,迎风面的上升气流沿扭转形体表面向两侧移动,使得迎风面风速降低,建筑两侧风速增加,出现明显的高风速区,平面边长在风的来流向上的投影长度较小的一侧风速较大。与形体中部相似,气流在形体两侧集中形成边角强风,使得建筑背风面气流停滞,风速降低,风影区范围增加。

当风向与建筑底面一边的夹角成 45°时,形体未扭转时,建筑周围风环境状况基本对称,形体两侧风速较小。形体扭转后,迎风面上的上升气流沿着扭转形体表面向建筑侧面移动,因此建筑迎风面风速降低,建筑两侧风速增加,但两侧气流并不对称,平面边长在风的来流向上的投影长度较小的一侧风速较大。气流在扭转形体两侧聚集,背风面风影区范围增大,风速降低。

夏热冬冷地区夏季和冬季主导风向不同,夏季和冬季对应的风环境导向也不同,在设计中应考虑夏季降温,冬季防寒。在夏季,在建筑的中部可以通过适当增加的外表面风速带走室内多余的热量,而在冬季过大的外表面风速则对建筑的保温不利。通过形体中部的速度云图(图 7-32)可以看出,当风向角度为 45°时扭转形体外表面风速最低,冬季时建筑朝向与冬季主导风向采取此角度对保温更有利,风向角度为 22.5°时外表面风速最高,夏季时建筑朝向与夏季主导风向采取此角度对通风降温更有利。

综上,根据不同截面高度处的的不同风环境导向,对自身风环境影响的计算结果进行归纳(表 7-5),可以表示出不同建筑朝向对不同高度处的风环境问题的影响利弊。从计算结果分析中可以看出,当正方形平面与风向成 45°时,形体对自身风环境的影响最小。

表 7-5　连续型建筑朝向自身风环境影响计算

		非扭转 0°	扭转 0°	非扭转 22.5°	扭转 22.5°	非扭转 45°	扭转 45°
底部	降低底部风速	☆	★★	★★	★★★	★★	★
	减小风影区	★★★	★	★	☆	★	★
中部	减小迎风面下行风	☆	★★	★★	★★★	★	★
	减小外表面风速	☆	★	★★	☆	★★★	★
	减小两侧风速	★	★★	★★	☆	★★★	★★

（续表）

		非扭转 0°	扭转 0°	非扭转 22.5°	扭转 22.5°	非扭转 45°	扭转 45°
中部	减小风影区	★	☆	★★	★	★★	★★★
上部	减小外表面风速	☆	★★	★	☆	★★	★★★
	减小两侧风速	★	★	★★	☆	★★★	★★
	减小风影区	★	★★	★★★	☆	★★★	★★

7.2.1.4 建筑高度

建筑高度与风速变化关系最为密切，随着建筑高度增加，周围风速也随之变大，建筑高度直接影响高层建筑外表面的风速和风压。建立以标准层面积为 2 000 m²、标准层平面形状为正方形、正方形边长为44.72 m、从建筑底部到顶部的整体扭转90°的高层建筑模型为扭转角度模拟分析的计算模型，模型高度分别设定为200 m、300 m、400 m，并建立与之具有相同标准层平面和相同高度的非扭转形态模型作为对比计算模型（图7-34）。

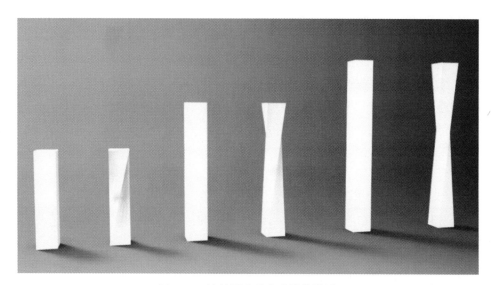

图7-34 连续型建筑高度计算模型

将六个实体模型导入CFD分析软件GAMBIT中进行流道提取，建立分析网格和计算模型，设定入口边界条件模拟风速和风向，风向设定为与模型底部正方形平面一边垂直。然后运行 Fluent 求解器进行风环境模拟求解，并对求解结果进行后处理。对于求解结果，选取流场中的模型的纵向截面，可以获得平行风场的速度云图和压力云图，由此可以看出建筑形体对周边风环境的影响和前后表面风压差的变化。选取水平截面，改变每个模型的截面位置，将其设定为距模型底部 2 m、模型总高度的 1/2 处和模型总高度的 4/5 处，分别可以获得高层建筑形体底部、中部和上部的速度云图，可以看到不同的截面高度处风速的变化情况，分别将不同建筑高度的扭转形体的计算结果与未扭转形体的计算结果进行对比，分析不同建筑高度的扭转形体的风影区、风速和风压的变化规律。

连续型扭转形态的建筑高度模拟计算选取的计算模型分别是建筑高度为 200 m、300 m 和 400 m 的高层建筑扭转形体和未扭转形体，并将计算结果分为三组进行对比分析。通过 Fluent 模拟计算可以得出以下几个方面的结果。

1. 高层建筑形体对周边风环境的影响

从平行风场的速度云图（图 7-35）可以看出，随着高度的增加，形体对周边风环境的影响程度增加。当建筑高度为 200 m 时，未扭转形体背风面风影区较长，整个背风面风速较小，形体扭转后上半部背风面风影区内风速较低，风场在扭转形体的背风面恢复至未吹向建筑时较快，扭转形体对高层建筑周边风环境的影响更小。当建筑高度为 300 m 时，形体扭转后上半部背风面风速降低，形成风影区，因此风场在未扭转形体的背风面恢复至未吹向建筑时较快，未扭转形体对高层建筑周边风环境的影响更小。当建筑高度为 400 m 时，形体扭转后上半部背风面风速降低，形成风影区，因此风场在未扭转形体的背风面恢复至未吹向建筑时较快，未扭转形体对高层建筑周边风环境的影响更小。

2. 高层建筑形体对自然通风的利用

从平行风场的压力云图（图 7-36）可以看出，随着高度的增加，当建筑高度为 200 m 时，建筑形体扭转后前后表面风压差增大，扭转有利于自然通风，其中，形体上部 1/3 部分风压差最大，对形体上部通风最有利。当建筑高度为 300 m 时，建筑形体扭转后前后表面风压差增大，扭转有利于自然通风，其中，形体上部 1/2 部分风压差最大，对形体中部和上部通风最有利。当建筑高度为 400 m 时，建筑形体扭转后前后表面风压差增大，扭转有利于自然通风，其中，形体上部 1/4 部分风压差最大，对形体上部通风最有利。

3. 高层建筑形体对自身风环境的影响

从不同截面高度速度云图可以看出，在建筑底部近地面 2 m 高度处（图

建筑高度 200 m

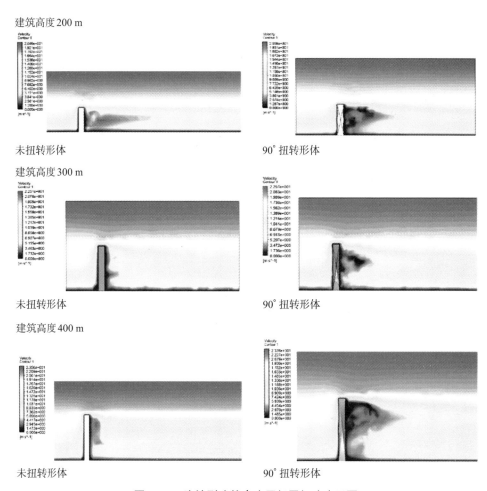

未扭转形体   90°扭转形体

建筑高度 300 m

未扭转形体   90°扭转形体

建筑高度 400 m

未扭转形体   90°扭转形体

图7-35　连续型建筑高度平行风场速度云图

7-37），当建筑高度为200 m时，形体扭转后上部气流向下移动后与底部气流混合使近地面处气流加强，形体扭转后近地面处建筑周围风速增加，迎风面、建筑两侧和背风面风速均有所增加，背风面风影区范围减小。

当建筑高度为300 m时，形体扭转后建筑周围风速降低，建筑两侧风速增加，迎风面下沉气流沿扭转形体表面向形体一侧移动，并与底部气流混合，在建筑底部两侧形成风速较大的区域，背风面有较长的风速较低的风影区。

当建筑高度为400 m时，形体扭转后上部气流向下移动后与底部气流混合使近地面处气流加强，建筑周围风速增加，迎风面、建筑两侧和背风面风速均有所增加，背风面风影区范围减小。

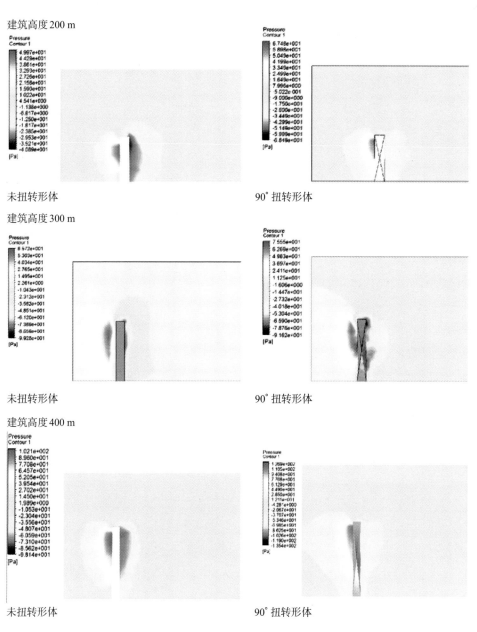

图 7-36　连续型建筑高度平行风场压力云图

200 m 高度建筑 −2 m 截面高度

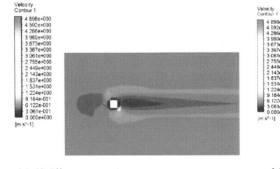
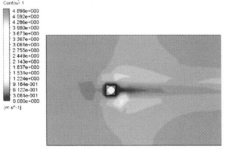

未扭转形体   90°扭转形体

300 m 高度建筑 −2 m 截面高度

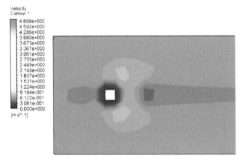

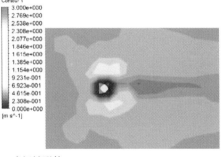

未扭转形体   90°扭转形体

400 m 高度建筑 −2 m 截面高度

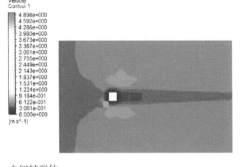
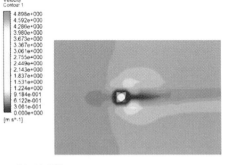

未扭转形体   90°扭转形体

图7-37　连续型建筑高度建筑底部速度云图

在建筑形体中部(图7-38),当建筑高度为200 m时,在建筑形体中部100 m高度处,形体扭转后建筑两侧高风速区风速增加,背风面风速降低。由于直吹向建筑正面的气流在高层建筑的中部沿着扭转的形体外表面向建筑一侧移动,因此建筑两侧风速不同,一侧偏大。

当建筑高度为300 m时,在建筑形体中部150 m高度处,形体扭转后外表面周围风速增加,迎风面周围风速减小,背风面风速减小,风速较小的风影区长度增加。形体未扭转时建筑形体两侧有高风速区,形体扭转后建筑中部平面角部对着气流吹来的方向,对气流有较好的引导作用,能够弱化建筑的边角侧风,因此扭转后该区域内风速降低。由于直吹向建筑正面的气流在高层建筑的中部沿着扭转的形体外表面向建筑一侧移动,因此建筑两侧风速不同,一侧偏大。

当建筑高度为400 m时,在建筑形体中部200 m高度处,形体扭转后迎风面风速增加,建筑两侧高风速区风速增加,背风面风速降低。由于直吹向建筑正面的气流在高层建筑的中部沿着扭转的形体外表面向建筑一侧移动,因此建筑两侧风速不同,一侧偏大。

在建筑形体上部(图7-39),当建筑高度为200 m时,在建筑形体上部160 m高度处,形体扭转后外表面风速降低,建筑两侧高风速区风速增加,背风面风速降低。直吹向建筑正面的气流在高层建筑的上部沿着扭转形体外表面向建筑一侧向上移动,因此在建筑两侧风速不同。当建筑高度为300 m时,在建筑形体上部250 m高度处,形体扭转后外表面风速增加,迎风面周围风速减小,背风面风速增加,几乎没有风速较小的区域。形体未扭转时,建筑两侧并没有风速较大的区域,但由于直吹向建筑正面的气流在高层建筑的上部沿着扭转形体外表面向建筑一侧向上移动,因此在建筑两侧风速不同。当建筑高度为400 m时,在建筑形体上部320 m高度处,形体扭转后外表面风速降低,建筑两侧高风速区风速增加,背风面风速降低。直吹向建筑正面的气流在高层建筑的上部沿着扭转形体外表面向建筑一侧向上移动,因此在建筑两侧风速不同。

综上,根据不同截面高度处的不同风环境导向,对自身风环境影响的计算结果进行归纳(表7-6),可以表示出不同建筑高度对不同高度处的风环境问题的影响利弊。从计算结果的分析中可以看出,在对自身风环境影响方面,不同高度的非扭转形体有利于扭转形体,对于建筑底部300 m形体相对更有利,对于建筑中部200 m形体和400 m形体更有利,对于建筑上部,200 m形体更有利。

200 m高度建筑 −100 m截面

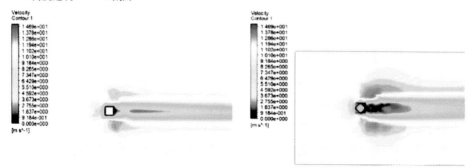

未扭转形体　　　　　　　　　　90°扭转形体

300 m高度建筑 −150 m截面

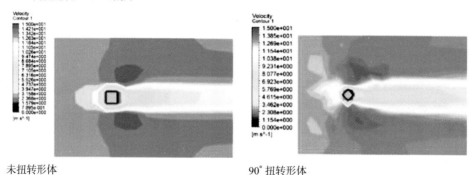

未扭转形体　　　　　　　　　　90°扭转形体

400 m高度建筑 −200 m截面

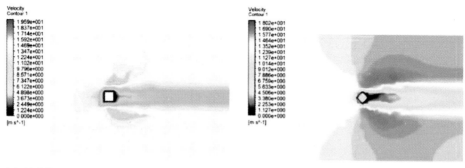

未扭转形体　　　　　　　　　　90°扭转形体

图7-38　连续型建筑高度建筑中部速度云图

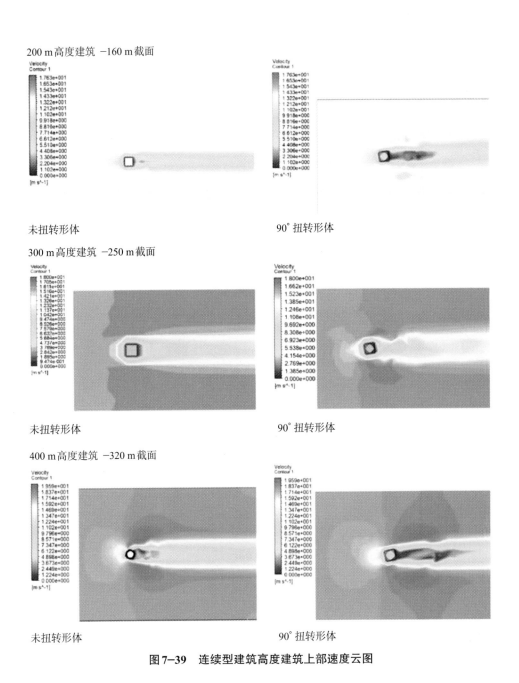

图7-39 连续型建筑高度建筑上部速度云图

表7-6 连续型建筑高度自身风环境影响计算

		非扭转 200 m	扭转 200 m	非扭转 300 m	扭转 300 m	非扭转 400 m	扭转 400 m
底部	降低底部风速	★★★	★★	★★	★	★★★	★
	减小风影区	☆	★	★★	★★	☆	★
中部	减小迎风面下行风	★★★	★★	☆	★	★★★	★★
	减小外表面风速	★★★	★★	★	☆	★★★	★★
	减小两侧风速	★★★	★★	☆	★	★★★	★
	减小风影区	★★	☆	★★★	★	★★	★
上部	减小外表面风速	★★★	★★	☆	★	★	★
	减小两侧风速	★★★	★★	★	★	★	☆
	减小风影区	★★	★	★★★	★★	★	☆

7.2.2 连续型扭转形态改善室外风环境的形态优化设计

7.2.2.1 减小对周边风环境的不利影响

根据高层建筑风环境模拟计算的分析评价方法,通过高层建筑背风面风场恢复速度可以看出形体对周边风环境的影响程度,背风面风场恢复越快,对周边风环境的影响越小。

对于连续型扭转形体的不同形态参数:① 不同的整体扭转角度,扭转角度越大,对周边风环境影响越小;② 不同的平面形状,三角形平面90°扭转形体对周边风环境影响小,正方形平面未扭转形体对周边风环境影响小;③ 建筑朝向与风向的不同角度,风向为45°时90°扭转形体影响最小;④ 不同的建筑高度,建筑高度越小,形体对周边风环境的影响越小,而建筑高度高于300 m时未扭转形体影响小,低于300 m时扭转形体影响小。

7.2.2.2 积极利用风压通风

根据高层建筑风环境模拟计算的分析评价方法,高层建筑利用前后表面的风压差进行自然通风,风压差越大,对自然通风越有利。

连续型扭转形体的不同形态参数:① 不同的整体扭转角度,扭转角度越大越有利,90°扭转形体对中部和上部通风有利,135°和180°扭转形体对上部通风有利;② 高层建筑扭转形体不同的平面形状,三角形平面形体不扭转更有利,正方形平面形体扭转更有利;③ 建筑朝向与风向的不同角度,当风向角度为0°和22.5°时扭转形体更有利,其中风向角度为0°时对形体中部和上部通风更有利,风向角度为22.5°时对形体上部通风更有利;④ 不同的建筑高度,扭转形体对通风更有利,建筑高度越高对通风越有利。

7.2.2.3　减小对自身风环境的不利影响

1.　针对高层建筑底部风环境的形态优化策略

根据高层建筑风环境模拟计算的分析评价方法,高层建筑底部的风环境导向形态优化策略如下。

(1)降低高层建筑底部风速

a. 不同的整体扭转角度,扭转形体比未扭转形体更有利,90°扭转形体最有利,180°扭转形体最不利。

b. 不同的平面形状,三角形平面一边对着风向时扭转形体最不利,正方形平面扭转形体比未扭转形体有利,对于扭转形体,正方形平面比三角形平面更有利。

c. 建筑朝向与风向的不同角度,风向0°和22.5°时扭转形体比未扭转形体有利,风向45°时扭转形体与未扭转形体相差不大,对于扭转形体,风向角度为22.5°时底部风速最小,风向角度为45°时底部风速最大。

d. 不同的建筑高度,未扭转形体更有利,在扭转形体中建筑高度越低风速越小。

(2)减小高层建筑风影区

a. 不同的整体扭转角度,整体扭转角度越大,风影区范围越小,180°风影区最小。

b. 不同的平面形状,三角形平面的一边对着风向时扭转形体风影区最小。

c. 建筑朝向与风向的不同角度,风向角度为0°和22.5°时扭转形体更不利,风向0°时扭转形体风影区最大,风向45°时扭转形体风影区最小。

d. 不同的建筑高度,建筑高度为200 m和400 m时扭转形体更有利,建筑高度为300 m时扭转与否形体差别不大,扭转形体中300 m高度形体风影区最小。

2.　针对高层建筑中部风环境的形态优化策略

根据高层建筑风环境模拟计算的分析评价方法,高层建筑中部风环境导向形态优化策略如下。

（1）减小高层建筑迎风面下行风

a. 不同的整体扭转角度，形体扭转后迎风面风速降低，扭转角度越大，迎风面风速越低。

b. 不同的平面形状，三角形平面一角对着风向时扭转形体比未扭转形体有利，正方形平面扭转形体比未扭转形体有利。

c. 建筑朝向与风向的不同角度，风向为22.5°时扭转形体迎风面风速最低。

（2）不同的建筑高度，建筑高度为200 m和400 m时未扭转形体更有利，300 m时扭转形体更有利

（3）减小高层建筑外表面的风速

a. 不同的整体扭转角度，未扭转形体比扭转形体更有利，扭转形体中90°扭转形体最有利。

b. 不同的平面形状，未扭转形体都均比扭转形体更有利。

c. 建筑朝向与风向的不同角度，风向为45°时扭转形体外表面风速最低，风向为22.5°时外表面风速最高。

d. 不同的建筑高度，未扭转形体都均比扭转形体更有利。

（4）减小形体周围以及形体两侧的风速

a. 不同的整体扭转角度，90°扭转形体最有利。

b. 不同的平面形状，扭转形体均比未扭转形体更有利，其中当三角形一边对着风向时形体最不利。

c. 建筑朝向与风向的不同角度，对于扭转形体，风向为0°时最有利，风向为22.5°时最不利。

d. 不同的建筑高度，300 m高度扭转形体更有利，200 m和400 m高度扭转形体不利。

（5）减小背风面风影区

a. 不同的整体扭转角度，未扭转形体风影区最小，扭转形体中90°扭转形体风影区最小。

b. 不同的平面形状，三角形平面扭转形体更有利，正方形平面未扭转形体更有利。

c. 建筑朝向与风向的不同角度，对于扭转形体，风向为45°时扭转形体最有利，风向为0°时扭转形体最不利。

d. 不同的建筑高度，未扭转形体均比扭转形体有利。

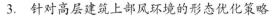

3.　针对高层建筑上部风环境的形态优化策略

根据高层建筑风环境模拟计算的分析评价方法,高层建筑上部的风环境导向的形态优化策略如下。

(1)减小高层建筑外表面风速

a. 不同的整体扭转角度,未扭转形体最有利,在扭转形体中90°扭转形体最有利。

b. 不同的平面形状,形体扭转后外表面风速增加,未扭转形体更有利。

c. 建筑朝向与风向的不同角度,对于扭转形体,风向为45°时扭转形体最有利。

d. 不同的建筑高度,200 m高度和400 m高度扭转形体更有利,300 m高度未扭转形体更有利。

(2)减小形体周围以及形体两侧的风速

a. 不同的整体扭转角度,扭转角度越小越有利。

b. 不同的平面形状,扭转形体均比未扭转形体更有利,扭转形体中正方形平面比三角形平面更有利。

c. 建筑朝向与风向的不同角度,对于扭转形体,风向0°时最有利,风向22.5°时最不利。

d. 不同的建筑高度,200 m高度和400 m高度未扭转形体更有利,300 m高度扭转形体更有利。

(3)减小背风面风影区

a. 不同的整体扭转角度,90°扭转形体最有利。

b. 不同的平面形状,三角形平面扭转形体更有利,正方形平面未扭转形体。

c. 建筑朝向与风向的不同角度,对于扭转形体,风向为45°时最有利,风向为22.5°时最不利。

d. 不同的建筑高度,未扭转形体均比扭转形体有利。

7.2.3　间断型扭转形态对室外风环境影响的模拟分析

7.2.3.1　单元之间扭转角度

与连续型扭转形态相比,间断型扭转形态的风环境情况的变化产生于扭转单元之间的突变衔接处。间断型扭转形体表面气流同样可分为垂直气流和水平气流,垂直气流在向上或向下移动的过程中受到形体突变处的阻碍,不考虑垂直气流的作用,每段扭转单元都可以看做某一高度处的非扭转形体。单元之间的扭转角度决定了形体突变产生的位置和程度,是影响间断型扭转室外风环境的重要因素。扭转形体的突变会使得扭转形态局部的风环境状况加剧,因而将其与连续型扭转形态做对比,可以对比分析不同的扭转类型对室外风环境的影响情况。

首先,建立扭转角度模拟分析的高层建筑扭转形态计算模型,设定模型的标准层面积为2 000 m²、标准层平面形状为正方形、正方形平面边长为44.72 m、建筑总高度为300 m,最下段单元到最顶段单元的整体扭转角度相同,均为90°,而扭转单元的数量和单元之间的扭转角度不同,当扭转单元数量为10个时,每个单元高30 m,单元之间的扭转角度为9°,扭转单元有8个时,每个单元高37.5 m,单元之间的扭转角度为11.3°,扭转单元有6个时,每个单元高50 m,单元之间的扭转角度为15°。同时,建立具有相同标准层面积、平面形状、建筑高度和整体扭转角度的连续型扭转形态模型作为对比计算模型(图7-40)。

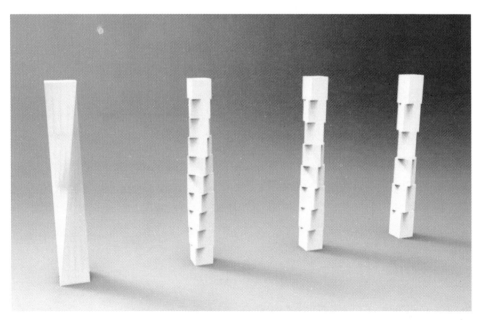

图7-40　间断型单元扭转角度计算模型

将四个实体模型导入CFD分析软件Gambit中进行流道提取,建立分析网格和计算模型,设定入口边界条件模拟风速和风向,根据上海地区平均风速和风速随高度变化规律设定风速,风向设定为与模型底部正方形平面的一边垂直。然后运行Fluent求解器进行风环境模拟求解,并对求解结果进行后处理。对于求解结

果,选取流场中的模型的纵向截面,可以获得平行风场的速度云图和压力云图,由
此可以看出建筑形体对周边风环境的影响和前后表面风压差的变化。选取水平
截面,改变每个扭转模型的截面高度,分别选取2 m、1/2处和约4/5处,分别可以获
得高层建筑形体底部、中部和上部的速度云图,可以看到不同的截面高度处风速
的变化情况。此外,分别选取间断型扭转形体中部和形体上部的两个扭转单元之
间的形体突变处增加纵向截面,获得此处的速度云图,可以看到形体突变对周围
风环境的影响。将不同单元扭转角度的间断型扭转形体的计算结果与连续型扭
转形体的计算结果进行对比,分析两种扭转形态类型的风影区、风速和风压的差
异,以及单元扭转角度的变化对于室外风环境状况的影响规律。

在间断型扭转形态的扭转角度模拟计算中,四个计算模型从左至右分别为连
续型扭转、扭转单元的扭转角度为9°、11.3°和15°的间断型扭转。根据Fluent模拟
计算结果,得出高层建筑对周边风环境、自然通风、自身风环境的影响。

1. 高层建筑对周边风环境的影响

根据平行风场的风速云图(图7-41),间断型单元扭转角度为9°时,其背风面
风场恢复比连续型扭转更快,对周边风环境的影响小于连续型扭转形体。随着单
元之间扭转角度的增加,背风面风场恢复减慢,因此对周边风环境的影响随之增
强,且大于连续型扭转形体。

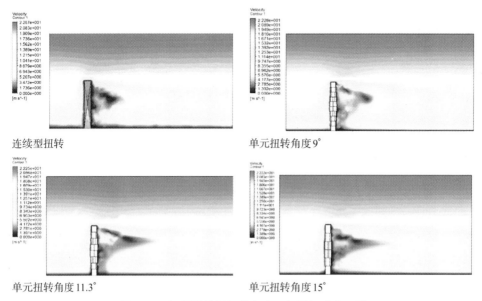

连续型扭转　　　　　　　　　　　　　　　单元扭转角度9°

单元扭转角度11.3°　　　　　　　　　　　单元扭转角度15°

图7-41　间断型单元扭转角度平行风场速度云图

2. 高层建筑对自然通风的利用

根据平行风场的压力云图（图7-42），连续型扭转形体前后表面风压差小于间断型扭转形体，随着单元扭转角度的增加，前后表面风压差逐渐增大，当单元扭转角度为15°时，前后表面风压差最大，对自然通风最有利。连续型扭转形体上部1/2区段风压差较大，对于建筑中部和上部通风更有利，而间断型扭转形体上部1/3区段风压差较大，对于建筑上部通风更有利。

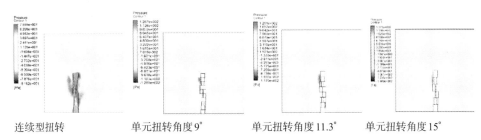

连续型扭转　　　　单元扭转角度9°　　　　单元扭转角度11.3°　　　　单元扭转角度15°

图7-42　间断型单元扭转角度平行风场压力云图

3. 高层建筑对自身风环境的影响

根据不同截面高度的速度云图，在建筑近地面2 m高度处（图7-43），与连续

2 m截面高度速度云图

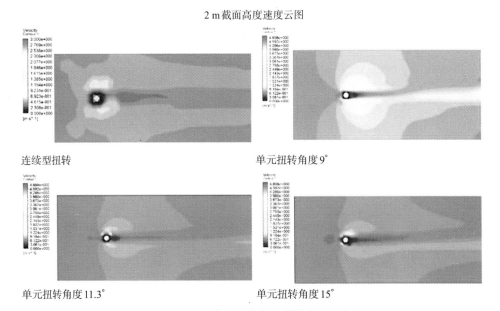

连续型扭转　　　　　　　　　　　　　单元扭转角度9°

单元扭转角度11.3°　　　　　　　　　单元扭转角度15°

图7-43　间断型单元扭转角度建筑底部速度云图

型扭转相比,间断型扭转形体周围风速增大,背风面风影区范围减小,背风面形体外表面风速降低。在间断型扭转形体中,扭转单元形体突变处风向变化最显著,能量消耗最大,随着单元扭转角度的增加,到达近地面处的气流减少,建筑周围风速降低,迎风面风速降低,建筑两侧高风速区范围和风速均明显减小,而对于不同的单元扭转角度,背风面风影区范围和风速相差并不大。

在建筑形体中部150 m高度处(图7-44),与连续型扭转相比,间断型扭转形体变化多,对气流的阻碍作用强,垂直方向的下降气流减小,迎风面风速降低,水平气流在形体两侧形成边角强风,使得形体两侧高风速区范围和风速均增加,背风面风影区范围增大,风影区内风速减小。在间断型扭转形体中,随着单元扭转角度的增加,迎风面风速降低,建筑两侧高风速区范围和风速均减小,背风面风影区范围增加,风影区内风速降低。

150 m截面高度速度云图

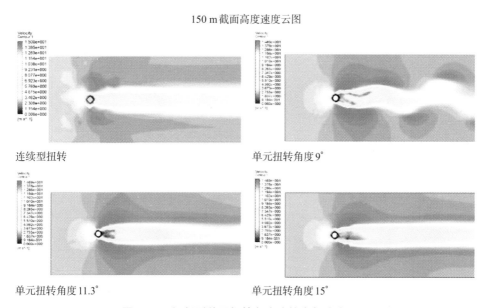

连续型扭转　　　　　　　　　　　　　单元扭转角度9°

单元扭转角度11.3°　　　　　　　　　　单元扭转角度15°

图7-44　间断型单元扭转角度建筑中部速度云图

在建筑形体上部225 m高度处(图7-45),与连续型扭转相比,间断型扭转形体主要受到水平气流的作用,形体表面上升气流减小,建筑周围风速降低,形体两侧风速增加,背风面风影区范围增加风速明显减小。在间断型扭转形体中,随着单元扭转角度的增加,形体外表面风速降低。当单元扭转角度为9°时,形体外表面周围及形体两侧风速最大;当单元扭转角度为11.3°时,建筑背风面风影

250 m截面高度速度云图

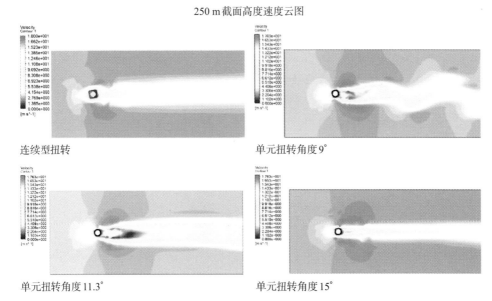

连续型扭转 　　　　　　　　　　　　　　单元扭转角度9°

单元扭转角度11.3° 　　　　　　　　　　　　单元扭转角度15°

图7-45　间断型单元扭转角度建筑上部速度云图

区范围最大,风影区内风速最小;当单元扭转角度为15°时,建筑背风面风影区最小。

此外,根据间断型单元扭转角度形体突变处放大速度云图(图7-46)还可以

建筑中部

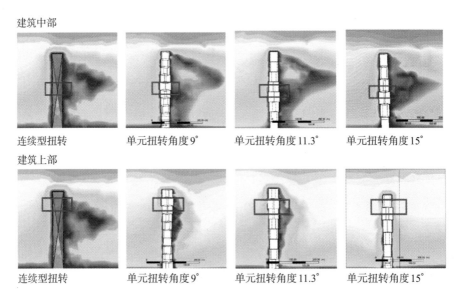

连续型扭转　　　单元扭转角度9°　　　单元扭转角度11.3°　　　单元扭转角度15°

建筑上部

连续型扭转　　　单元扭转角度9°　　　单元扭转角度11.3°　　　单元扭转角度15°

图7-46　间断型单元扭转角度形体突变处放大速度云图

看出,间断型扭转增加了单元突变处背风面的风速,减小了迎风面的风速。随着单元之间扭转角度的增加,单元突变处背风面的风速增大。由于形体突变气流中的能量被削弱,在间断型扭转形体的中部和上部,突变处上方风速均增大,下方风速均降低。

综上,根据不同截面高度处的不同风环境导向,将对自身风环境影响的计算结果进行归纳,如表 7-7 所示,不同单元扭转角度对不同高度处的风环境问题的影响利弊。从计算结果的分析中可以看出,在对自身风环境影响方面,连续型扭转比间断型扭转有利于减小对自身风环境的影响。

表 7-7　间断型单元扭转角度自身风环境影响计算

		连续型	间断型 9°	间断型 11.3°	间断型 15°
底部	降低底部风速	★★★	☆	★	★★
	减小风影区	★★	★	★	★
中部	减小迎风面下行风	☆	★★★	★★	★
	减小外表面风速	★★★	☆	★	★★
	减小两侧风速	★★★	☆	★	★★
	减小风影区	★★★	★★	★	☆
上部	减小外表面风速	★★★	☆	★	★★
	减小两侧风速	★	★★	★★★	★
	减小风影区	★★★	★	☆	★★

7.2.3.2　建筑朝向与风向的角度

对于间断型扭转形态,建筑朝向与风向的角度不仅影响建筑表面的气流、迎风面面积、风影区范围、室内风速、室内通风量等,对于夏热冬冷地区,夏季和冬季主导风向不同,不同季节对风环境的导向不同,因而有不同的形态趋向。而间断型扭转形态因其形体的突变会造成扭转形态局部的风环境状况加剧,因而将其与连续型扭转形态做对比,可以对比分析不同的扭转类型对室外风环境的影响情况。建立标准层面积为 2 000 m²、标准层平面形状为正方形、建筑高度为 300 m、单元之间扭转角度为 9°、建筑底部到建筑顶部整体扭转角度为 90°、共 10 个扭转单元、扭转单元高度为 30 m 的高层建筑模型为间断型扭转角度模拟分析的计算模

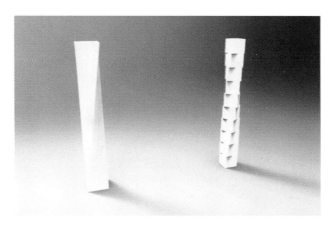

图7-47　间断型风向角度计算模型

型,并建立与扭转形态模型具有相同标准层面积、平面形状、整体扭转角度和建筑高度的连续型扭转形态模型作为对比计算模型(图7-47)。

将两个实体模型导入CFD分析软件Gambit中进行流道提取,建立分析网格和计算模型,设定入口边界条件模拟风速和风向,由于模型平面与风向所成的角度有一定的对称性,因此将模型正方形底面的一边与风向的角度分别设定为0°、22.5°、45°,通然后运行Fluent求解器进行风环境模拟求解,并对求解结果进行后处理。对于求解结果,选取流场中的模型的纵向截面,可以获得平行风场的速度云图和压力云图,由此可以看出建筑形体对周边风环境的影响和前后表面风压差的变化。选取水平截面,改变截面高度,将其设定为2 m、150 m和240 m,分别可以获得高层建筑形体底部、中部和上部的速度云图,可以看出不同的截面高度处风速的变化情况。此外,分别选取间断型扭转形体中部和形体上部的两个扭转单元之间的形体突变处增加纵向截面,获得此处的速度云图,可以看到形体突变对周围风环境的影响。在不同的风向角度下,分别将间断型扭转形体的计算结果与连续型扭转形体的计算结果进行对比,分析不同的风向角度下不同扭转类型的形体周围风环境的风影区、风速和风压的变化规律。

间断型扭转形态的建筑朝向与风向角度模拟计算选择整体扭转角度为90°的连续型扭转形体与单元扭转角度为9°的间断型扭转形体两个计算模型,改变入口边界条件中风向的角度,进行三次模拟计算。根据Fluent模拟计算结果,可得出高层建筑对周边风环境的影响,对自然通风的利用和对自身风环境的影响。

1.高层建筑对周边风环境的影响

根据平行风场速度云图(图7-48),当风向与建筑底面一边平行时,间断型扭

风向角度0°

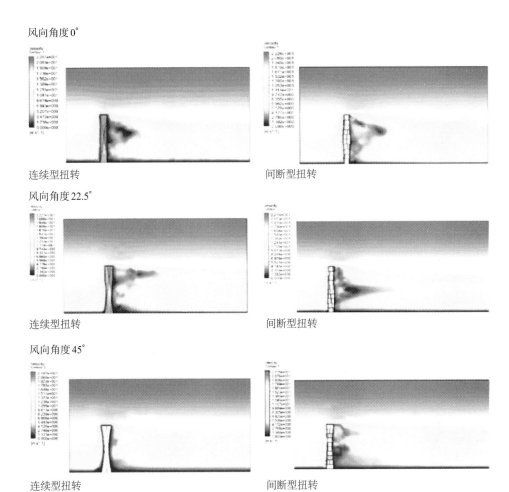

连续型扭转　　　　　　　　　　　　　　间断型扭转

风向角度22.5°

连续型扭转　　　　　　　　　　　　　　间断型扭转

风向角度45°

连续型扭转　　　　　　　　　　　　　　间断型扭转

图7-48　间断型风向角度平行风场速度云图

转形体背风面风速较大,风场在间断型扭转形体的背风面恢复速度较快,对周边风环境的影响比连续型扭转形体小。当风向与建筑底面一边的夹角成22.5°时,连续型扭转形体底部和上部背风面风速较小,间断型扭转形体中部背风面风速较小,风场在两种扭转形体的背风面恢复速度相差不大,对周边风环境的影响程度差别也不大。当风向与建筑底面一边的夹角成45°时,间断型扭转形体背风面风影区范围较大,风速较小,风场在连续型扭转形体的背风面恢复较快,对周边风环境的影响比间断型扭转形体小。

2. 高层建筑对自然通风的利用

根据平行风场压力云图(图7-49),当风向与建筑底面的一边成0°、22.5°和

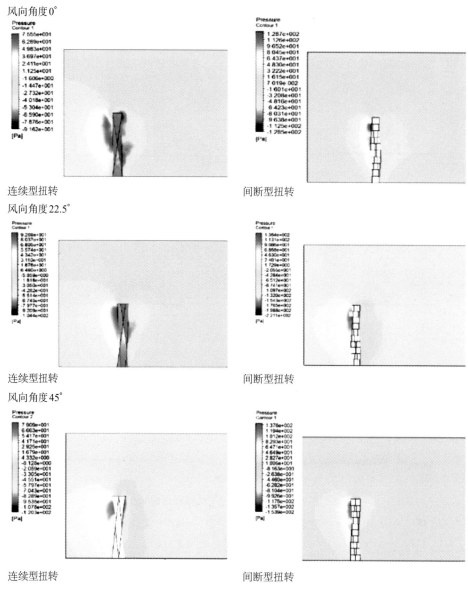

图7-49 间断型风向角度平行风场压力云图

45°时,与连续型扭转形体相比,间断型扭转形体前后表面风压差更大,更有利于形体的自然通风。连续型扭转形体对于建筑中部和上部通风更有利,而间断型扭转形体对于建筑上部通风更有利。对于间断型扭转形体,当风向角度为0°时,前后表面风压差最大,对自然通风最有利;当风向角度为45°时,前后表面风压差最小,对自然通风最不利。

3. 高层建筑对自身风环境的影响

根据不同截面高度处的速度云图,在建筑近地面2 m高度处(图7-50),当风向与建筑底面一边平行时,与连续型扭转形态相比,间断型扭转形体周围风速增加,建筑两侧风速增加,背风面风影区范围减小,背风面形体外表面风速降

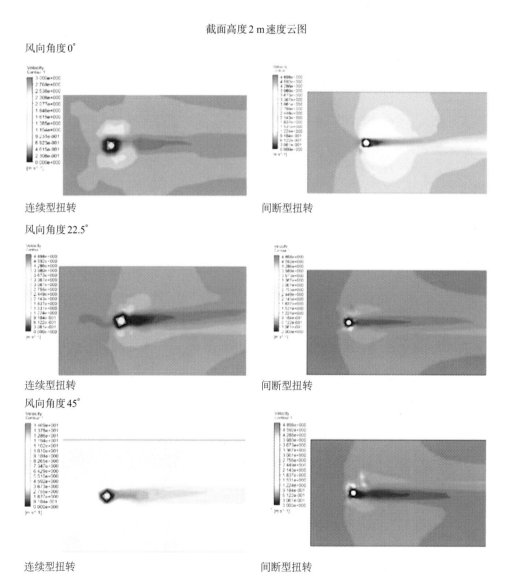

截面高度2 m速度云图

风向角度0°

连续型扭转　　　　　　　　　　　　　间断型扭转

风向角度22.5°

连续型扭转　　　　　　　　　　　　　间断型扭转

风向角度45°

连续型扭转　　　　　　　　　　　　　间断型扭转

图7-50　间断型风向角度建筑底部速度云图

低。当风向与建筑底面一边的夹角成22.5°时，与连续型扭转形态相比，间断型扭转形体迎风面风速增加，建筑两侧风速降低，背风面风影区范围减小，风速增加。当风向与建筑底面一边的夹角成45°时，在建筑近地面2 m高度处，与连续型扭转形态相比，间断型扭转形体周围迎风面、建筑两侧和背风面风速明显降低。

在建筑形体中部150 m高度处（图7-51），当风向与建筑底面一边平行时，与连续型扭转形态相比，间断型扭转形体迎风面风速减小，建筑两侧风速增加，两侧的高风速区范围增大，风速明显增加，背风面风影区范围增大，风速明显减小。当

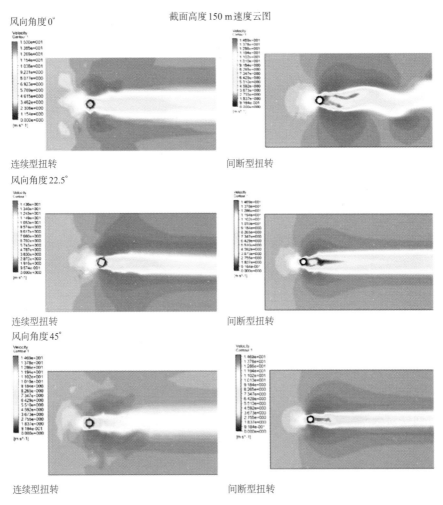

截面高度150 m速度云图

风向角度0°

连续型扭转　　　　　　　　　间断型扭转

风向角度22.5°

连续型扭转　　　　　　　　　间断型扭转

风向角度45°

连续型扭转　　　　　　　　　间断型扭转

图7-51　间断型风向角度建筑中部速度云图

截面高度250 m速度云图

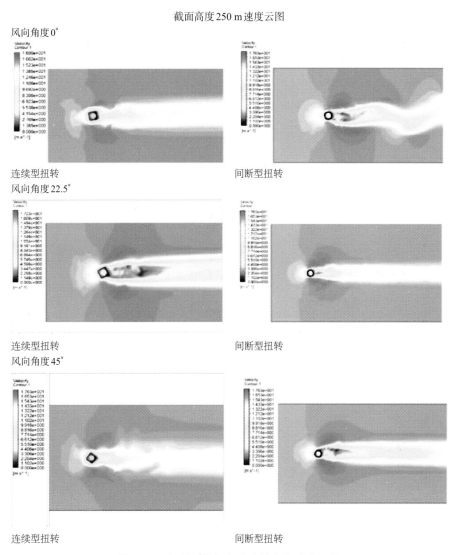

图7-52　间断型风向角度建筑上部速度云图

风向与建筑底面一边的夹角成22.5°时,与连续型扭转形态相比,间断型扭转形体迎风面风速增加,建筑两侧的高风速区范围明显减小,风速明显降低,背风面风影区范围增大,风速明显减小。当风向与建筑底面一边的夹角成45°时,与连续型扭转形态相比,间断型扭转形体周围风速减小,建筑两侧的高风速区风速明显降低,背风面风影区范围增大,风速明显减小。

在建筑形体上部225 m高度处(图7-52),当风向与建筑底面一边平行时,与连续型扭转形态相比,间断型扭转形体周围风速减小,迎风面风速减小,建筑两侧的高风速区风速增加,背风面风影区范围增大,风速明显减小。当风向与建筑底面一边的夹角成22.5°时,与连续型扭转形态相比,间断型扭转形体周围风速减小,建筑两侧风速减小,两侧的高风速区风速无明显变化,背风面风影区范围增大,风速明显增大。当风向与建筑底面一边的夹角成45°时,与连续型扭转形态相比,间断型扭转形体周围风速减小,迎风面风速增加,建筑两侧的高风速区风速明显增加,背风面风影区范围增大,风速明显增大。

夏热冬冷地区夏季和冬季主导风向不同,夏季和冬季对应的风环境导向也不同,在设计中应考虑夏季降温,冬季防寒。在夏季,在建筑的中部可以通过适当增加的外表面风速带走室内多余的热量,而在冬季过大的外表面风速则对建筑的保温不利。与连续型扭转形体相同,通过形体中部的速度云图(图7-52)可以看出,当风向角度为22.5°时扭转形体外表面风速最低,冬季时建筑朝向与冬季主导风向采取此角度对保温更有利,风向角度为0°时外表面风速最高,夏季时建筑朝向与夏季主导风向采取此角度对通风降温更有利。

综上,根据不同截面高度处的不同风环境导向,将对自身风环境影响的计算结果进行归纳,如表7-8所示,不同建筑朝向对不同高度处的风环境问题的影响利弊。从计算结果的分析中可以看出,在建筑底部,风向角度为0°时影响最小,建筑中部风向角度为45°时影响最小,建筑上部风向角度为22.5°时间断型影响最小。

表7-8　间断型建筑朝向自身风环境影响计算

		连续0°	间断0°	连续22.5°	间断22.5°	连续45°	间断45°
底部	降低底部风速	★★	★	★★	★★★	☆	★★★
	减小风影区	★★	★★★	☆	★	★★★	☆
中部	减小迎风面下行风	★★★	★★	★	★	★★	★
	减小外表面风速	★★	★	☆	★★★	★★	★★
	减小两侧风速	★★	★	☆	★★★	★★	★
	减小风影区	★	★	★★	☆	★★★	★★
上部	减小外表面风速	★★	★	☆	★★★	★★	★
	减小两侧风速	★★	★	☆	★★★	★★	★★
	减小风影区	★	☆	★★	★★★	★★	★

7.2.3.3　建筑高度

间断型扭转形态类型的建筑高度同样与风速变化关系最为密切,随着建筑高度增加,周围风速也随之变大,建筑高度直接影响高层建筑外表面的风速和风压。建立以标准层面积为 2 000 m²、标准层平面形状为正方形、建筑底部到建筑顶部整体扭转角度为 90°、单元之间扭转角度为 9° 的高层建筑模型为扭转角度模拟分析的计算模型,模型共计 10 个扭转单元,因其建筑高度不同,扭转单元的高度并不相同,将模型高度分别设定为 200 m、300 m 和 400 m,并建立与扭转形态模型具有相同标准层面积、平面形状、整体扭转角度和建筑高度的三个连续型扭转形态模型作为对比计算模型(图 7-53)。

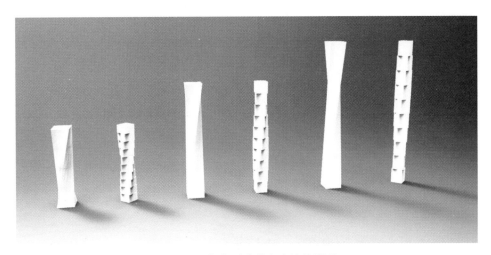

图 7-53　间断型建筑高度计算模型

将六个实体模型导入 CFD 分析软件 Gambit 中进行流道提取,建立分析网格和计算模型,设定入口边界条件模拟风速和风向,风向设定为与模型底部正方形平面一边垂直。然后运行 Fluent 求解器进行风环境模拟求解,并对求解结果进行后处理。对于求解结果,选取流场中的模型的纵向截面,可以获得平行风场的速度云图和压力云图,由此可以看出建筑形体对周边风环境的影响和前后表面风压差的变化。选取水平截面,改变每个模型的截面位置,将其设定为距模型底部2 m、模型总高度的 1/2 处和模型总高度的 4/5 处,分别可以获得高层建筑形体底部、中部和上部的速度云图,可以看到不同的截面高度处风速的变化情况,分别将不同建筑高度的间断型扭转形体的计算结果与连续型扭转形体的计算结果进行对比,分析不同高度下不同类型的扭转形态的风影区、风速和风压的变化规律。

间断型扭转形态的建筑高度模拟计算选取的计算模型分别是建筑高度为200 m、300 m和400 m的连续型扭转形体和间断型扭转形体，并将计算结果分为三组进行对比分析。通过Fluent模拟计算结果可以得出以下结论。

1. 高层建筑形体对周边风环境的影响

根据平行风场速度云图（图7-54），随着建筑高度的增加，形体对周边风环境的影响增加。当扭转形态的建筑高度为200 m时，间断型扭转形态虽然在形体下部背风面风影区范围较大，风速较小，但在形体中上部背风面风速较大，风场在建筑背风面恢复速度比连续型扭转形态快，对周边风环境的影响更小。当建筑高度

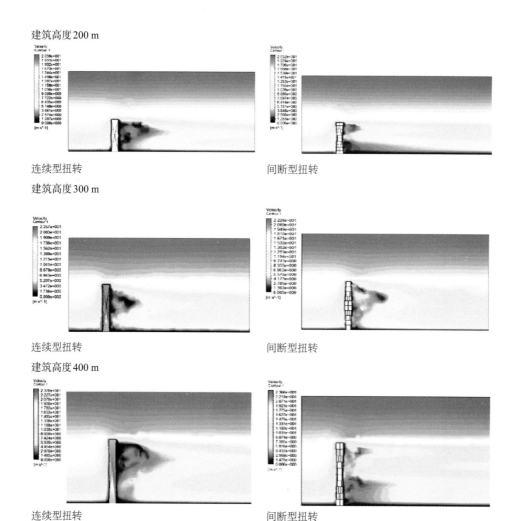

图7-54　间断型建筑高度平行风场速度云图

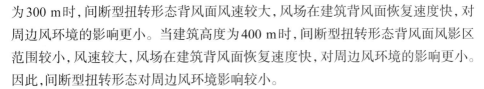

为300 m时,间断型扭转形态背风面风速较大,风场在建筑背风面恢复速度快,对周边风环境的影响更小。当建筑高度为400 m时,间断型扭转形态背风面风影区范围较小,风速较大,风场在建筑背风面恢复速度快,对周边风环境的影响更小。因此,间断型扭转形态对周边风环境影响较小。

2. 高层建筑形体对自然通风的利用

根据平行风场压力云图(图7-55),对于200 m、300 m和400 m高度的形体,与连续型扭转形体相比,间断型扭转形体前后表面风压差更大,更有利于形体的自然通风,随着建筑高度增加,前后表面风压差增大,对自然通风越有利,但400 m建筑高度上部风速过大,对实际开窗通风不利。其中,200 m高度形体中部1/2处前后表面风压差最大,形体中部自然通风最有利,300 m和400 m高度形体上1/3区段前后表面风压差更大,形体上部通风最有利。

3. 高层建筑形体对自身风环境的影响

根据不同截面高度处的速度云图,在建筑近地面2 m高度处(图7-56),当扭转形态的建筑高度为200 m时,与连续型扭转形体相比,间断型扭转形体周围风速降低,建筑两侧并无明显的高风速区,建筑背风面风影区范围增加,风速降低。当建筑高度为300 m时,与连续型扭转形态相比,间断型扭转形体周围风速增加,建筑两侧有风速较大的区域,建筑背风面风速减小。当建筑高度为400 m时,与连续型扭转形体相比,间断型扭转形体周围风速降低,建筑两侧并无明显的高风速区,建筑背风面风影区范围增加,风速降低。

在建筑形体中部(图7-57),当扭转形态的建筑高度为200 m时,在建筑形体中部100 m高度处,与连续型扭转形体相比,间断型扭转形体迎风面风速减小,建筑两侧风速增加且出现明显的高风速区,建筑背风面风影区范围减小,风速增加。当建筑高度为300 m时,在建筑形体中部150 m高度处,与连续型扭转形态相比,间断型扭转形体迎风面风速减小,建筑两侧风速增加,两侧的高风速区范围增大,风速明显增加,背风面风影区范围增大,风速明显减小。当建筑高度为400 m时,在建筑形体中部200 m高度处,与连续型扭转形态相比,间断型扭转形体迎风面风速增加,周围风速增加,建筑两侧风速略有增加,背风面风速增加。

在建筑形体上部(图7-58),当扭转形态的建筑高度为200 m时,在建筑形体上部160 m高度处,与连续型扭转形体相比,间断型扭转形体两侧风速降低,背风面风影区范围减小,风速增加。当建筑高度为300 m时,在建筑形体上部250 m高度处,与连续型扭转形态相比,间断型扭转形体周围风速减小,迎风面风速减小,建筑两侧的高风速区风速增加,背风面风影区范围增大,风速明显减小。

建筑高度 200 m

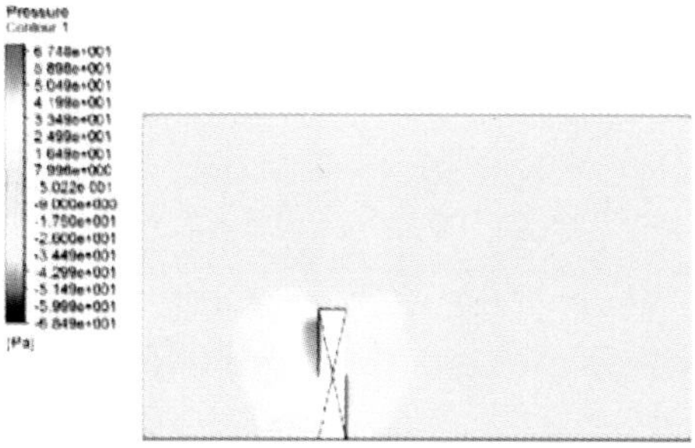

连续型扭转

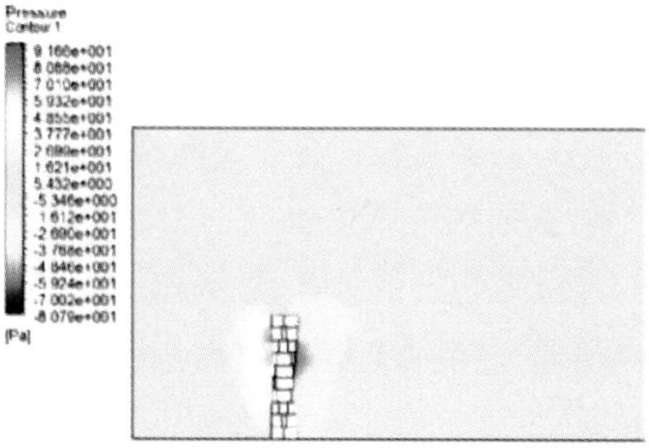

间断型扭转

建筑高度 300 m

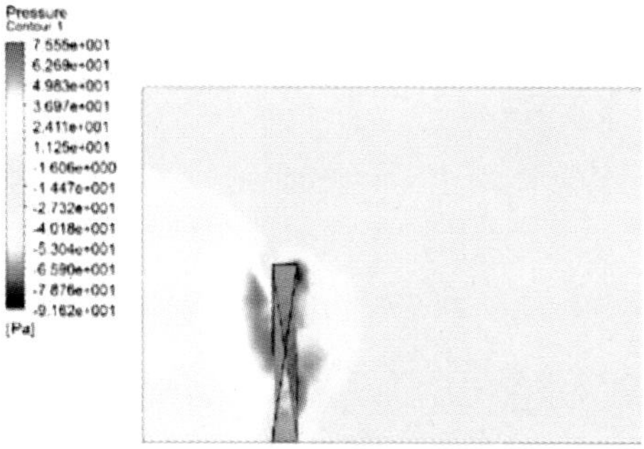

连续型扭转

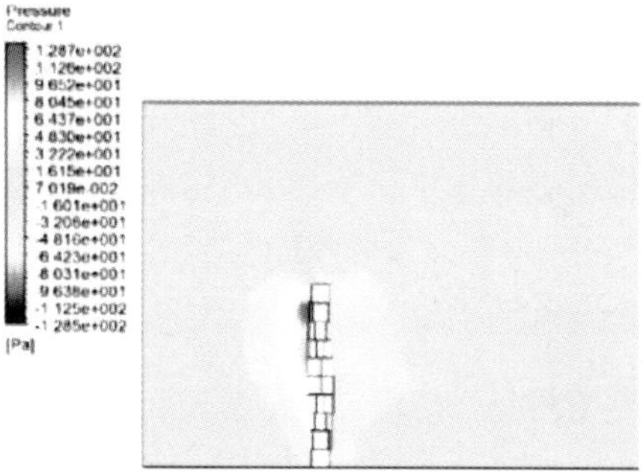

间断型扭转

建筑高度 400 m

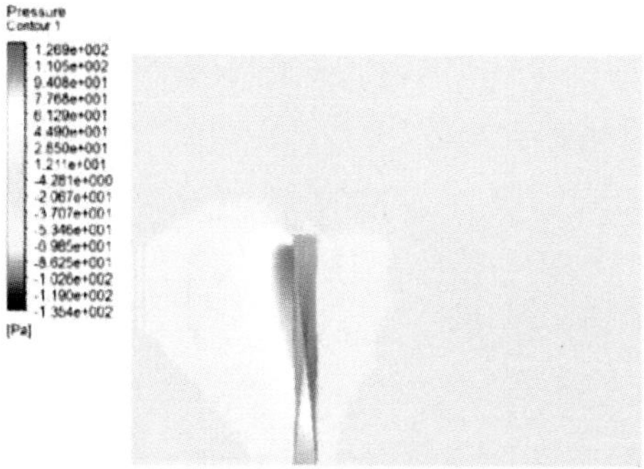

连续型扭转

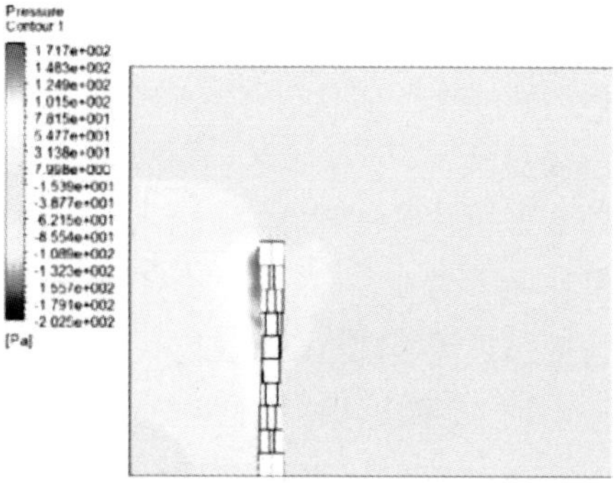

间断型扭转

图 7-55 间断型建筑高度平行风场压力云图

建筑高度 200 m 截面高度 2 m

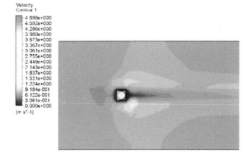

连续型扭转

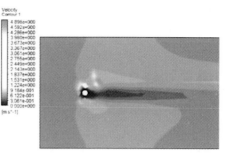

间断型扭转

建筑高度 300 m 截面高度 2 m

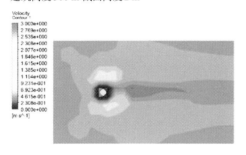

连续型扭转

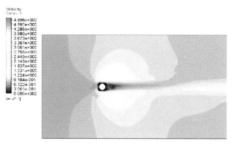

间断型扭转

建筑高度 400 m 截面高度 2 m

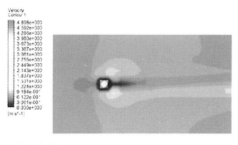

连续型扭转

间断型扭转

图 7-56　间断型建筑高度建筑底部速度云图

建筑高度 200 m 截面高度 100 m

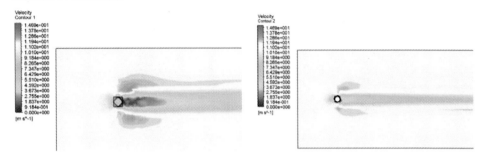

连续型扭转 　　　　　　　　　　　间断型扭转

建筑高度 300 m 截面高度 150 m

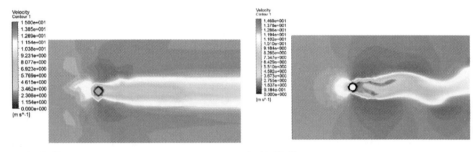

连续型扭转 　　　　　　　　　　　间断型扭转

建筑高度 400 m 截面高度 200 m

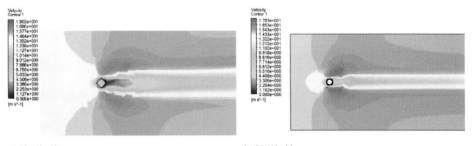

连续型扭转 　　　　　　　　　　　间断型扭转

图 7-57　间断型建筑高度建筑中部速度云图

建筑高度 200 m 截面高度 160 m

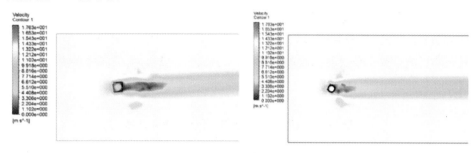

连续型扭转　　　　　　　　　　　间断型扭转

建筑高度 300 m 截面高度 250 m

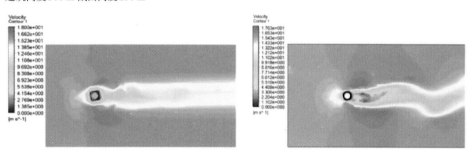

连续型扭转　　　　　　　　　　　间断型扭转

建筑高度 400 m 截面高度 320 m

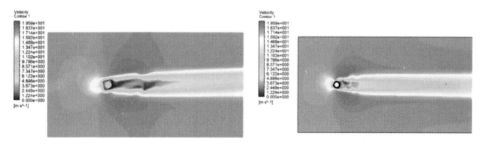

连续型扭转　　　　　　　　　　　间断型扭转

图 7-58　间断型建筑高度建筑上部速度云图

当建筑高度为400 m时，在建筑形体上部320 m高度处，与连续型扭转形体相比，间断型扭转形体周围风速增加，建筑两侧出现风速极高的区域，背风面风速增加。

综上，根据不同截面高度处的的不同风环境导向，将对自身风环境影响的计算结果进行归纳，如表7-9所示，可以表示出不同建筑高度对不同高度处的风环境问题的影响利弊。从计算结果的分析中可以看出，在对自身风环境影响方面，建筑高度越低，形体对自身风环境的影响越小。

表7-9 间断型建筑高度自身风环境影响计算

		连续型 200 m	间断型 200 m	连续型 300 m	间断型 300 m	连续型 400 m	间断型 400 m
底部	降低底部风速	★★	★★★	★	☆	★	★★
	减小风影区	★	☆	★★★	★★	★★	★
中部	减小迎风面下行风	★★	★★★	★	☆	★	★★
	减小外表面风速	★★★	★★	★★	★	★	☆
	减小两侧风速	★★	★★★	★★	★	★	☆
	减小风影区	☆	★	☆	★	☆	★
上部	减小外表面风速	★★	★★	★★	★	★	☆
	减小两侧风速	★★★	★★★	★★	★	☆	★
	减小风影区	☆	★	☆	★	☆	★

7.2.4 间断型扭转形态改善室外风环境的形态优化设计

7.2.4.1 减小对周边风环境的不利影响

根据高层建筑风环境模拟计算的分析评价方法，通过高层建筑背风面风场恢复速度可以看出形体对周边风环境的影响程度,背风面风场恢复越快,对周边风环境的影响越小。

对于间断型扭转形体的不同形态参数:① 不同的单元之间扭转角度,间断型扭转单元扭转角度越小,对周边风环境的影响越小;② 建筑朝向与风向的不同角度,当风向角度为0°和22.5°时间断型扭转影响更小,当风向角度为45°时连续型扭转影响更小;③ 不同的建筑高度,建筑高度越小,形体对周围风环境影响越小,在同一高度下,间断型扭转对周边风环境的影响比连续型扭转小。

7.2.4.2　积极利用风压通风

根据高层建筑风环境模拟计算的分析评价方法,高层建筑利用前后表面的风压差进行自然通风,风压差越大,对自然通风越有利。

对于间断型扭转形体的不同形态参数:① 不同的单元之间扭转角度,间断型扭转比连续型扭转更有利,间断型扭转对形体上部通风更有利,单元扭转角度越大对自然通风越有利;② 建筑朝向与风向的不同角度,在间断型扭转中,风向角度为0°时对自然通风最有利,风向角度为45°时最不利;③ 不同的建筑高度,间断型扭转比连续型扭转更有利,建筑高度越大对自然通风越有利,但400 m高度建筑上部风速过高对实际通风并不利。

7.2.4.3　减小对自身风环境的不利影响

1.　针对高层建筑底部风环境的形态优化策略

根据高层建筑风环境模拟计算的分析评价方法,高层建筑底部的风环境导向形态优化策略如下。

(1)降低高层建筑底部风速

a. 不同的单元之间扭转角度,连续型扭转比间断型扭转有利,对于间断型扭转单元扭转角度越大越有利。

b. 建筑朝向与风向的不同角度,风向角度为0°时连续型扭转更有利,风向角度为45°时间断型扭转更有利,风向角度为22.5°时二者相差不大。

c. 不同的建筑高度,300 m高度形体连续型扭转比间断型扭转更有利,200 m和400 m高度形体两者差别不大,对于间断型扭转形体,300 m高度形体最不利,200 m高度形体最有利。

(2)减小高层建筑风影区

a. 不同的单元之间扭转角度,连续型扭转比间断型扭转更有利,对于间断型扭转不同角度相差不大。

b. 建筑朝向与风向的不同角度,风向角度为0°和45°时连续型扭转更有利,风向角度为22.5°时间断型扭转更有利。

c. 不同的建筑高度,连续型扭转比间断型扭转有利,间断型扭转中300 m高度形体最有利。

2. 针对高层建筑中部风环境的形态优化策略

根据高层建筑风环境模拟计算的分析评价方法,高层建筑中部风环境导向形态优化策略如下。

(1)减小高层建筑迎风面下行风风速

a. 不同的单元之间扭转角度,间断型扭转比连续型扭转有利,对于间断型扭转单元扭转角度越小越有利。

b. 建筑朝向与风向的不同角度,间断型扭转比连续型扭转有利,在连续型扭转中不同风向角度相差不大。

c. 不同的建筑高度,200 m和300 m高度形体间断型扭转比连续型扭转有利,400 m高度形体连续型扭转比间断型扭转有利。

(2)减小高层建筑外表面的风速

a. 不同的单元之间扭转角度,连续型扭转比间断型扭转有利,对于间断型扭转单元扭转角度越大越有利。

b. 建筑朝向与风向的不同角度,在间断型扭转中风向角度为22.5°时最有利,风向角度为0°时最不利。

c. 不同的建筑高度,高度越低越有利,对于不同高度的形体连续型扭转比间断型扭转有利。

(3)减小高层建筑周围以及形体两侧风速

a. 不同的单元之间扭转角度,连续型扭转比间断型扭转有利,对于间断型扭转单元扭转角度越大越有利。

b. 建筑朝向与风向的不同角度,风向角度为0°和45°时连续型扭转有利,风向角度为22.5°时间断型扭转有利,在间断型扭转中风向角度为22.5°时最有利,风向角度为0°时最不利。

c. 不同的建筑高度,200 m高度形体间断型扭转比连续型扭转有利,300 m和400 m高度形体连续型扭转比间断型扭转有利,对于间断型扭转形体,高度越低越有利。

（4）减小背风面风影区

a. 不同的单元之间扭转角度，连续型扭转比间断型扭转有利，单元扭转角度越小越有利。

b. 建筑朝向与风向的不同角度，在间断型扭转中风向角度为 45° 时最有利，风向角度为 22.5° 时最不利。

c. 不同的建筑高度，间断型扭转均比连续型扭转有利。

3.　针对高层建筑上部风环境的形态优化策略

根据高层建筑风环境模拟计算的分析评价方法，高层建筑上部的风环境导向的形态优化策略如下。

（1）减小高层建筑外表面风速

a. 不同的单元之间扭转角度，连续型扭转比间断型扭转有利，对于间断型扭转单元扭转角度越大越有利。

b. 建筑朝向与风向的不同角度，在间断型扭转中风向角度为 45° 时最有利。

c. 不同的建筑高度，200 m 高度形体两种类型差别不大，300 m 和 400 m 高度形体连续型扭转比间断型扭转明显有利。

（2）减小高层建筑周围以及形体两侧的风速

a. 不同的单元之间扭转角度，间断型扭转比连续型扭转有利，对于间断型扭转单元扭转角度为 11.3° 时最有利。

b. 建筑朝向与风向的不同角度，在间断型扭转中风向角度为 22.5° 和 45° 时有利，风向角度为 0° 时最不利。

c. 不同的建筑高度，400 m 高度形体间断型扭转更有利，300 m 高度形体连续型扭转更有利，200 m 高度两种类型差别不大。

（3）减小背风面风影区

a. 不同的单元之间扭转角度，连续型扭转比间断型扭转有利，单元扭转角度为 11.3° 时最不利，单元扭转角度为 15° 时最有利。

b. 建筑朝向与风向的不同角度，风向角度为 0° 和 45° 时连续型扭转比间断型扭转有利，风向角度为 22.5° 时间断型扭转比连续型扭转有利，在间断型扭转中风向角度为 22.5° 时最有利，风向角度为 0° 时最不利。

c. 不同的建筑高度，间断型扭转比连续型扭转更有利。

7.3 小 结

高层建筑形态扭转是形态设计的特例之一,特殊性形态是设计创作中的一种普遍性追求和探索,研究和评价特例性形态的生态效益是其存在和演化的重要依据。由于形态特征的与众不同或别出心裁,往往难以按一般性形态的生态效益的基本评价原则加以判断和取舍,有些还可能违背了基本能耗评价依据,如形态扭转显然提高了体型系数,在保温隔热方面需要消耗更多的能耗;但是考虑或预判到形态扭转按"以柔克刚"的流体力学原理改变了高层周边及不同高度的气流方向,从而影响风速和风压,进而推断其对周边风环境和形态的自然通风利用方面积极意义,重点建立扭转形态的计算模型和风环境模拟的分析方法与评价方法,这是本章专题研究的价值所在。

专题主要针对高层建筑形态扭转与风环境的关联性,以高层建筑风环境的形成机理、影响要素及风环境问题为依托,设定风环境模拟的高层建筑扭转形态的分类方法和形态参数,重点建立扭转形态的计算模型和风环境模拟的分析方法与评价方法,针对不同类型的高层建筑扭转形态对室外风环境影响分别进行CFD数值模拟计算,对比分析扭转形态在不同的高度区段对风环境的影响,进而总结归纳不同风环境导向下的改善室外风环境的扭转形态优化策略。通过计算与分析,所得的主要结论如下。

(1)根据高层建筑室外风环境的形成机理和不同高度处的不同风环境导向,将形体分为底部、中部和上部三个区段建立扭转形体风环境的评价方法。

高层建筑底部风环境导向:① 降低高层建筑底部风速,在舒适度适宜的风速范围内;② 减小高层建筑底部风影区范围,使建筑背风面没有风速极小的区域。

高层建筑中部风环境导向:① 减小高层建筑迎风面的下行风风速;② 减小高层建筑外表面的风速;③ 减小形体周围以及形体两侧的风速;④ 利用迎风面和背风面的风压差实现自然通风;⑤ 减小背风面风影区范围,提高背风面风影区内的风速。

高层建筑上部风环境导向:① 减小高层建筑外表面的风速;② 减小形体周围以及形体两侧的风速;③ 防止建筑上部风压过大;④ 减小背风面风影区范围,提高背风面风影区内的风速。

　　（2）针对不同类型的高层建筑扭转形态，从建筑形体不同高度处的不同相应目标出发，总结归纳能够改善高层建筑自身和周边风环境、利用风压自然通风的形态优化策略：① 为响应高层建筑底部的风环境导向，以减小高层建筑底部风速为主要目的，连续型扭转形体宜采用较小的整体扭转角度，平面形状正方形，建筑与风向夹角22.5°，而间断型扭转形体宜采用较大的单元扭转角度，建筑与风向夹角45°。② 为响应高层建筑中部的风环境导向，以减小高层建筑中部迎风面及形体周围的风速为主要目的，连续型扭转形体宜采用较小的整体扭转角度，平面形状正方形，建筑与风向夹角0°或45°，而间断型扭转形体宜采用较大的单元扭转角度，建筑与风向夹角22.5°。③ 为响应高层建筑上部的风环境导向，以减小高层建筑上部形体周围风速为主要目的，连续型扭转形体宜采用较小的整体扭转角度，平面形状正方形，建筑与风向夹角0°或45°，而间断型扭转形体宜采用11.3°的单元扭转角度，建筑与风向夹角45°。

第8章

总结与展望

　　本书把高层建筑作为独立建筑类型,以其形态与生态价值的关系为研究对象,从生态角度构建高层建筑形态独特的认知体系,在梳理高层建筑形态及生态节能方面已有研究成果的基础上,系统地提出了高层建筑形态的生态效益评价内容和评价原则,初步探索了以基本概念为导向结合计算机模拟和数学模型分析的集成性评价方法,并建立了基于生态效益考量的高层建筑形态设计的综合评价体系框架。着重选取了四个具典型形态价值的高层建筑形态与生态设计专题,深化研究形态在其生态性目标下的设计优化策略。研究成果为高层建筑设计提供了以生态效益为价值取向的、以建筑形态为切入点的理论与实践引导。

　　总体上,本书的研究成果可概括为两大部分,即高层建筑形态的生态效益评价、高层建筑形态的生态性设计优化策略。前者的核心成果是建立综合评价体系框架,具有理论意义和方法论价值;后者的核心成果以代表性的专题研究方式,针对性地探索形态的生态性设计优化策略,具有对设计实践的引导和应用价值。二者互为关联和依托,在丰富建筑创作理论的同时,从生态节能层面为国内高层建筑的建设实践提供了区别于低层和多层建筑、有针对性和专门化的设计与研究指向。

　　在研究过程中,评价体系框架的研究和专题性策略研究同步推进相互促进,及时总结阶段性成果,已陆续在专业核心学术期刊和相应的学术会议上发表论文6篇。从一个侧面反映了研究成果的专业价值和影响力。

　　进一步梳理本论文的研究成果,可以得到以下主要结论:

　　(1)评价体系框架作为理论与方法层面的主要成果,其系统性、针对性和专门化特征主要体现在:① 通过揭示高层建筑形态与自身建筑能耗的关系、高层建筑形态与场地生态环境的关系、高层建筑形态与能耗及场地生态适应性关系,较为全面地确立高层建筑形态生态效益的评价内容;② 评价原则的整体性、针对性、优化性相结合,既符合形态设计操作逻辑,又体现对形态与生态这对复杂关系的总体把控权衡、针对性响应和比较取舍;③ 评价方法上强调基本概念评价、计算机模拟评价和数学模型评价的集成性运用,体现对感性和理性、定性与定量、一般性与特殊性、综合性与针对性等辩证关系的把控,加强了评价方法的科学性和实效性;

(2)专题性的设计优化策略研究,作为实践操控和应用层面主要成果,其价值主要体现在:① 专题的选择具有一般性和特殊性相结合的特点,代表性价值明显。如形态的自遮阳设计反映高层建筑形态与自身建筑能耗的关系,同时也体现形态的生态适应性措施;自然通风设计专题在形态与自身建筑能耗关系中具有一般性和针对性研究价值;改善室外风环境设计专题,反映了形态与场地生态环境的关系一般性和针对性意义兼具;形态扭转设计专题,作为一种特殊形态类型,既反映形态与场地生态环境的关系,也涉及自身建筑能耗,更可理解为是生态适应性措施;② 专题性的设计优化策略研究,以较为完整和针对性的方式,可以更为专注而深化地分析、评价和优化形态与生态效益的关系,获得具体又实效的操作示范和问题解答。专题研究既可看作独立的研究成果,同时也是评价体系框架的有力支撑;③ 专题性的设计优化策略研究,其获得的较为具体的具体基于生态效益考量的高层建筑优化设计策略,将为丰富高层建筑形态设计的创作手段,激发形态设计的创作潜能发挥积极的作用。

(3)本研究也存在明显的不足。主要反映在:① 前后两部分研究成果,整体呈现前部分弱后部分篇幅大,虽在深化修改中努力调整并加强前、后部分的关联和逻辑,但还是没达到理想的目标,尚有进一步提升和凝练的空间;② 高层建筑形态多样,既有一般性的形态特征又有特殊性的形态操作,针对的风、光、热的能耗和利用以及环境影响各不相同,已完成的专题难以涵盖所有的高层建筑形态特征和与其关联的能耗和环境评价。

高层建筑形态设计的生态效益问题涉及面十分宽泛,建筑作为一种物质存在,它不时受到功能、经济、社会、环境和美学倾向等多方面因素的影响,生态效益问题也随着技术的进步以及人类需求提高而不断变化。因此,在高层建筑形态设计的生态效益研究时,不免带有阶段性特征,一些方面还未全面、一些认知和技术也仅限于当今的发展水平。另外,研究的目的在于寻求理性客观的评价依据,但研究中发现每一具体对象都有其侧重,选择具体针对性评价方法并强调集成运用,显得尤为重要,而这些方面在研究成果中却较少集成。数学模型评价的提出,希望将评价研究变得更为直观与量化,但实际效果并不理想。上述种种,都还待进一步的后续研究和对高层建筑形态设计的生态效益问题的持续关注。

参考文献

中文原著

[1] 中国城市科学研究会. 绿色建筑2009[M]. 北京：中国建筑工业出版社,2009.

[2] 梅洪元,朱莹. 高层建筑创作新发展[M]. 北京：中国建筑工业出版社,2009.

[3] 吴向阳. 杨经文[M]. 北京：中国建筑工业出版社,2007.

[4] 李钢. 建筑腔体生态策略[M]. 北京：中国建筑工业出版社,2007.

[5] 宋德萱. 建筑环境控制学[M]. 南京：东南大学出版社, 2003.

[6] 梅洪元,梁静. 高层建筑与城市[M]. 北京：中国建筑工业出版社, 2009.

[7] 梅洪元,朱莹. 高层建筑创作新发展[M]. 北京：中国建筑工业出版社,2009.

[8] 刘云胜. 高技术生态建筑发展历程[M]. 北京：中国建筑工业出版社,2008.

[9] 李钢. 建筑腔体生态策略[M]. 北京：中国建筑工业出版社, 2007.

[10] 李东华. 高技术生态建筑[M]. 天津：天津大学出版社, 2002.

[11] 陈飞. 建筑风环境——夏热冬冷气候区风环境研究与建筑节能设计[M]. 北京：中国建筑工业出版社, 2009.

[12]《绿色建筑》教材编写组编. 绿色建筑[M]. 北京：中国计划出版社, 2008.

[13] 曹伟. 城市建筑的生态图景[M]. 北京：中国电力出版社, 2006.

[14] 曹伟. 广义建筑节能——太阳能与建筑一体化设计[M]. 北京：中国电力出版社, 2008.

[15] 刘建荣. 高层建筑设计技术[M]. 北京：中国建筑工业出版社, 2005.

[16] 张钦楠. 建筑设计方法学(第二版)[M]. 北京：清华大学出版社, 2007.

[17] 薛志峰. 既有建筑节能诊断与改造[M]. 北京：中国建筑工业出版社, 2007.

[18] 薛志峰. 公共建筑节能[M]. 北京：中国建筑工业出版社, 2007.

[19] 高建岭,李海英. 生态建筑节能技术及案例分析[M]. 北京：中国电力出版社,2007.

[20] 陈治邦,陈宇莹. 建筑形态学[M]. 北京：中国建筑工业出版社, 2006.

[21] 中国建筑科学研究院,上海建筑科学研究院. 绿色建筑评价标准[M]. 北京：中国建筑工业出版社, 2006.

[22] 吕爱民. 应变建筑——大陆性气候的生态策略[M]. 上海：同济大学出版社,2003.

［23］ 夏海山. 城市建筑的生态转型与整体设计［M］. 南京：东南大学出版社，2006.

［24］ 宋晔皓. 结合自然整体设计—注重生态的建筑设计研究［M］. 北京：中国建筑工业出版社，2002.

［25］ 董卫，王建国. 可持续发展的城市与建筑设计［M］. 南京：东南大学出版社，1999.

［26］ 高建岭，李海英. 生态建筑节能技术及案例分析［M］. 北京：中国电力出版社，2007.

［27］ 韩继红等. 上海生态建筑示范工程：生态办公示范楼［M］. 北京：中国建筑工业出版社，2005.

［28］ 徐强，陈汉云，刘少瑜. 绿色建筑——沪港绿色建筑研究与设计案例［M］. 北京：中国建筑工业出版社，2005.

［29］ 胡吉士，方子晋. 建筑节能与设计方法——夏热冬冷地区暨浙江省《居住建筑节能设计标准》的应用［M］. 北京：中国计划出版社，2005.

［30］ 张晴原，Joe Huang. 中国建筑用标准气象数据库［M］. 北京：机械工业出版社，2004.

［31］ 最新建筑节能设计标准贯彻手册［M］.香港：中国城市出版社，2005.

［32］ 付祥钊. 夏热冬冷地区建筑节能技术［M］. 北京：中国建筑工业出版社，2002.

［33］ 高崎. 生态城市的空间艺术——2006生态城市规划国际研讨会论文集［M］. 上海：上海音乐学院出版社，2006.

［34］ 国家住宅与居住环境工程技术研究中心. 居住与健康［M］. 北京：中国水利水电出版社，2005.

［35］ 姚润明，昆斯蒂摩司，李百战. 可持续城市与建筑设计［M］. 北京：中国建筑工业出版社，2006.

［36］ 刘先觉. 现代建筑理论［M］. 北京：中国建筑工业出版社，1999.

［37］ 荆其敏. 覆土建筑［M］. 天津：天津科学技术出版社，1988.

［38］ 董卫，王建国. 可持续发展的城市与建筑设计［M］. 南京：东南大学出版社，1999.

外文原著

［1］ Gordon B. Bonan. Ecological Climatology: Concepts and Application［M］. Cambridge University Press, 2002.

［2］ Ivor Richard. Ecology Of The Sky［M］. Images Publishing, 2001.

［3］ Thomas Herzog. Solar Energy In Architecture And City Planing［M］. Prestel, 1997.

［4］ Mc Harg. Design With Nature, Garden City［M］. N.Y. National History Press, 1971.

［5］ Francis D. K. Ching. Architecture: Form, Space, & Order. Hoboken［M］. New Jersey: John Wiley & Sons, Inc., 2007.

［6］ Lloyed Jones. Architecture And The Environment— Bioclimatic Building Design［M］. Laurence King Publishing, 1998.

［7］ Reyner Banham. Architecture In The Well-Tempered Environment［M］. Chicago, University of Chicago Press, 1984.

［8］ Ken Yeang. The Skyscraper Bioclimatically Considered — A Design Primer, National Book［M］. Boston: Network Inc., 1996.

［9］ Ken Yeang. The Green Skyscraper— The Basis For Designing Sustainable Intensive Buliding［M］. Prestel, 1999.

［10］ Ken Yeang. Designing With Nature: The Ecological Basis For Architrctural Design［M］. New York: Mc Graw-Hill, 1995.

［11］ Oesterle lieb lutz heusler. Double Skin Facades Integrated planning Building Physics Construction Aero physics Air Conditioning Economic Viability［M］. New York: Prestel, 2001.

［12］ Donald Watson, FAIA, and Kenneth Labs. Climate Design: energy efficient building principles and practices［M］. New York: Mc Graw-Hill Book Company，1983.

［13］ Ivor Richards. TRHamzah and Yeang: Ecology of the Sky［M］. Images Publishing, 2001.

［14］ Jong-soo Cho. Design Methodology for Tall Office Buildings: Design Measurement and Integration with Reqional Character［D］. Submitted in partial fulfillment of the requirements for the degree of doctor of philosophy in architecture in the graduate college of the Illinois institute of technology. 2002.

［15］ Peter F smith. Architecture in a Climate of Change: A Guide to Sustainable Design［M］. Burlington: Architectural Press, 2005.

［16］ Ken Yeang. Bioclimatic Skyscrapers: With Essays by Man Balfour and Ivon Richards ［M］. London: Arternis, 1994.

［17］ Runming Yao, Koen Steemers, Baizhan Li. Sustainable Urban and Architectural Design ［M］. Beijing: China Architecture & Building Press, 2006.

中文译著

［1］ G.Z.布朗, 马克·德凯. 太阳辐射.风.自然光［M］. 常志刚, 等, 译. 北京: 中国建筑工业出版社, 2008.

［2］ I.L.麦克哈格. 设计结合自然［M］. 芮经纬, 译. 天津: 天津大学出版社, 2006.

［3］ 彼得.F.史密斯. 适应气候变化的建筑——可持续设计指南［M］. 刑晓春, 等, 译. 北京: 中国建筑工业出版社, 2009.

［4］ 大卫.劳埃德.琼斯. 建筑与环境——生态气候学建筑设计［M］. 王茹, 等, 译. 北京: 中国建筑工业出版社, 中国轻工业出版社, 2005.

［5］ 彼得.F.史密斯. 尖端可持续性——低能耗建筑的新兴技术［M］. 刑晓春, 等, 译. 北京: 中国建筑工业出版社, 2010.

［6］ 戈登·B·伯南. 生态气候学——概念与应用［M］. 延晓冬, 等, 译. 北京: 气象出版社, 2009.

［7］ 桑德拉·门德勒, 威廉·奥德尔. 建筑师实践手册: HOK可持续设计指南［M］. 董军, 周宁富, 林宁, 译. 北京: 中国水利水电出版社, 知识产权出版社, 2006.

［8］ 艾弗·理查兹. T·R·哈姆扎和杨经文建筑师事务所: 生态摩天大楼［M］. 汪芳, 张翼, 译. 北京: 中国建筑工业出版社, 2005.

［9］ SERGE SALAT. 可持续发展设计指南：高环境质量的建筑［M］. 北京：清华大学出版社，2006.

［10］ 诺伯特·莱希纳. 建筑师技术设计指南——采暖·降温·照明（原著第2版）［M］. 张利，周玉鹏，等，译. 北京：中国建筑工业出版社，2004.

［11］ 村上周山. CFD与建筑环境设计［M］. 朱清宇，等，译. 北京：中国建筑工业出版社，2007.

［12］ 迈克·詹克斯. 紧缩城市——一种可持续发展的城市形态［M］. 周玉鹏，等，译. 北京：中国建筑工业出版社，2004.

［13］ 克里斯·亚伯. 建筑·技术与方法［M］. 项琳斐，等，译. 北京：中国建筑工业出版社，2009.

［14］ 布赖恩·爱德华兹. 可持续建筑2版.［M］. 周玉鹏，宋晔皓，译. 北京：中国建筑工业出版社，2003.

［15］ 彰国社. 国外建筑设计详图图集14——光·热·声·水·空气的设计［M］. 北京：中国建筑工业出版社，2004.

［16］ 彰国社. 国外建筑设计详图图集13——被动式太阳能建筑设计［M］. 北京：中国建筑工业出版社，2004.

［17］ 隈研吾. 反造型——与自然连接的建筑［M］. 朱锷，译. 桂林：广西师范大学出版社，2010.

［18］ 斯皮罗·科斯托夫. 城市的形成——历史进程中的城市模式和城市意义［M］. 单皓，译. 北京：中国建筑工业出版社，2005.

［19］ 伦纳德 R. 贝奇曼. 整合建筑——建筑学的系统要素［M］. 梁多林，译. 北京：机械工业出版社，2005.

［20］ 迈克尔·威金顿，祖德·哈里斯. 智能建筑外层设计［M］. 高杲，王琳，译. 辽宁：大连理工大学出版社，2003.

［21］ 查尔斯·詹克斯，卡尔·克罗普夫. 当代建筑的理论和宣言［M］. 周玉鹏，雄一，张鹏，译. 北京：中国建筑工业出版社，2004.

［22］ 奈尔维. 建筑的技术与艺术［M］. 黄运升，译. 北京：中国建筑工业出版社，2002.

［23］ 鲁道夫·阿恩海姆. 建筑形式的视觉动力［M］. 宁海林，译. 北京：中国建筑工业出版社，2006.

［24］ 罗杰·斯克鲁顿. 建筑美学［M］. 刘先觉，译. 北京：中国建筑工业出版社，2003.

［25］ 斯泰里奥斯.普兰尼奥斯. 可持续建筑设计实践［M］. 纪雁，译. 北京：中国建筑工业出版社，2006.

［26］ 托马斯·史密特. 建筑形式的逻辑概念［M］. 肖毅强，译. 北京：中国建筑工业出版社，2003.

［27］ 拉普卜特. 建成环境的意义：非言语表达方法［M］. 黄兰谷，译. 北京：中国建筑工业出版社，2003.

［28］ 布鲁诺·赛维. 现代建筑语言［M］. 席云平，王虹，译. 北京：中国建筑工业出版社，2005.

[29] 布鲁诺·赛维. 建筑空间论—如何品评建筑 [M]. 张似赞，译. 北京：中国建筑工业出版社，2006.

期　刊

[1] 宋德萱. 高层建筑节能设计方法 [J]. 时代建筑. 1996(03): 56-61.

[2] 陈飞. 高层建筑风环境研究 [J]. 建筑学报，2008(02): 72-77.

[3] 邓可祥. 透光型围护结构对建筑能耗的影响 [J]. 新型建筑材料. 2008(12): 67-69.

[4] 赵志安. 现代化办公楼空调冷负荷特性及设备选择 [J]. 暖通空调. 2002(6): 59-61.

[5] 陈飞，蔡镇钰，王芳. 风环境理念下建筑形式的生成及意义 [J]. 建筑学报. 2007(7): 29-33.

[6] 关滨蓉，马国馨. 建筑设计和风环境 [J]. 建筑学报. 1995(11): 44-48.

[7] 廖曙江，付祥钊，庞煜. 中庭建筑分类及其火灾防治措施 [J]. 重庆建筑大学学报. 2001, 23(2): 7-10.

[8] 王振，李保峰. 双层皮玻璃幕墙的气候适应性设计策略研究——以夏热冬冷地区大型建筑工程为例 [J]. 城市建筑，2006(11):6-9.

[9] 宋菲嫣，刁永发，顾平道. 建筑南向外窗倾斜角度对建筑能耗的影响 [J]. 建筑节能. 2009(2): 66-68.

[10] 田真. 高层建筑的生态设计及对形态的影响 [J]. 中外建筑，2002: 21-23.

[11] 刘从红. 高层建筑形态变异与未来走势 [J]. 城市设计，2005: 41-42.

[12] 尚小茜，霍博. 技术之巅的生态表达：诺曼·福斯特建筑创作新趋势 [J]. 华中建筑，2006, 24(1): 34-36.

[13] 刑子岩. 全球理念本土实践：福斯特及合伙人事务所访谈录 [J]. 城市建筑，2007(10): 67-69.

[14] 栗德祥，周正楠. 解读清华大学超低能耗示范楼 [J]. 建筑学报，2005(9): 16-17.

[15] 钟力. 我国生态建筑的示范性实践 [J]. 建筑学报，2005(9): 13-15.

[16] 田蕾，秦佑国. 可再生能源在建筑设计中的利用 [J]. 建筑学报，2006(2).

[17] 阎琳. 影响人体热感觉的因素的敏感性分析 [J]. 安徽机电学院学报，1998, 13(3): 12-15.

[18] 邹佳媛，都兴民. 建筑设计的自然观与科学观 [J]. 建筑学报，2006(2): 18-22.

[19] 郝林. 解构未来——英国可持续建筑专辑 [J]. 世界建筑，2004(8): 18-19.

[20] 刘念雄. 欧洲新建筑的遮阳 [J]. 世界建筑，2002(12): 48-53.

[21] 梁呐，戴复东. 高层建筑的生态设计策略研究 [J]. 建筑科学，2005, 21(1): 6-13.

[22] 侯余波，付祥钊. 夏热冬冷地区窗墙比对建筑能耗的影响 [J]. 建筑技术，2002(10): 661-662.

[23] 王欢，曹馨雅，陈婷. 内外遮阳及建筑外窗对空调负荷的影响 [J]. 建筑节能，2009, 37(12): 27-30, 61.

[24] 袁小宜，叶青，刘宗源，沈粤湘，张炜. 实践平民化的绿色建筑——深圳建科大楼 [J]. 建筑学报，2010(1): 14-19.

［25］朱春.上海地区住宅建筑外遮阳设计优化研究［J］.绿色建筑，2012(5): 36-39.

［26］潘丽阳，付本臣，曹炜.寒冷地区建筑遮阳体系的冬夏季功能转换设计研究［J］. 建筑技艺，2013(6): 216-219.

［27］于文波.新世纪以来我国建筑遮阳技术研究述评［J］. 建筑学报，2008, 28(7): 27-29.

［28］姜瑜君，桑建国，张伯寅.高层建筑的风环境评估［J］. 北京大学学报（自然科学版），2006(1): 68-73.

［29］关吉平，任鹏杰，周成，王继全，刘国明.高层建筑行人高度风环境风洞试验研究［J］. 山东建筑大学学报，2010(1): 21-25.

［30］马剑，陈水福.平面布局对高层建筑群风环境影响的数值研究［J］. 浙江大学学报，2007, 41(9): 1479-1481.

［31］赵继龙，孔亚暐.可持续城市开发的策略与理念——以英国诺丁汉科学园项目为例［J］. 沈阳建筑大学学报，2010(1): 6-11.

［32］郑捷. 呼吸式双层幕墙在节能公共建筑中的应用研究［J］. 建筑施工，2007, 29(7): 519-521.

［33］陈晓扬. 大体量建筑的单元分区自然通风策略［J］. 建筑学报，2009(1): 58-61.

［34］全涌，严志威，温川阳，方鸿强，顾明.开洞矩形截面超高层建筑局部风压风洞试验研究［J］. 建筑结构，2011, 41(4): 113-116.

［35］王勋年，李征初，张大康，刘晓晖.建筑物行人高度风环境风洞试验研究［J］. 流体力学实验与测量，1999, 13(1): 54-58.

［36］王春刚，张耀春，秦云.巨型高层开洞建筑刚性模型风洞试验研究［J］. 哈尔滨工业大学学报，2004, 36(11): 5.

［37］张耀春，秦云，王春刚.洞口设置对高层建筑静力风荷载的影响研究［J］. 建筑结构学报，2004, 25(4): 112-117.

学位论文

［1］王乐. 办公建筑自然通风研究的CFD分区分析方法探索［D］. 天津大学，2004.

［2］贺梅葵.武汉某高层建筑能耗分析及节能评价研究［D］. 华中科技大学，2008.

［3］张连飞.天津地区办公建筑窗口外遮阳设计研究［D］. 天津大学，2008.

［4］权公恕.夏热冬冷地区建筑外遮阳与建筑整合设计研究［D］. 浙江大学，2008.

［5］黄超.结合遮阳的建筑立面设计原则及方法［D］. 西南交通大学，2013.

［6］俞志凯.当代高层建筑形态变异研究［D］. 哈尔滨工业大学，2010.

［7］顾锷.高层建筑的生态设计策略［D］. 东南大学，2005.

［8］马春旺.高层公共建筑的生态设计方法［D］. 大连理工大学，2008.

［9］黄鹏.大气边界层风场模拟和高层建筑脉动风压系数的研究［D］. 同济大学，1997.

［10］李敬.开洞高层建筑风压特性数值模拟研究［D］. 郑州大学，2012.

［11］王同军. 高层建筑群行人高度风环境数值模拟分析［D］. 天津大学，2012.

［12］王宇婧. 北京城市人行高度风环境CFD模拟的适用条件研究［D］. 清华大学，2012.

［13］苑蕾. 概念设计阶段基于风环境模拟的建筑优化设计研究［D］. 青岛理工大学，

2013.

[14] 范晨禹. 基于风环境分析的寒冷地区高层建筑综合体节能策略研究[D]. 天津大学，2011.

[15] 郑颖生. 基于改善高层高密度城市区域风环境的高层建筑布局研究[D]. 浙江大学，2013.

[16] 王东海. 建筑的扭转形式研究[D]. 哈尔滨工业大学，2007.

[17] 李少琨. 新世纪高层建筑形式表现研究[D]. 哈尔滨工业大学，2008.

相关网站及其他

[1] http://www.nipic.com/show/1/38/7574775k0e86b1d9.html

[2] http://www.nipic.com/show/1/38/7574772k7ef89cac.html

[3] http://www.nipic.com/show/1/48/d36a06696d378c7e.html

[4] http://misadventureswithandi.com/2011/09/tiff-from-the-other-side-of-the-screen.html

[5] http://people.chu.edu.tw/～b9207006/html/computer/0000000000.htm

后 记

    本书根据本人的博士学位论文撰写而成。历时多年,完成论文。过往的学习、工作和生活的经历都将成为我人生这一段重要的磨练乃至铭心的记忆。

    真诚地感谢我的导师吴长福教授。让我庆幸的是在我的专业生涯中能得到吴老师长期的关心和帮助。吴老师深厚的学术底蕴,理性而敏锐的洞察力,对建筑创作的执着追求和人格魅力让我受益匪浅。在读研阶段,有机会参加了吴老师主持的国家自然基金项目"高层建筑形态的生态效益研究"的研究工作,不仅领略了吴老师在课题研究中的精准思维和严谨作风,更是在老师的悉心引导下确立了我的学位论文选题和研究路径,并逐步完成了以高层建筑形态的生态设计优化策略为方向的多项专题研究。在成稿过程中,无论是通篇结构、理论框架、专题要点,还是具体的文字表述和概念,都得到了老师的细致修改。更重要的是,每当我陷入困境,或懈怠或萌生放弃时,老师的鼓励、宽容和鞭策让我重拾信心,坚持再坚持!老师不仅给我专业上的指导和学养,更是让我感悟人生态度上的一份坚守。

    借此,我也由衷地感谢所有给予帮助和支持的家人、同事、学生和朋友们!

谢振宇